中国人的生活美学

刘悦笛 著

鉴人貌态之美
饮馔品味之美
长物闲赏之美
幽居雅聚之美
天气时节之美
地缘万物之美
修身养德之美
天命修道之美
山水悠游之美
文人雅趣之美

广西师范大学出版社
GUANGXI NORMAL UNIVERSITY PRESS
· 桂林 ·

中国人的生活美学
ZHONGGUOREN DE SHENGHUO MEIXUE

出 品 人：刘景琳
责任编辑：淡 霞 张 涛 顾族宸
助理编辑：高晓涛 闫 曦
责任技编：王增元
装帧设计：刘 静

图书在版编目（CIP）数据

中国人的生活美学 / 刘悦笛著. —桂林：广西师范大学出版社，2021.8（2024.8 重印）
ISBN 978-7-5598-3871-1

Ⅰ. ①中… Ⅱ. ①刘… Ⅲ. ①生活—美学—中国 Ⅳ. ①B834.3

中国版本图书馆 CIP 数据核字（2021）第 109265 号

广西师范大学出版社出版发行
（广西桂林市五里店路 9 号 邮政编码：541004
网址：http://www.bbtpress.com）
出版人：黄轩庄
全国新华书店经销
北京博海升彩色印刷有限公司印刷
（北京市通州区中关村科技园通州园金桥科技产业基地环宇路 6 号 邮政编码：100076）
开本：710 mm × 960 mm 1/16
印张：19.75 字数：273 千字
2021 年 8 月第 1 版 2024 年 8 月第 4 次印刷
定价：118.00 元

目录

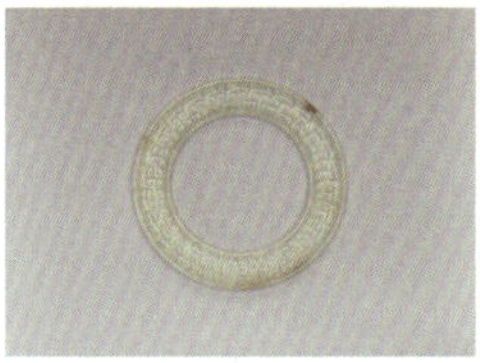

引　言

美哉，中国生活！

在中国，我们所求的“美好生活”，其实在言说两种生活：一种是“好生活”，另一种则是“美生活”。好生活，就是有质量的生活；美生活，则是有品质的生活。

对美好生活的追求，是人之所愿。无论时代变化，不管地域变迁，人们都把美好生活作为美好愿望，然而关键还在于实现。“生活美学”与美好生活，仅一字之差，而“生活美学”业已成为提升美好生活的要径。

那么，这两种生活之间的关系，到底是怎样的呢？“好生活”，一定是构成“美生活”的现实基础；反过来，“美生活”则是“好生活”的理想升华。没有生活的理想，那就没有理想的生活，“生活美学”恰是美好生活的理想指引。

令人深感欣慰的是，“生活美学”在如今中国社会渐渐成为一个关键热词。生活美学的践行者们都在倡导将每个人的日常生活审美化，他们在十几个行业领域——茶道、花道、香道、琴道、汉服复兴、中装剪裁、美食美味、古典家具、古今收藏、工艺民艺、旅行民宿、“非遗”保护、公共艺术、审美教育、艺术授权、创意产业、游戏动漫、室内设计、地产开发、社区规划乃至城市顶层设计——如雨后春笋般持续活跃，并在这些行业里涌现出不少的生活美学家，这是中国人对自身生活传统的一种复兴使然。

我认为，如今的中国，的确需要整体上的美学规划，既然它曾是礼仪之邦，那将来也要成为美善大国，如此为之才可以使礼乐相济之华夏传统得以返本开新。实际上，中国美学原本就是生活美学，因为中国人的生活被古人赋予了审美化的追求，而中国人的审美也在古代被奠定了生活化的根基。

中国人的生活美学，恰恰回答了这样的极其现实的问题：我们为什么要美好地活？我们如何能美好地生？一句话，生活美学的核心诉求，就是让人人都成为生活艺术家。在我说人人都是生活艺术家的时候，就是在把艺术向下拉的同时，要把生活向上拉！

你、我、他，其实都可以成为自己的生活艺术家——所谓"生活艺术家"，就是将各自的生活过成艺术，而不是为了艺术而艺术。艺术家毕竟是我们生活当中的一小部分，但是生活艺术家的范围却广阔得多，在生活的各个领域得以遍地生花。因为，生活艺术才是大写的艺术，书画音舞则是小写的艺术。

只有成为所谓"生活的"艺术家，生活才能成为艺术化的生活；而只有成为生活的所谓"艺术家"，艺术与审美才能回到生活的本真状态。我们的生活艺术家们，始终积极地向感性化的生活世界开放，他们善于使用艺术家的各种技法来应对生活，从而将审美观照、审美参与、审美创造综合起来，得以完善自己的生活经验与人生历程。

这本名为"中国人的生活美学"小书，就是试图为你们，为寻求生活之美的你们，找回中国人的生活美学大智慧。我们要为中国生活立"心"，但所立的，却不是一般的心，而是"美之心"！

那么，中国人的生活美学传统，究竟该如何呈现？这本小书，共分十讲，其结构如下：

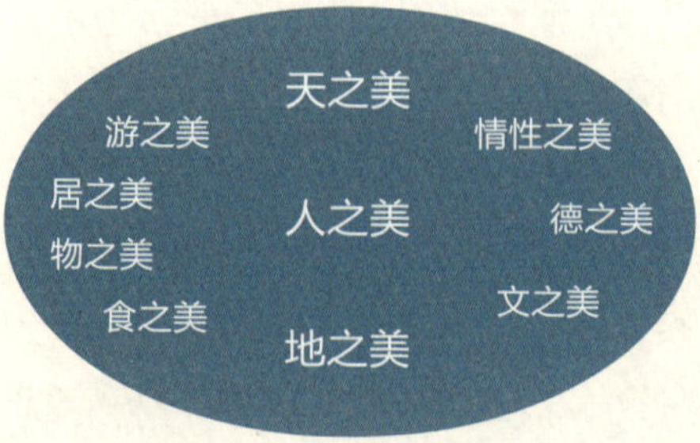

从首至尾，天气时移的天之美—鉴人貌态的人之美—地缘万物的地之美—饮馔品味的食之美—长物闲赏的物之美—幽居雅聚的居之美—山水悠游的游之美—文人雅趣的文之美—修身养德的德之美—天命修道的性之美，如果你按照顺序在图中画出曲线，竟好似蜜蜂飞舞的 8 字舞一般，但其实乃是按照阴阳鱼之交互边缘游走而形成的，最后得以封闭成环。从结构上来说，这个横向铺展的 8 字顺序，越到下层越接地气，越到上面越近天意，从天到人开始，终通性归于天，从而形成了环环相扣之循环架构。

这十个方面，没有一个传统是过去完成时的，每一个都是延续着的、活生生的传统。于是乎，我们所继承的“生活美学”便是活着的美学，它要回归生活当中来存活，并拒绝被“博物馆化”那般死去。中国文化传统之所以延续至今，也是由于生活自身的传统从未中断，而生活美学就是这未断裂的传统当中菁华之所在。

当代人既需要全球的“生活美学”，又需要审美的中国生活。“生活美学”原本生根于华夏，由此“以审美代替宗教”才可能成就理想之路。审美生活观一直在中国人的生活世界当中成为范导，在历史上也没有任何一种宗教成为中国的绝对引导，我们中国人始终在以“出世的精神”做“入世的事业”。

这恰恰源于中国人“一个世界”的世界观，著名美学家蔡元培先生在 20 世纪初所标举的“美育代宗教”正建基于此。如果我们所说的“生活美学”传统与“以审美代替宗教”结合起来，那就可以在当今社会来实现美学的本真功能，这里的美学就不是针对艺术的“小美学”，而成了融入生活的“大美学”。

中国化的美学，不仅与人们的感性世界直接关联，而且与中国人的“情理架构”紧密关联：中国人历来存有一种不同于西方理性主义的“情理结构”，从而强调情与理的圆融合一。作为既植根于生活又于审美中超越的本土悠久传统，“生活美学”可以为世界提供一种情理生活的最佳范本，从而塑造出一种新型的具有全球性的“情理文明”。

“生活美学”，不仅是一种关乎审美生活之学，更是一种追求美好生活的幸福之道，前者之学是理论的，后者之道则是践行的，二者恰要合一，因二者本然为一。所以，作为一种日用美学，“生活美学”乃是体用不二。这个“体”，就是生活之体，就是中国民众的衣、食、住、行、用、娱的生活本体；这个“用”，就是将“生活美学”应用在其生活本体之内，这才是审美意义上的中国人的知行合一。

让我们都来融入这种中国人的感性智慧当中吧。“生活美学”，根在本土，利在当代，继承传统智慧，塑造当今生活之道！

2020 年 1 月 8 日定稿于贡院处中国社会科学院美学室

2021 年春节修订于 798 艺术区旁之斯文至乐堂

第一讲

天气时节之美

原天地之美

——《庄子》

生活美学，就来自我们最日常的日子。这种日常之美，才是生活美学的根源，超出生活之外去寻美则是无根的空求。

那么，我们日常最常遭遇的是什么呢？最日常遭遇的，大概就是天气了吧。无时无刻，我们都生活在天气之中，那就从最日常的天气之美谈起吧，因为我们就生活在『天之美』中。

• 天有大美自不言

我们每天都呼吸着空气，享受阳光雨露，每早打招呼会说“天气真好”。每天早上要听或看天气预报，每个人都生活在天气之中。除非我们生活在人造的真空环境当中，或者飞到大气层外的太空里面，或者仅仅生活在无窗而自控室温的地方。除此之外，天气真可谓无所不在，也无时不在。

一般而言，我们生活在自然当中，就意味着，我们首先生活在天气里面。

即使城里人皆生活在水泥丛林内部，但是天气对他们的影响犹在，哪怕是热岛效应影响了小气候，也左右不了大天气。如今频现的雾霾，由于长期工业化，使得城市气候发生了缓慢的改变，这也是人类对自然“人化”的消极一面，反过来也影响了国人的健康。要知道，这呼吸权，可是人类生存权之内更为根本的人权呢。如果我们连新鲜空气都呼吸不到，美又从何谈起?!

那么，天气如何生成美呢？与每个人都息息相关的天气，究竟如何成为人们的审美对象的呢？

除非天气出现特别变化或者剧烈改变，天气常是被我们所遗忘的对象，而一旦我们以审美的角度来参与到天气之中，你就会发现，天气原来如此之美呀。就像每次雾霾遮天蔽日之后，万里晴空的照片总会占据网络的头条位置，人们都会对如此的好天气赞曰：好美呀!

原来，这样的好天气，其实也就是一种美天气。

我们可以体会下，天气的变化，竟是如此微妙，从季节之变到时刻之变，从闷热正午到恐怖午夜，从乌云笼罩到大雪满地，无不与身处其中的人相系。几乎每个人都在感受着天气的变化，并给他们自身带来身心的改变，当他们倾向于用审美态度来观照之，那就会产生相应的美感。于是，我们不仅在天气之中呼吸，而且，我们自身就置身于现场的大气压强、湿度温度之中，从而形成了身心合一之情境，因为我们乃是全方位地投身于天气之中的。

天地之大美，就这样呈现在人类面前，正如庄子所说："天地有大美而不言。"（《庄子·知北游》）

原始人类的狩猎与耕作依赖于天气的好坏，如果天气不好，就无法走出洞穴去猎杀动物。在农耕文明形成后，人类的耕种生活对天气的依赖尤甚。从另外一个角度看，人类活动也可以改变天气。不为常人所知的是，人类第一次影响大气层，恰恰在新石器时代。

刀耕火种就是一种能迅速满足原始人类生存并向自然索取资源的方式。在初春，原始人使用石刀或石斧之类砍倒山间的树木，然后在春雨来临前夜，放火烧尽所有的山林，树木被燃尽后就可当作肥料，第二天乘土热时下种，因为经过火烧的土地会变得松软而无须翻地。主动燃烧山林的规模越来越大，导致二氧化碳排放过量，早在工业革命之前，就影响了大气结构。

据考古发现，早在公元前 5000 年至前 3000 年之间，黄河中游的仰韶文化区就采用刀耕火种来种植粟和黍了，那时的中国人就懂得了土地轮休的耕作方式。直到战国时期，云南的土著民族还在普遍采用刀耕火种的方式，直到公元前 1 世纪后才逐渐减少，不过至今在一些边远地区仍有这种耕作方式的遗存。

随着原始人类与自然抗争的深入，当他们进一步掌握自然规律如天气改变的规律时，天气之美就被逐步地彰显出来。

中国古人早就讲"天有四时，春秋冬夏，风雨霜露，无非教也"（《礼记·孔子闲居》）。对于云卷云舒、斗转星移最为敏感的中国古人，很早就把天气作为审美对象加以对待，从而形成独特的四时之美与节气之美。

二十四节气的美感，如今的中国人都能充分感受得到。每年的惊蛰时节，“微雨众卉新，一雷惊蛰始”，开启了一岁的节庆变换。关键是那种万物复苏的惊蛰之美，从古至今都为国人推重，且看这般的时令美景：“浮云集，轻雷隐隐初惊蛰。初惊蛰，鹁鸠鸣怒，绿杨风急。 玉炉烟重香罗浥，拂墙浓杏燕支湿。燕支湿，花梢缺处，画楼人立。”（范成大《秦楼月·浮云集》）

农业文明发达之后，中国古人谈天说地，却并不是从大自然谈起，而往往从圣人说起：“故圣人作则，必以天地为本，以阴阳为端，以四时为柄，以日星为纪，月以为量，鬼神以为徒，五行以为质，礼义以

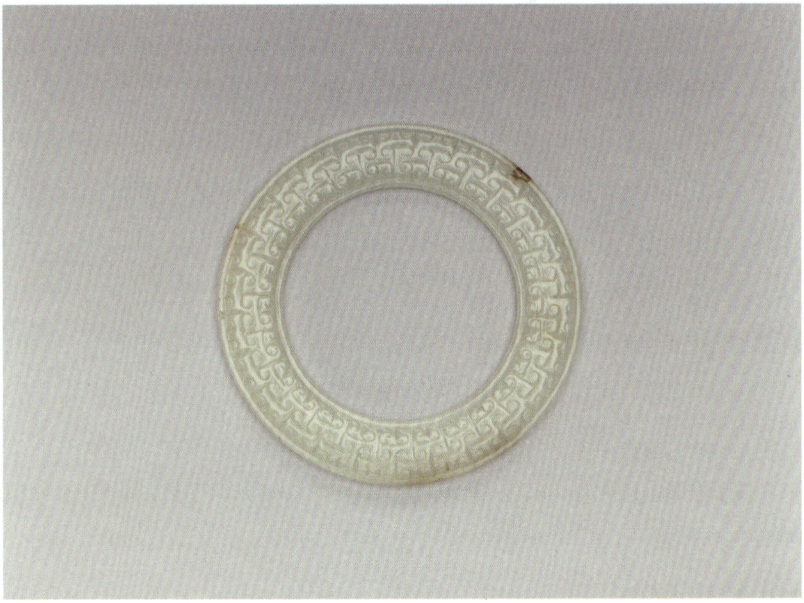

图 1–1 战国晚期至西汉早期 勾云纹环 台北故宫博物院藏

云纹是中国古人常用的纹样，显示出古人对天气之美的认识。此青白圆环的勾云纹整齐地分布在环体上，每一云纹两头卷入状似圆鼓，却两两勾搭成连续图样，从中可见古人生活审美当中的人天相合之传统

为器，人情以为田，四灵以为畜。……人情以为田，故人以为奥也。”（《礼记·礼运》）

实际上，中国古人早就“仰则观象于天，俯则观法于地”了，在俯仰之间，观天法地。所谓“万物因时受气，因气发生，时至气至，生理因之”（《农书·天时之宜》），此处的“生理”乃指生长繁育之理。由此，天地万物结合在农事的生生不息之中，而二十四节气与四时之美也成了古人讴歌的对象。

与中国人一样，西方人很早也观天地了。我曾到过哲学的真正发源地米利都去朝拜，在这南爱琴海的小城岸边，历史上第一批被称为米利都学派的哲学家披挂登场了。其实，米利都而非古希腊的雅典，不只是哲学的发源地，而且也是科学的发源处。这决定了西方观照自然的方式与路径，与中国从始基处就不同。

从这批哲人开始，人类去追寻万物的本源了，人类的哲学就此得以开启。泰勒斯说，万物都来源于“水”；阿那克西曼德说，万物都来源于“无限”；阿那克西美尼则说，万物都来源于“气”。就在此地，米利都哲人们不再将宇宙看作是充满了众神的活物，而是要找回神话之前的本然。所以，水、无限和气就被他们视为万物之本源。

随后来到另一座古城普里内，我突然感到与最早的哲人们心相契合。直面碧绿的门德雷斯河三角洲，远方一线蔚蓝的爱琴海，还有浮在海面上的一层雾霭，我突然顿悟到：为何米利都学派哲人，将水、无限和气视为始基，这不正是来自他们在生活中所见并由此上升到形而上学了吗？三角洲的土、海与河上的水，还有空中的气，不正是他们哲学智慧的自然之源吗？这种人类最早的哲思，已经力求万物归一，中国人何尝不是如此呢?！

曾预测过日食的泰勒斯，也许就是看到水的由下向上的蒸腾与由上向下的降雨，才得出“万物皆由水构成”的结论，这与中国古人朴素的科学观不谋而合，所谓“气者水之母，有气斯有水”（郭璞《葬书》）。曾把地球看作圆柱体的阿那克西曼德，也许正是极目远眺天地间，感受到湿与干、热与冷的张力，看到了气的消散为无，因而才将无限归为物质因。与中国人智慧最接近的却是阿那克西美尼，也许他正是有感于宇宙内气之聚与散的运动，最终才将更为虚空的气作为万物始源的。看来天地之间的气，也未逃脱这第一代哲人的眼光。

与米利都哲人开始就观天不同，中国智者则历来更重人事。西方哲人，从一开始就讲“无中生有”，中国人原本则求“有中生无”。西方的无中生有竟也是一脉相承的，由此才生发出“向死而生”的现代思想，而“未知生焉知死”早就讲求无生于有，这实乃植根于中国人“一个世界”的智慧，西方人则讲求人与天分殊的“两个世界”，这也决定了中西方观天方式的根本不同。

• 美之天与气之美

谈天气，自然离不开气，离不开天之气。天地之间有气，当下雨雪之时才有水，而水蒸发后也成为气进入大气循环，这是明显的科学道理。但是具体观察到气，一定是古人经验积累的结果。

在古汉字的字形中，气就像云气蒸腾上升之状，出现了如此优美的写法：

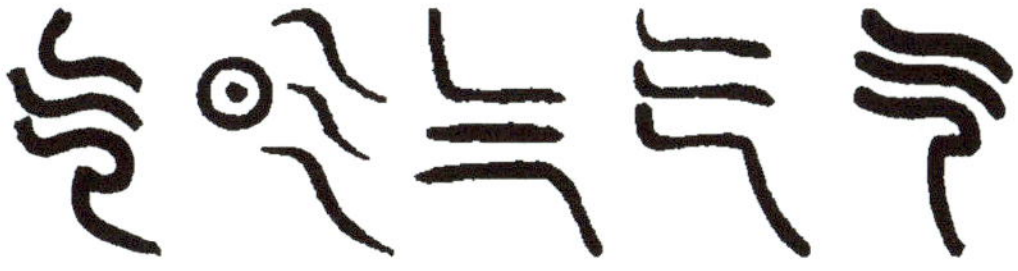

由此可见，气的流动，早被古人敏锐地洞察到了，偶尔也有日形在其中。这种流动是介于天地之间的，所谓“天气下降，地气上腾”（《礼记·月令》）是也，就证明古人早就明了上下流动的道理了。

我们呼吸进出的是人气，所谓“气，谓嘘吸出入者”（《礼记·祭义》郑玄注）；地上升腾有地气，所谓“地有气”（《考工记·总目》）；在空中飘散的则是天气，所谓“故在天为气”（《素问·天元纪大论》）；再升腾也就成了云气，所谓“云者，地面之气。湿热之气升而为雨，其色白；干热之气散而为风，其色黑”（《说文》）。这些气的存在方式，古人都观察到了。

随着天气变化，气还要呈现为一定的“貌”，正如《说文》区分出气的黑白之色别，上升为雨呈白色，散而为风则呈黑色。这在天为气之气，必有各种样貌，“天有六气……六气曰阴、阳、风、雨、晦、明也”（《左传·昭公元年》），这就形成了我们今天所说的“气象”！

中国古人所说的气象，也不同于今人科学化的理解，说的乃是气之成象。古人称显示吉凶的云气为气朔，据以占卜吉凶的云气为气祲。此种气之象，在天人交融当中可显吉凶，与古人占卜相关，而绝没有如今气象的客观含义。与今义气象对应的英文词最匹配的应是meteorology，相应之下，天气则为weather，可将二者划分开来。气候对应英文词climate，那的确更适合，它客观化的科学含义重，乃为大气物理特征的长期平均状态，它具有相对稳定性。

众所周知，中国南北的气候差异颇大（雨量因季风影响也由东南到西北递减），“按天地气候，南北不同也”（徐光启《农政全书》）。大体特征差异可用北冷南暖、北干南湿来加以确定（科学数据上可用某一时期的平均值和离差值来表征），这些就特征来衡量时间尺度也是巨大（月、季、年不够的，标尺甚至是百年千年）。因为这个词太过科学了，所以言说美学时我们不取，从天气、气象到气候，科学含量其实越来越高了。

在生活美学谱系里面，我们所说的当然不是气候（climate），但也不是气象（meteorology），而是天气（weather）。我们提出的是“天气美学”，而非气象美学，美的是天气，而不是气候抑或气象。为什么这样说呢？气象，因气成象，然而我们对天气的感知，却绝不是仅仅诉诸视觉的，想一想山雨欲来前的那种大气压强与湿度，你就会知道，对于天气人是全身投入其中的，而不是因视见象。因此，天气美学所

图 1–2（左） 汉错金云纹樽 台北故宫博物院藏
图 1–3（右） 战国三角云纹壶 台北故宫博物院藏
云纹的各种变化样式，在不同的器物造型上面得以演绎，
这就把仰观所见的云象积淀在中国人的审美生活结构当中

指向的就是天之美。

中国有着历史悠久的气化宇宙观，对天气的理解，由此也被气化。庄子在论“万物一也”之时，提出“通天地一气耳”（《庄子·知北游》），这显然是道家的一气论。此后，一气论就与阴阳观结合，“天地之合和，阴阳之陶化万物，皆乘一气者也”[1]。中国人所观照到的阴阳智慧的本义，大概也是来自天象与天气的变化。中国早期的阴阳家学派在《史记》中就被认为是“序四时之大顺”的，而到了《汉书·艺文志》则给出更明确的解释：“阴阳家者流，盖出于羲和之官，敬顺昊天，历象日月星辰，敬授民时，此其所长也。”

中国人有着一种气化宇宙观：一气充塞天地间，生生不息也。作为生态宇宙论的这种气化哲学，认定所有的生命都由气构成，气将万物连

[1] 《淮南子校释·本经训》，张双棣校释，北京大学出版社 1997 年版，第 819 页。

接成一脉络。这就为理解各种生命形式的同一性与差异性，提供了宇宙论的基础，也说明了宇宙中变化与转化的方式，承认宇宙的生命力与能动力及其与人的过程的特殊关联，并肯定了人类在宇宙之展开与转化过程中的角色功能。[1] 由此，在人类早期宇宙观当中，这种气的综合根基于自然，并强调万物关联的连续性。

人与天合，物乘气至。从这个宇宙化的一气到每个人的喜怒哀乐，中国人的确参透了其中的本然关联，“喜怒哀乐，一气流行，而四者实与时为禅代，如春过了夏，秋过了冬，冬又春，却时时保个中气，与时偕行”（《刘子全书·学言》）。好个喜怒哀乐！好个春夏秋冬！它们不仅是相感通的，而且都是与时俱进的，且中气随四季运转而不变。

天气美学究竟具有哪些征候呢？第一个，天气是没有任何框架的，这就是英文所谓的 frameless，亦即无框架性。

在中国古人看来，我们头上的苍天既大且远，“天行广而无私”（《墨子·法仪》），“大者天也，天能覆育万物，其功最大”（《太平经钞·癸部》）。自然美本身也往往是无框的，尽管常常被纳入框架之中，无论是绘画的画框，还是摄影的镜头框。这个“框框”，其实就是框架（frame），就是把一部分自然作为审美欣赏的焦点。就像我们常常看到，摄影师站在山水之间，用两只手做了一个矩形，去套自然以使其成为更为集中的风景。这，也就是框架。

当我们欣赏大自然之美的时候，尽管我们的眼睛形成了一个框架，但放开视野，你所面对的自然，却是无限的。你可以调整自己的目光，将整个风景尽收眼底，不停地转动扫视以在大脑中形成整体图景；也可以聚焦于某个角度凝视，以便更充分地去榨取自然美感，但绝不可能看尽自然。毫无疑问，自然本身都是不被设定框架的，天气更是如此了。

---

[1] Mary Evelyn Tucker and John Berthrong eds., *Confucianism and Ecology: The Interrelation of Heaven, Earth, and Humans*, Cambridge: Center for the Study of World Religions, 1998, p. 191.

天气是根本没有框架的，甚至在有的时候，在城市完全封闭的环境当中，可以不诉诸视觉，而闻到雨后的新鲜空气、感觉到大气的压强。所以说，气象，其实是无孔不入的，也是无时不存的，除非你将自己彻底隔绝于天气影响之外。

于是，天气就成了这个世界上最大的美学对象之一。当然，还有比气象更大的审美对象，因为气象还是就地球而言，属于大气层内的审美。更大的美学，那就是宇宙美学，但在中国称之为天象美学似乎更为恰当。

第二个，天气是要人沉浸其中、身处其中的，而不是静静观照。这往往不是主动要观照，而是你不得不被纳入其中——你就身处天气里。

中国人总讲人与天地参，那何为参？“天有其时，地有其财，人有其治，夫是之谓能参”（《荀子·天论》），但这还是就人治而言，在此基础上天人也是可以感通的：“天亦有喜怒之气，哀乐之心，与人相副，以类合之，天人一也。”（《春秋繁露·阴阳义》）古人用喜怒哀乐来形容天气的变幻不息，于是，雨、雷、风、云都成为审美对象。

雨，是人们常遇到的天气，除了沙漠与极寒地区之外。中国古人非常善于欣赏雨，而并不仅仅诉诸视觉，有时更诉诸听觉，不少地方都有“听雨轩”。雨中的美感，江南地带的古代文人墨客能将其最为细腻地表达出来。

图 1-4　中国古代云纹图样

中国古代纹饰当中出现的各种云纹，恰是古人观天而凝练出来的审美变化多端之结晶

图 1-5　董其昌　仿米芾山水图轴　台北故宫博物院藏

米芾善于描绘烟云笼罩的山水，从中可以体会『一气』充塞天地的样貌，因天地由『一气』而贯之

大地之物，乃雨的承载者，中国文人们有时就把听雨加以转化，比如说，雨打芭蕉之雨与蕉互动，由此，听雨就转化为听蕉。且看明代书画家沈周的《听蕉记》：

> 夫蕉者，叶大而虚，承雨有声。雨之疾徐、疏密，响应不忒。然蕉曷尝有声，声假雨也。雨不集，则蕉亦默默静植；蕉不虚，雨亦不能使为之声。蕉雨固相能也。蕉静也，雨动也，动静戛摩而成声，声与耳又能相入也。迨若匝匝涵涵，剥剥滂滂，索索淅淅，床床浪浪，如僧讽堂，如渔鸣榔，如珠倾，如马骧，得而象之，又属听者之妙也。长洲胡日之种蕉于庭以伺雨，号听蕉，于是乎有所得于动静之机者欤？[1]

这就构成了一种独特的氛围。试想，这雨中听蕉的情状，到底与你观看一幅《雨中芭蕉图》有何异处？

观看一幅画，只有视觉上的美感，但在江南古宅中听雨，那是何等氛围？雨中的人体感受是什么？那种阴之感觉，必定有大气的湿度与压强参与其中，它们敏感地透过我们的皮肤作用于我们。更重要的是，观画几乎没有听觉体验，而听蕉则将天气之美诉诸听，而且，中国文人的虚实、动静之辨皆化入其中。

叶是虚的，雨是有的，虚可承有。蕉是静的，雨是动的，声要借雨。雨如不集，蕉只静候；蕉如不虚，雨亦无声。这蕉与雨，恰恰形成了互动的关联，动、静互动才能成声。所谓听者之妙，就在于把握动、静之机。然而，沈周看似在描绘一番蕉雨游戏的“无我之境”，但其实乃为“有我之境”。声与耳又能相入，就是说声入耳后，激发人之想，因而雨打芭蕉才能出现那么多赋予想象之天籁，这就不仅仅是身体的参与，更是身心全面参与其中。

---

[1] 《沈周集》，上海古籍出版社 2013 年版，第 210 页。

第三个，天气之美，在于变化万千。

中国人常说风云变幻，所谓“地载神气，神气风霆，风霆流形，庶物露生”（《礼记·孔子闲居》），风、雨、雷霆皆为流动变幻的，万物也在这流动变幻当中得以显露与滋生。天气从来不是固定的，没有恒定的气温，也没有不变的季节。这种天地的变化，还是永久性的，甚至就是永恒的，除非地球归于死寂、大气消失那一刻。

这种变化，也可能是很短暂的，比如风雨突来、雨霁雪霁，可能顷刻间就出现或消失；也可能持续一段时间，比如梅雨时节或者季节交替，那所见的风光也是不同的。譬如西湖，它是中国人所钟爱的胜景，俗话说得好：晴湖不如雨湖，雨湖不如雪湖。晴天里游湖，不若雨中游湖；雨中游湖，不若雪后游湖。

这说得其实也不全，最早是明代文人汪珂玉在《西子湖拾翠余谈》中评说西湖云：“西湖之胜，晴湖不如雨湖，雨湖不如月湖，月湖不如雪湖。”中间又加上了月湖，三潭印月之景的确奇佳也。这个补充，把西湖的阴与晴、昼与夜、冬与夏说全了，有雪时一般就是冬季了，阵雨时也能艳阳高照。苏轼的《饮湖上初晴后雨》第一首是说朝（曦）夜（雨），“朝曦迎客艳重冈，晚雨留人入醉乡”，异曲同工的袁宏道也说西湖“一日之盛，为朝烟，为夕岚”；第二首则说晴（水）雨（色）：“水光潋滟晴方好，山色空蒙雨亦奇”。其实，每种天气之下的西湖，大概皆有“淡妆浓抹总相宜”之意，苏东坡不是说“晴方好”“雨亦奇”吗？

单就雨湖而言，那变化就有很多种，冬去初春有绵绵冷雨、哀怨秋夜有飕飕凉雨、清明时节有纷纷细雨、梅雨时节有无尽烟雨……夏日如要赶上有阵头雨，甚至来点雷暴，还真有点动人心魄，大家总觉得西湖能展现出一种女子般的恬静之美，但是，我也曾在乘游船游西湖的雨中，遇到惊心动魄的狂风暴雨，当时阴风怒号、浊浪排空，一番雄壮之景。那时的湖水还真是黑色的，苏轼所描述的一点不虚：“黑云翻墨未遮山，白雨跳珠乱入船。卷地风来忽吹散，望湖楼下水如天。”（《六月二十七日望湖楼醉书》）如能如古人那般，夜晚荡舟去湖上，那真是“月浸寒泉凝不流，棹歌何处泛归舟。白蘋红蓼西风里，一色湖光万顷秋”（孙锐《平湖秋月》）；如能行至湖心，“放棹西湖月满衣，千山晕碧秋烟微。二更水鸟不知宿，还向望湖亭上飞”（董斯张《夜泛西湖》）。于是乎，不同的天气游西湖，就能生发不同的诗意，就能体验到不同的天气之美。

· 春秋冬夏美循环

春秋冬夏，四时的变化与轮回，如环之循，如轮之转，组成了中国人的四时之美！

有趣的是，春秋观念乃是早于四时观念的，道理也很简单，因为春种秋收嘛，春种是新年的开始，秋收是旧年的结束。商代与西周前期，一年只分春秋两时，后来衍生出夏冬，说一个春秋即一年。

古书当中常说春秋冬夏，所谓“制为四时，春秋冬夏”（《墨子 · 天志中》），而不是按时节顺序的“春夏秋冬”，大概就是这个道理吧。因此，春秋并不是春夏秋冬的节略，因为春秋本身就代表一年两时而非四时，汉族关于四时的明确划分，大约就是在西周末期，[1] 此后形成了春耕、夏耘、秋收、冬藏的时节节奏，诸如春夏秋“三时”说，也是指其中的一种过渡状态而已。

世界上最主要的时间观，大致两种，一种是线性时间（时间延展而勇往直前），另一种则是轮回时间（轮回往复而永无休止）。主编《中国科学技术史》皇皇巨著的英国汉学家李约瑟认为，中国时间观仍以广义的线性为主、循环为辅，[2] 但其实二者仍是结合的。

从古至今，四季变换，中国人都在发出两种时间感喟：一面是对春秋

---

[1] 于省吾对“四时”产生问题做了大量考证，参见刘文英《中国古代的时空观念》，南开大学出版社 2000 年版，第 15 页。

[2] Joseph Needham, *The Shorter Science and Civilization in China: An Abridgement of Joseph Needham's Original Text*, Vol. I, Cambridge: Cambridge University Press, 1978, p. 1.

冬夏循环不已的感喟，另一面则是对时光一去不复返的感喟。这是由于，“古代中国一方面存在循环史观，另一方面存在天地间万物去来、光阴一去不复返这种直线性时间的概念。天地（自然）是永远的，一直存在于那里。时间无始无终。但是，万物（所有个物）出现然后消失，人生不会反复。就连某年桃花园的春夜（时间线上的一刻）一旦逝去，就不会再回来。因次，那一刻 =‘现在’非常宝贵”[1]。

这里所指的“桃花园”，乃是李白的那首《春夜宴从弟桃花园序》里面的时间意识，其中那句“天地者，万物之逆旅也；光阴者，百代之过客也”，恰恰说明直线性时间观在中国的存在。

中国人的诗词歌赋当中，充满了这种时间性的感叹，也就是一种中国人都懂的“春江花月夜”的存在感——“江畔何人初见月？江月何年初照人？人生代代无穷已，江月年年只相似。不知江月待何人，但见长江送流水。白云一片去悠悠，青枫浦上不胜愁……”

四时的美感，大概在中国人的审美世界里最为充盈。较早给四季赋诗的，有南朝乐府民歌《子夜四时歌》，收录在宋人郭茂倩编《乐府诗集》里，属“清商曲辞 · 吴声歌曲”，相传是晋代一名为“子夜”的女子所创制。现存 75 首，其中春歌 20 首、夏歌 20 首、秋歌 18 首、冬歌 17 首。

我们各举一例，以春、暑、秋、冬四字各为开头。

> 春歌：春林花多媚，春鸟意多哀。春风复多情，吹我罗裳开。
>
> 夏歌：暑盛静无风，夏云薄暮起。携手密叶下，浮瓜沉朱李。
>
> 秋歌：秋夜凉风起，天高星月明。兰房竞妆饰，绮帐待双情。
>
> 冬歌：冬林叶落尽，逢春已复曜。葵藿生谷底，倾心不蒙照。

这种四时模式，不仅囿于中土，还在整个东亚文化圈中皆有回响。

---

[1] ［日］加藤周一：《日本文化中的时间与空间》，彭曦译，南京大学出版社 2010 年版，第 7—8 页。

图 1-6 李唐 四时山水册之岩树蒸霞 台北故宫博物院藏

中国山水画皆是有时节感的，四季风光在画者的笔端得以流淌与循环，这幅《岩树蒸霞》所绘的便是九月时分山间气象

最具美感的，我以为是日本女子清少纳言的《枕草子》的开篇：

> 春，曙为最。逐渐转白的山顶，开始稍露光明，泛紫的细云轻飘其上。夏则夜。有月的时候自不待言，无月的暗夜，也有群萤交飞。若是下场雨什么的，那就更有情味了。秋则黄昏。夕日照耀，近映山际，乌鸦返巢，三只、四只、两只地飞过，平添感伤。又有时见雁影小小，列队飞过远空，尤饶风情。而况，日入以后，尚有风声虫鸣。冬则晨朝。降雪时不消说，有时霜色皑皑，即使无雪亦无霜，寒气凛冽，连忙生一盆火，搬运炭火跑过走廊，也挺合时宜；只可惜晌午时分，火盆里头炭木渐蒙白灰，便无甚可赏了。[1]

---

[1] ［日］清少纳言：《枕草子》，林文月译，译林出版社 2001 年版，第 1 页。

这番美的描述，将四季与一天的天气结合了起来，说春天曙时为最，夏天夜色最佳，秋天黄昏好，冬日则是晨朝为妙，并将欣赏天气的感受一并写出，微妙而准确。

东亚的画家们，无论中、韩、日，最能感受到不同季节的天地之景。所谓“画山如真山，真山如画山；人皆爱真山，我独入画山”。北宋大画家郭熙在《林泉高致》当中的描述最为著名，所谓“春山澹冶而如笑，夏山苍翠而如滴，秋山明净而如妆，冬山惨淡而如睡”，这是拟人化的描述；再如“春山烟云连绵人欣欣，夏山嘉木繁阴人坦坦，秋山明净摇落人肃肃，冬山昏霾翳塞人寂寂”，所说的是人面对春山、夏山、秋山、冬山时的感受。

在韩国教书的时候，在博物馆看到了朝鲜李朝时代大画家赵熙龙。韩国作为半岛三面环海，所以那里的画家更关注海山的四季变化，说得也相当绝妙，但显然是从郭熙四时山景那里化出来的。赵熙龙认定，郭熙春夏秋冬四种山的论述，“此语一出，古今看山眼目，尽废矣。非深于画山之理，无以透到妙境也。余居海上，已二岁，阅尽四时之中，海山于他山，大有异焉。春山溟濛如烟，夏山沉郁如积，秋山沓拖如流，冬山炼冶如铁。此意，可赠画海山者，而不看海山，不知，虽看不得起意者，未能”[1]。大陆画家看春山如笑，半岛画家看春天的海山如烟；前者看夏山如滴，后者看海上的夏山如积；前者看秋山如妆，后者看海上的秋山如流；前者看冬山如睡，后者看海上的冬山如铁。

实际上，这是建基在最切身的观察之上的，比如春季海山往往被缭绕烟水所围绕，所以看似如烟，再如冬季海山被寒气侵蚀如僵硬的铸铁一般，所以看似如铁。我曾在冬天看中国最北方的海岛时，正有此感，只有曾看过冬日的海山的人，才会对那种色彩的浑厚感与质地的冰冻感记忆犹新。可惜，中土文明对于海景的探索，始终没有朝鲜半岛与日本

---

[1] 赵熙龙：《画鸥盒谰墨》，《赵熙龙全集》第二卷，古典文学研究会译注，韩国实是学舍 1999 年版，第 52 页。

孤岛那么深入。尽管赵熙龙屡屡感叹没有纵游中原山水，但是他对于海山的描摹可谓相当准确。真如这位韩国大画家所论："海山如积铁，海水如定贡；海月如悬璧，海气如濛澒。"其中比喻海水也真好似不动的水银一般，朝鲜时代的文人观察海真是细致入微呀！

四季不仅是属于自然的，在东亚已经被生活化了，这就形成了所谓的四季文化。在日本的城市社会中，四季的这类"生活形式"至少出现在三个基本的半仪式化层面上：首先，以一年一次的仪式的形式出现。这些仪式经常有诸如辟邪、长寿、好运等护身的目的，在日本，很多谷物和动物都与神相关，被视为会给人带来福祉。其次，对自然的文化利用在人际层面上起着向客人、朋友或社会上层人士打招呼的作用，在插花活动形成的交往里，会插上季节性的花或植物，并附上必要的诗歌、纸张和花朵，所有这些都与季节性的场合相匹配。最后，自然作为一个公共的、社会认可的娱乐对象，在观赏樱花、秋月、秋叶和下雪的行为中得到了体现。[1] 比如著名的观赏樱花活动，在日本最早开始于奈良时期的贵族圈，在室町时期逐渐蔓延到平民社会，后来成为江户时期城市平民生活的一个组成部分。

总之，对于四季的审美感受，在整个东亚都是相当发达的。这种四季美学发源于华夏大地，并影响到周边地区，三种文明在四季审美气质上基本是一致的。

• 四时幽赏各有色

在中国文明内部，这种四时审美积淀到了明代，明代生活美学家高濂在《遵生八笺》当中所说的四时幽赏，集大成地总结了国人的四时审

[1] Haruo Shirane, *Japan and the Culture of the Four Seasons*, New York: Columbia University Press, 2012, p. 213.

美观。其中的春时幽赏十二条，以杭州生活之美为最，包括：孤山月下看梅花、八卦田看菜花、虎跑泉试新茶、保俶塔看晓山、西溪楼啖煨笋、登东城望桑麦、三塔基看春草、初阳台望春树、山满楼观柳、苏堤看桃花、西泠桥玩落花与天然阁上看雨。这种幽赏不仅仅是游玩观景，还有品茗美食，其实是极其生活化的。试举其中的“苏堤看桃花”：

> 六桥桃花，人争艳赏，其幽趣数种，赏或未尽得也。若桃花妙观，其趣有六：其一，在晓烟初破，霞彩影红，微露轻匀，风姿潇洒，若美人初起，娇怯新妆。其二，明月浮花，影笼香雾，色态嫣然，夜容芳润，若美人步月，丰致幽闲。其三，夕阳在山，红影花艳，酣春力倦，妩媚不胜，若美人微醉，风度羞涩。其四，细雨湿花，粉溶红腻，鲜洁华滋，色更烟润，若美人浴罢，暖艳融酥。其五，高烧庭燎，把酒看花，瓣影红绡，争妍弄色，若美人晚妆，容冶波俏。其六，花事将阑，残红零落，辞条未脱，半落半留。兼之封家姨无情，高下陡作，使万点残红，纷纷飘泊，或扑面撩人，或浮樽沾席，意恍萧骚，若美人病怯，铅华销减。六者惟真赏者得之。又若芳草留春，翠裀堆锦，我当醉眠席地，放歌咏怀，使花片历乱满衣，残香隐隐扑鼻，梦与花神携手巫阳，思逐彩云飞动，幽欢流畅，此乐何极。

这里仅仅所写的春桃的审美，就与天气的变化节奏相配了。

从大的天气来讲，春桃只能春看，花都是有花季的，“花事将阑，残红零落”就是桃花开败的四月了。这是大节气，而具体赏玩春桃，那就关乎小天气了，高濂居然都以美人之态来比拟。晓烟初破，霞彩影红，那是朝观桃花；明月浮花，影笼香雾，那是夜观桃花；夕阳在山，红影花艳，那是暮观桃花；细雨湿花，粉溶红腻，那是雨观桃花；高烧庭燎，把酒看花则最独特，那是火中看花了，在庭中照明的火炬下边喝酒边赏桃花。

夏时幽赏十二条，其实都充满了时节感与天气感，如（三月中旬）

图1-7　仇英　春山吟赏图轴　台北故宫博物院藏

不同季节的山有不同的美感。这幅春山图就以青绿笔法描绘了春季山间水畔的美景

苏堤看新绿、（春服初成时）东郊玩蚕山、（气凉时）三生石谈月、（三伏时）飞来洞避暑、（湖山过雨）湖晴观水面流虹、（新晴剩雨时）山晚听轻雷断雨、（暑气西沉时）空亭坐月鸣琴、（五六月间时）观湖上风雨欲来与（残春初夏时）步山径野花幽鸟等。

秋时幽赏十二条，极具色彩感与动静感，有西泠桥畔醉红树（霜红雾紫、点缀成林）、宝石山下看塔灯（辉煌烛天、灯影澄湖）、满家巷赏桂花（珠英琼树、香满空山）、三塔基听落雁（山头树冷浮红、湖岸露寒生白）、乘舟风雨听芦（秋声远近、瑟瑟离离）与六和塔夜玩风潮（海门潮起、月影银涛）等。

冬时幽赏十二条，有湖冻初晴远泛、雪霁策蹇寻梅、三茅山顶望江天雪霁、西溪道中玩雪、山头玩赏茗花、登眺天目绝顶、山居听人说书、扫雪烹茶玩画、雪夜煨芋谈禅、山窗听雪敲竹、除夕登吴山看松盆与雪后镇海楼观晚炊。其中，听雪一则最清雅：

图 1–8　仇英　长夏江村图（局部）　台北故宫博物院藏

所谓结夏，本是佛教用语，乃是指自农历四月十五日起，佛教僧尼静居寺院 90 日而不出门行动，后泛指安居的首日，修行之后的圆满结束之日，则称为解夏

飞雪有声，惟在竹间最雅。山窗寒夜，时听雪洒竹林，淅沥萧萧，连翩瑟瑟，声韵悠然，逸我清听。忽尔回风交急，折竹一声，使我寒毡增冷。暗想金屋人欢，玉笙声醉，恐此非尔所欢。

当今中国人在微博与微信当中伤春悲秋，其实也是继承了古人四时模式。他们在微博和微信上进行日常写作，也好似传统文人进行书法日课一样，融入了许许多多微公民的日常生活程序之中。你会发现，圈内的女性微用户更能敏感地感受到冬去春来的季节变化，那一幅幅花开花落的图像与所配的心情文字，也好似传统水墨画里面的书画合一。写微博、晒心情如采取了文学的各种春秋笔法，实际上更接近古代文人撰写日常性的诗歌来抒怀。不是踏花伤春，就是夏日消暑，不是远足悲秋，就是冬日幽居，这亦是古诗中最常见的题材，中国人的四时审美传统其实从未中断过，难道不是这样吗?!

• 生生节奏律动感

春夏秋冬，四季轮转，呈现出宇宙的生命节奏。这种中国式的宇宙观，其实是来自中国人早期的关联性思想，认定天地万物与人都是息息相关的，“这种关联性宇宙观影响了日常活动，如准备食物与药物，对未来的占卜，婚姻的契约，敬神、鬼和祖先，还有凭吊”[1]。中国古人极其敏感地在其中发现了律动感，这就是中国文化生命的美丽精神。

于是乎，“四时的运行，生育万物，对我们展示着天地创造性的旋律的秘密。一切在此中生长流动，具有节奏与和谐。古人拿音乐里的五

[1] John B. Henderson, *The Development and Decline of Chinese Cosmology*, New York: Columbia University Press, 1984, p. 53.

声配合四时五行，拿十二律分配于十二月（《汉书·律历志》），使我们一岁中的生活融化在音乐的节奏中，从容不迫而感到内部有意义有价值，充实而美……中国古代哲人是‘本能地找到了宇宙旋律的秘密’。而把这获得的至宝，渗透进我们的现实生活”[1]，这就形成了中国人独有的生活美化的千载智慧。

中国美学家宗白华先生早就曾追问——中国文化的“美丽精神”往哪里去？

宗先生认为，中华民族很早就发现了宇宙旋律、生命节奏的秘密，以“和平的音乐的心境”去爱护现实与美化现实，相对而言，那就轻视了科学工艺征服自然的权力。这也从美学角度一定程度上回应了所谓“李约瑟难题”：为什么近代科学没有产生在中国而是在17世纪特别是文艺复兴之后的欧洲？中国古代经验科学曾领先世界千年，却未能产生近代实验科学，也是因审美—经验精神的强大，也使得科学—实验精神相对被忽视了。

中国化的审美，皆要显现生命的盎然生机、生活的灿然活力。无论是审美创造还是审美欣赏，须先与生命的普遍流行浩然同流，据以展露相同的创造机趣。那就要找到宇宙间生生不息的节奏，此乃中国美学形而上道之大问题也，这种浸渍在形下之器当中的道，就是生命的旋律。实际上，复兴生活美学，也就是在重寻中国天地间的这种美丽精神吧。

当代新儒家方东美先生对天地之美的解析最深妙：“天地之美即在普遍生命之流行变化，创造不息。圣人原天地之美，也就在协和宇宙，使人天合一，相与浃而俱化，以显露同样的创造。换句话说，宇宙之美寄于生命，生命之美形于创造。老子最见得这个道理，所以他把牲畜的长育、亭毒、养覆当作妙道与玄德。妙道之行，周遍天地，玄德之门，通达众妙。其在天地之间，虚而不屈，动而愈出，不断地表现出创造性。”[2]

---

[1] 宗白华:《艺境》，北京大学出版社1987年版，第170—171页。

[2] 方东美:《中国人生哲学》，台湾黎明文化事业公司1980年版，第53页。

这种天地的生命节律，在中国古代文化与艺术当中蔚为大观。譬如作画，从经营位置的外部而论，“凡经营下笔，必合天地。何谓天地？谓如一尺半幅之上，上留天之位，下留地之位，中间方立意定景”（郭熙《林泉高致·画诀》）；从与天地通气的内部而言，“点墨落纸，大非细事，必须胸中廓然无一物，然后烟云秀色，与天地生生之气自然凑泊，笔下幻出奇诡”（李日华《竹懒论画》）。

天所呈现的乃统一性，地则呈现出了多样性。如此一来，天（地）—

图 1-9（左） 清院本十二月月令图·三月 台北故宫博物院藏

图中画的是三月初三“上巳修禊”的故事，人们坐在小河边，童子们把斟满酒的羽觞放入水中，供人们随意取用。汉朝时，人们就有到水边祓除不祥的风俗

图 1-10（右） 清院本十二月月令图·六月 台北故宫博物院藏

图中画着人们顺应天时，在六月休养歇夏的场景。图中人们或在高楼、或在池塘、或在船上，闲散游戏，以避酷暑

气（韵）—艺（道）便融为一体了，美与生、艺与活向来不是截分两橛的，而是一而二、二而一之事，中国生活美学智慧由此而彰显。

从时间的生生之妙观之，一方面，中国传统审美生活重在变与易的生生不息，亦即生命的变化无穷。阴阳互动，就形成这样一种变化的基本模式，中国古典美学的时空观就是这样建立起来的。所以，《易经·革卦》观四时之变，“治历明时”；《易经·鼎卦》有观空间鼎象，“正位凝命”。这两卦分别象征时境一空境，并阴与阳相推而变“生生之谓易”，共同构起宗白华所谓的“时空合体境”。

另一方面，中国传统生活审美的“变”还重在“变化于无为”，并在“虚”的层面直接与道、气和空的宇宙本体贯通。钱钟书先生曾论：“‘老子所贵道，虚无因应，变化于无为。’按‘因应’者，因物而应之也。”[1] 虚无因应（时）意指道家虚无也是因时为业，顺应自然无为而行的。确实，老子贵因时，庄子更以顺遂时宜为美，这就为空间的随时而化、须臾变幻因素之倾注提供了空场，而儒家动而健的生生创化正是其中的另一种内驱力。

于是乎，中国古典生活美学，特别体贴于传统审美的生生之妙，其实就是在谱写一篇天地大作，我们可以将之命名为“生活与时间”。然而，本章所言说的天，乃是“自然之天”，本书末章所言说的天，则为“天命之天”，这两种天在中国人的宇宙观当中乃是合一的。

这就形成了两种“合天人”。在与自然的和谐共生当中，中国人侧重审美性享受，在对天命的顺应应对之中，中国人侧重宗教般的信仰，但二者又是彼此交织的，都指向了境界性的自由与自由性的境界。这才是所谓天地之大德曰生、生生之为大德的“天地境界”也。

人美化天，天美化人，生生美意，美美与共！

---

[1] 钱钟书：《管锥编》，中华书局 1979 年版，第 311 页。

第二讲

地缘万物之美

万物之生，俱得一气

——《论衡》

中国古人天地并称，天为乾，地为坤，天在上，地在下。说完了上面的『天之美』，我们再说下面的『地之美』，然后再说居中的『人之美』，从而完成生活美学之天、地、人之主体架构。

• 中国人敬天亲地

中国人为何敬天而又亲地呢？直到如今，中国人仰望上苍，也是为了缅怀人世，而不似西方诸宗教那般，仰望苍穹，是为了超脱现世。这就形成了中国人深深将脚踩进脚下大地的传统，这就是“一个世界”的

图 2-1（左）、图 2-2（右） 明代玉器天、地、人三连环 台北故宫博物院藏

中国长久以来即有一观念：天地间种种的自然现象，皆是人类生活的依归与准则；而人世也就是宇宙的缩影，所以天、地、人所谓“三才”者是一体的。

这件有褐黄斑之青玉质三连环，正是这个观念的具象化。其外形，铺平的时候像一个圆璧，由里而外划分为三环：里环的纹样为太阳、星辰与云气，象征天；中环琢龙纹，代表人间的帝王；外环则是四方山岳与海波的图像，象征大地。本器以器物之结构与纹饰造型，表现了中国“天、地、人”的世界观

世界观，而非西方那种对“另一个世界”的追求，这也就是思想家李泽厚为何提出“中国的山水画有如西方的十字架”的独特论断。

按照儒家的智慧，“天尊地卑，乾坤定矣。卑高以陈，贵贱位矣……在天成象，在地成形，变化见矣”（《周易·系辞上》）。

乾为天、为高、为阳，坤为地、为低、为阴，这就形成了一种宇宙的基本象征。动静与刚柔的原则由此而成：动极必静，静极必动，形成常态；阳极生阴，阴极生阳，断然可知。人以群分，物以类聚，在天成就日月星辰昼夜晦暝的现象，在地成就山川河岳动植高下诸般的形态，这就是万物变化的规律了。

天地交合而万物生成，阴阳交融而变化形成，这就是中国传统智慧。如果从万物一体的气化论的观念来看，天地化生万物而归于一气，“天地合气，万物自生”（《论衡·自然》）。“一天一地，并生万物；万物之生，俱得一气”（《论衡·齐世》）。一个天，一个地，万物由此而并生，但是万物的生成，不过是一气而已。当然这是中国古代的一种朴素的宇宙天地意识。

面对这样的天地，在从古至今的中国，天是要敬的，地则是要亲的。一种人与天地的亲和情感，由此而滋生了出来，天地之美也由此而生。对天地的认识，随着科学发展可以改变，然而对于天地的情感，却可以亘古缓变，人类的情感进化亦是缓慢的。

人间之万物，大概皆不能离地气儿而活，除了太空飞来的陨石。西方人一般将生物分为植物、动物，它们皆生在地上或水里，地上跑的自不说，天上飞的也要宿息于地。中国人的万物类分法如今看来似乎有些奇特，然而，中国人的审美智慧却源远流长，直到今天还在沿承，通向那遥远的未来。

中国人讲求“原天地之美，而达万物之理”（《庄子·知北游》）。天地之美，是要原的；万物之理，则是要达的。这个“原”，就是说天地本有大美，人类可以追随还原之；这个“达”，也是不纯理性的认知，而是情

图2-3 仇英 松荫琴阮图 台北故宫博物院藏

描绘的是两位高士，对坐泉石松林之间，一人弹拨阮咸，另一人停琴聆听，而松涛本身也构成一种音乐。『闻君澹然太古音，感君悠悠太古心。古心古音谁能识，应向松涛处处寻』

理合一地去感受与化生万物。

无论怎么说，中国人以一种美化的视角，来观照万物、关联万物、介入万物，进而物我合一。按照这种华夏传统哲学和文化观念，人与万物都是天地所生、性同一源的。这就是万物的美学，既然万物缘于地，那它所呈现的便是地缘之美。

所谓“地者，万物之本原，诸生之根菀也”（《管子·水地》），这句话说得真妙！这就意味着，地，乃万物的根本与源泉，而一切有生之物皆植根其间。所谓“天地之大德曰生”（《周易·系辞下》），“天无私覆，地无私载”（《庄子·大宗师》），就是说天地最大的恩德就在于养育万物，上天无私地覆盖一切，大地无私地承载一切。

天地常有，万物亦常有，大地对世间万物的无私哺育，恰恰就是在时间当中得以久久持续。但在中国人看来，万物本身有情，人亦有情也。这里面所蕴含的乃是中国人的生长观念：“源深而水流，水流而鱼生之，情也。根深而木长，木长而实生之，情也。”（《六韬·文韬》）一方面，万物本身依据自然规律的生长，就是一种“情”，此乃“实情”之情；而另一方面，中国人对自然万物皆有一种“情”，即为“人情”之情。中国人所谓山水有情、草木缘情是也！

人与万物，到底形成了何种关联？万物，乃是一个独特的中文词语，翻译成英文为 thousand of things，它意味着千千万万之物。它的确是中国对世界之独特表达方式之一，世间万物几乎就概括了世上的一切。我的一位德国汉学家朋友雷德侯（Lothar Ledderose），他有本著名的书就叫《万物》，“万物”一词指的却是中国人发明的从青铜器到建筑的那种以标准化的零件组装物品的生产体系。[1] 在日本会议上我追问他为何使用这个独特的中文并仅意指特定的人造物时，就已意识到中西用“万物”一语的差异。我们是泛指，万事万物，也就是指一切之物；而在西方用语里则必定是特指，一定要指向某个特定的物才行。

---

[1] ［德］雷德侯:《万物》，张总等译，生活·读书·新知三联书店 2005 年版，第 4 页。

质言之，人与万物，无论是自然万物还是人造万物，它们究竟形成了何种关联呢？按照中国古人的主流观念，一方面是人与“万物并作”，另一方面则是人“与天地参”。

中国人在与自然的相处当中，形成了一种与自然连续的情感，这种情感所融入的自然，就是我们拥抱和热爱的自然，由此倾向于温和而丰富的中国式美感便大量涌现。富有意味的是，中西方对自然审美的态度却并不相同，美国人似乎认为自然越荒蛮就越是美的，甚至只有荒野才是最美的。由此，西方环境美学当中就有一种非常极端的说法，叫作“自然全美”！

所谓自然全美，就意味着，一切自然都是美的。世界上所有的自然万物本身都是美的，它们之所以出现丑的现象，唯一的可能性就是人类的参与。据此推论，只有那些未被触碰过的自然才是彻底美的，人类面对自然只能实现一种广义上的污染，由于人的存在，自然才变得如此丑陋。所以，西方人才更喜欢到人迹罕至的荒野当中去融入自然，但是中国人千百年来却更倾向于把自然给文化化了。

• 花草为伴慰平生

中国人爱花，自古已然。花乃吸取天地之精华的精华，真所谓“山水毓灵秀，择地仰物华”是也。

据统计，在中国历代诗歌总集中，《先秦汉魏晋南北朝诗》里排第一位的花为兰，兰诗 465 首；《全唐诗》里荷为众花之首，多达 2071 首；《宋诗钞》梅为花魁，出现 888 首；《元诗选》荷又夺回冠军，为 483 首；《明诗综》仍是荷为首，降到 352 首；《清诗汇》荷又回增到 1097 首，[1]

[1] 相关统计，据潘富俊：《草木缘情：中国古典文学中的植物世界》，商务印书馆 2016 年版，第 17 页。

图 2-4（左） 仇英　水仙蜡梅图　台北故宫博物院藏

图 2-5（右） 沈周　芝兰玉树图　台北故宫博物院藏

无论是娉婷并立的两株水仙，还是翩然探入的一枝蜡梅，左图都似有馥郁的香气扑鼻而来。右图前有兰草灵芝而后有玉兰树，真所谓"玉兰挺芳枝，幽兰出深谷。生长虽不同，气味各芬馥"

近人诗作虽未统计，但如今的诗词歌赋散文小说当中，花题仍是蔚为大观。

有趣的是，在中国人吟诗的植物对象当中，荷花、梅花、桃花与菊花，恰恰是最多的四种花。所谓"冬梅""春桃""夏荷""秋菊"，这被吟诵最多的四花恰恰被分配在四季，这不能说是一种巧合吧？花之美也是“四时之美”，季节变化催生花之造化，又何止四季变迁？“日映花靡，风动枝轻”（梁简文帝《修竹赋》），花之美随着朝暮风雨之变化而变化。

唐人冯贽《云仙散录》载：“黎举常云：欲令梅聘海棠，枨子臣樱桃，及以芥嫁笋，但恨时不同耳。然牡丹、酴醾、杨梅、枇杷，幸为执友。”这就意味着，不同季节的花草，“恨不生同时”，如果同时绽放，那该有多妙呀。而牡丹、酴醾、杨梅与枇杷，之所以能成为志同道合并信守诺言的好友，因为它们都在春末夏初同一时节开花，所以才能彼此成为可以交相辉映的“执友”吧。

不同季节的花，风味也不同，所谓“梅花优于香，桃花优于色”。有一次笔者与友人们相约在南京的梅花谷深处，隆冬季节，漫步山间，方晓得何为“暗香浮动”之美，原来赏花单靠气味就能让人迷醉。

如果说，梅花是独立寒冬的话，那么，春花对于审美者而言，则有太多的选择：迎春、报春、丽春、醉春、剪春罗、练春红，都以春为花名；山茶、海棠、芍药、丁香、杜鹃、连翘，皆为古人所喜也。光就“优于色”之桃花而言，就有红桃、白桃、紫桃这基本的三色，梁简文帝咏初桃诗云“初桃丽新采，照地吐其芳；枝间留紫燕，叶里发轻香。飞花入露井，交干拂华堂；若映窗前柳，悬疑红粉妆”，描绘出春桃的色之美与美之色。

中国人为何爱赏花？因为人间有“爱”，所以草木才“缘情”，赏花遂成“人间乐事”。

《诗经》里草木花鸟常关乎男女之情。比如，“蒹葭苍苍，白露为霜；所谓伊人，在水一方”；再如，“参差荇菜，左右芼之；窈窕淑女，钟鼓乐之”。除了春花，春天最常被古人入诗的植物就是春柳，“昔我往矣，杨柳依依”，这种春柳因颜色也称为清柳或绿柳，细雨烟雨中又可称烟柳，如“扬舲入空旷，烟树散鹈鸭”（胡宿《彭山赠贯之》）句。

我竟然发现了中国人吟咏花木的一个主流变迁史：柳，在唐、元、明人植物诗里数量上居首；竹，在宋诗中拔得头筹；松，则是清诗当中最被青睐，足见古人的审美选择之不同。唐人爱柳，宋人爱竹，清人爱松，这背后难道没有各个朝代的文化意识吗？

中国人对待花与对待木，就其整体审美态度而言还真不太相同，其中可见儒家道德力量的浸渍程度。花更多以“美”赢，而木常以“德”胜。这就好比是冬梅与春桃的审美差异，梅是士人高洁的道德象征，而人们爱恋桃花，更在于桃花本身的香、色、形、姿而已，前者是以美储善，后者则是为美而美。

由此，在中国，就基本可以区分出两类“草木审美”，一种是作为形色香的审美，另一种则是作为道德性的审美。这都是中国人从长期培育花木的生活过程中获得的真切经验，尽管这两种“草木审美”之间也是相互交叉与交融的。

于是乎，竹、松、梅、兰，此类道德审美化之草木，往往为文人所推重，从秦汉的“比德”直至后世的普泛皆是如此。如今人们熟知的“岁寒三友”说，说的无非就是松竹经冬不凋、梅耐寒而放。

明人《渔樵闲话》也说得好：“那松柏翠竹，皆比岁寒君子，到深秋

图 2-6、图 2-7、图 2-8（自左而右） 蒋廷锡画的牡丹与桃花（三幅）
台北故宫博物院藏

文人翁同龢曾盛赞蒋廷锡的“依谱绘图”：“一卉一木之微得雨露涵濡，无不启华吐秀以发抒其奇而生其间者。”不知自然之花与画中之花，何者更美？

之后，百花皆谢，惟有松、竹、梅花，岁寒三友。”北宋画家文同善画竹，堪称墨竹大师，他曾画有梅竹石并题：“梅寒而秀，竹瘦而寿，石丑而文，是三益友。”梅、竹、石，这三位友人与松、竹、梅差了一位，却皆可傲凌风雪而不畏霜寒。

春是万物复苏的季节，春花之美，往往由于美之本身，而并未指向外在的伦理。那时没有了秋冬的严酷，文人的情操往往要面对苦难之世，在秋冬挺立的草木更易于与道德高格相连，这便构成了中国美学独特的伦理化特质。

迎来春季，从百花初放逐渐形成众芳争宠的局面，真可谓“乱花渐欲迷人眼”。迎春花之花期，无非比梅花晚一些，但迎春花开之际，严冬将尽，春寒料峭，却让它成为百花中的“报春使者”。遗憾的是，迎春花却始终未获得梅那种高尚的“文化身份”，始终未列入“名品之流”。《花经》就说“迎春花七品三命”，《瓶花谱》则说“迎春花六品四命”，可资证明。尽管它最先点缀春色，在古人心目中道德地位不高，却在冬春转化之际倍具美感。

中国人之所以恋花，恰恰由于，花从来不是外在于人的存在，而是与我们形成情感交流的友人。明人都昂《三余赘笔》就曾有记，“宋曾端伯以十花为十友，各为之词：荼蘼，韵友；茉莉，雅友；瑞香，殊友；荷花，浮友；岩桂，仙友；海棠，名友；菊花，佳友；芍药，艳友；梅花，清友；栀子，禅友”。大家都熟知一句话：“不为无益之事，何以遣有涯之生？”赏花、种花、食花就是这样的“无益之事”，却给枯寂的人生、平淡的生活增添了无限的乐趣。

秦汉以后，花草所象征的理想和精神逐渐世俗化、生活化，这表现为人们在日常生活中越来越普遍地种花、养花、赏花，借花来装点日常起居、保养生命。于是乎，把花引入家居，提升日常生活的审美品质，就打通了花之美与美生活之间的亲密关联。

观花开花落，可以由美启真，达到对宇宙大化的理解；花木果实，可以提供美味；培植、浇灌花草，可以发挥人本身的创造性；把养花、种花的经验与已有的农书、花史相参照，还可以增添知识……尤为重要的是，这是一个虽在尘世之中，却又与世俗隔绝的、封闭的生活情境和审美空间，醉醒随心、仰卧任意，多么自由自在！

中国古人这空前的赏花热情，滋润出洋洋大观的“花文化”：其一是花道的兴起，造成了插瓶花、赏瓶花的流行之风。这一风行之气，表明古人对花的欣赏逾越了观与赏的单纯层面，而升到更高的境界。其二是中土的花卉种植和培育水准达到了前所未有的高度，涌现出一大批专门介绍种花与赏花知识的著作，如《学圃杂疏》《洛阳牡丹记》《扬州芍药谱》《菊谱》《梅谱》《海棠谱》《玉蕊辨证》《群芳谱》《广群芳谱》《北墅抱瓮录》《曹州牡丹谱》，如此等等。其三是以花入食、入酒、入药、入茶等的范围极大地得以拓展，推动了中国传统的饮馔水平的审美提升，花往往成为饮馔的审美点缀者。

所谓生活无处不飞花！于是乎，爱花、赏花、种花、养花、颂花、写花、画花构成了中国人审美生活中极为重要的一部分，从而成了生活美学的重要品类。花的喧闹、绚丽、明艳之美，折射出传统中国人生活观念和理想中“生动”的一面，也就是充满对美好生活的渴望和憧憬，不断开拓自身的审美情趣、生活品位，充分发挥创造性、想象力的一面。

花木从《诗经》谈起，草则可从《楚辞》说起。有趣的是，在《楚辞》当中所说的“美人”竟专指男人，而且往往是品性高洁的君子。但屈原《九歌·湘夫人》——“沅有茝兮澧有兰，思公子兮未敢言”——那里面的公子，却是指湘夫人，因为古代公族子女不分性别，皆可称为公子。其中，既说到了花（兰）也说到了草（茝）。这“茝”就是名为白芷的一种香草，它在《楚辞》里被用来比喻人品与物品的高洁与高尚。

后人继续来加以解释，宋人谢翱《楚辞芳草谱》里，就专门论述了这种香草，“楚辞以芳草比君子而言茝者最多，盖今香白芷也。出近道下湿地，可作面脂，其叶可用沐浴，故曰浴兰汤兮沐芳”。这无疑也是一种科学经验式的解答，而王逸注说的更有道德赞美之意："言沅水之中有盛茂之茝，澧水之内有芬芳之兰，异于众草，以兴湘夫人美好亦异于众人也。"

《楚辞》当中不仅赞誉了那么多香草式的洁人，而且还抨击了恶草般的佞人。这些令人感觉不快的恶草，往往是果上有刺、味道恶臭的植物，比如说蒺藜。蒺藜乃一年生草本，茎平卧，花腋生，果分瓣，中部边缘有锐刺两枚，下部常有小锐刺两枚，很易刺人就会令人产生恶感，所以就被用来象征恶人。《楚辞・离骚》言："赟菉葹以盈室兮，判独离而不服"。"赟"就是指蒺藜。又如东方朔《七谏》说"江离弃于穷巷兮，蒺藜蔓乎东厢。贤者蔽而不见兮，谗谀进而相朋"，当恶草疯长在原为"宫室所言，礼乐所在"的东厢，那就隐喻着礼崩乐坏，谗佞之小人当政。

在中国古人的诗词与画作当中，相当具有高节的还有竹子，竹子也是民间喜爱的植物。所谓"虚心有节""高节实中""挺此贞坚性"，往往取材于竹子的中空外直，由此来比喻文人内在的"虚心自持"与外在的"刚直不阿"。但中国有竹子 150 多种，文人所青睐的到底是哪种竹子呢？从植物分类的角度看，中国画家所画的竹子，一般是高海拔可生长的毛竹和刚竹，或者只能生在低海拔的慈竹、麻竹之类。

竹子之美，也在于凝聚天地之灵，晋江逌《竹赋》曰："有嘉生之美竹，挺纯姿于自然，含虚中以象道，体圆质以仪天。托宗爽垲，列族圃田。缘崇岭，带回川，薄循隰，衍平原。故能凌惊风，茂寒乡，藉坚冰，负雪霜，振葳蕤，扇芬芳。翕幽液以润本，承清露以擢茎，拂景云以容与，拊惠风而回萦。"这说的还是野生竹林之美，此乃"竹生空野外"，而非"翠叶映雕梁"，后者就成了居家之竹了。这两种竹的生存状态，可谓不同。

笔者一次去湖南双峰县荷叶镇拜访曾国藩故居，结果走错了路，误入大山深处。与友人驱车偶然穿越几座竹山，当时感觉满眼皆竹，看也看不尽，果然有"灵丘深沉，蔓竹凝阴，神根合拱，桢干百寻"之感。

图 2-9　文同　墨竹　台北故宫博物院藏

文同首创以水墨单色画竹，为北宋文人水墨画代表作之一

当中国文人们将竹子请到家里，把竹子培养成所居之物，总是反复说“居不可无竹”之时，那竹子便与中国古人的家居生活紧密联系了起来，如今的厅堂馆所当中也不乏竹的存在了。

所以说，在竹子这类“木之审美”当中，美与善早就融二为一了。中国文人在缘竹、松、梅、兰之情时，此情既是向善之情，也是审美之

图 2-10 仇英 竹深荷静 台北故宫博物院藏

这幅扇面以翠竹、林荫、荷塘为生活审美化的背景，题跋摘自杜甫诗句："落日放船好，轻风生浪迟。竹深留客处，荷净纳凉时。"

情了，这实际上也就是另一种"身与竹化"，并不是艺术家画竹时与"笔下之竹"神冥为一，而是自然人格化与人格自然化了。

• 四时清供尚花道

中国人湍飞四溢的生活热情，数千年前就寄托在观花、赏花的活动中，但真正的插花艺术，也就是后来所说的花道，却要到唐代以后才兴盛起来。

据说，古人的插瓶花灵感来自佛教"供花"仪式的启发。东汉时期译为汉文的《修行本起经》中说，佛出场的时候，"时有一女，持瓶盛华（花），佛放光明，彻照花瓶，变为琉璃"[1]。花在佛教教义中寓意本心清净，不受尘俗沾染，用花供佛，可得"广大福报""急速证得涅槃"等"十功德"。最初的瓶花，也就是把供养佛的花放置在盛有清水的器

[1] 《修行本起经》,《影印宋元版碛沙大藏经》第 59 册，康孟祥译，线装书局 2005 年版，第 630 页。

皿中，以保持其鲜艳盛开之态。

《南史》记载，南朝齐晋安王萧子懋七岁时，母亲病危，请僧人来做佛事祈福。有人献上莲花供佛，僧人们用铜罂盛水，把花茎浸在里面以防迅速枯萎。萧子懋见状，跪在佛前发愿说："若使阿姨因此和胜，愿诸佛令华（花）竟斋不萎"[1]。据说萧子懋的虔诚感动了佛祖，佛事连续做了七天，莲花鲜艳如故，母亲的病也痊愈了。

真正的插花艺术，须得满足两个条件：一个是，瓶花走进凡俗人生、日常生活；另一个是，将自身的生活追求和审美理想投射在花道上。

进入唐代以后，中国人的赏花热情达到了无以复加的狂热地步，花道就形成于此时。根据史书记载，唐代社会风行赏花、观花，尤其嗜好牡丹，每年暮春，牡丹开放的时节，长安阖城老幼，不分男女，争相寻花、访花，"每春暮车马若狂，以不耽玩为耻"[2]——好个为花所迷醉的世界。

白居易在一首《买花》诗中曾记述过这样的盛况："帝城春欲暮，喧喧车马度。共道牡丹时，相随买花去。贵贱无常价，酬直看花数。灼灼百朵红，戋戋五束素……家家习为俗，人人迷不悟。"买花自然是为了欣赏的方便，但如果百朵牡丹，价格竟然高达"五束素"（二十五匹绢），那就有些离谱了。但也就是为了欣赏方便，最大可能地把花引入自己的日常生活、居室住所，才催生了种种花事罢了。

《开元天宝遗事》中曾记载过一种叫作"移春槛"的奇异发明：权相杨国忠的子弟们每到春天，就把各种奇花异草种植在栅栏中，下面用木板托起，装上轮子，走到哪儿都要拉着，以便随时观赏[3]——这竟是中国历史上最早的"花车"了！

当然，大多数人没有这等财力，只能选择将花枝折下，佩戴在身上，或插入瓶中，聊以尽兴。诗人杜牧有一年兴冲冲到长安城外的杏园春游，

---

[1] 《南史》第4册，卷44，中华书局1975年版，第1110页。

[2] 《唐国史补·因话录》卷中，上海古籍出版社1979年版，第45页。

[3] 王仁裕：《开元天宝遗事》，《丛书集成》本，商务印书馆1940年版，第12页。

图2-11 元人画梅花仕女图 台北故宫博物院藏

老梅下、水仙旁，一窈窕美人，对铜镜梳妆，据《太平御览》：『宋武帝女寿阳公主，人日卧于含章殿檐下，梅花落公主额上，成五出之花，拂之不去……今梅花妆是也。』宫中女眷纷纷效仿，由此『梅花妆』风靡一时

结果发现园中百花憔悴，不禁发牢骚说："莫怪杏园憔悴去，满城多少插花人。"[1] 这里说的"插花"，大概还是簪花、佩花之类。不过，同时代插瓶花的风气也兴盛起来。

这一生活美学空间一旦打开，就吸引了无数幽人韵士致力于此。自唐以后，中经五代、两宋，一直到明清时期，瓶花一直都是深受文人墨客眷顾的案头清赏，花道的艺术不断丰富、升华，花道的形式和意趣也日渐丰富。

我们可以从品花、择器、制宜与清赏四个层面来理解花道。

"品花"是花道的第一步。"品"就是品评、品第，评定花的级别高低。

花道之品花，主要有两种方式：其一是在各种不同的花之间进行甄别、评判。宋代张翊的《花经》中把七十多种花分成九品，如"一品"有兰、牡丹、荼蘼、睡香等，"二品"有琼花、蕙、岩桂、茉莉、含笑……如此依次品第，品级越低，种类越多。[2] 这种品评方式就像是为人封官赐爵，暗含着古人特定的审美趣味和价值判断。

我们所熟知的"花中四君子"——梅、兰、竹、菊，因为契合古人对于"君子"之品行的期待和想象，在大多数的名花排行中位居前列。而其他被目为下品的花，则要屈居"奴婢"之列，在插花时作为陪衬之物，如迎春花、瑞香花、山茶花为梅花之婢，玫瑰花、蔷薇花、木香花则供牡丹役使。制作瓶花时相间搭配，务求主次分明、浓淡相映，如此方能曲尽雅俗相谐之妙，不至流入孤俏凄清、曲高和寡的氛围。

其次是在同一种花内部进行品评。袁宏道《瓶史》中就在梅、海棠、牡丹、芍药、石榴、莲花、木樨、菊、蜡梅等花中优中选优、拔其颖异，如梅当以"重叶绿萼玉蝶百叶缃梅"为上，而"西府紫锦"则为海棠之冠……在他看来，"色之绝者，蛾眉未免俯首；物之尤者，出乎其类"[3]，

---

[1] 杜牧：《樊川诗集注》，上海古籍出版社 1978 年版，第 182 页。

[2] 虫天子编：《中国香艳全书》，团结出版社 2005 年版，第 392—393 页。

[3] 袁宏道：《瓶史》，《丛书集成》本，商务印书馆 1937 年版，第 5 页。

如果天生丽质、倾城倾国的美人与艳冶俗媚的女子混淆莫辨，实在是暴殄天物！

花亦如此，只有那些具有最细微、最敏感的艺术感觉的人，才能独具慧眼，使奇花异木不至于埋没在姹紫嫣红的花海中。赏花有时竟如识人，有多少种花之美，就有多少种人之美，花可以点亮人心：赏花人与所赏花，乃是同时“绽放”的。

花开既有四时之别，每种花之中又有品第之高下。古人将这两种品花方式相结合，就能在四季之中，选择最恰当的时鲜花朵来制作瓶花，放置案头、观赏玩味。其用思之深，不可不谓之细密精妙！袁宏道就对其品第、择取之精不无得意，他说：“入春为梅、为海棠，夏为牡丹、为芍药、为石榴，秋为木樨、为莲、为菊，冬为蜡梅。一室之内，荀香何粉，迭为宾客。”[1]

“择器”是选择插贮瓶花所用的器皿。唐人最初插瓶花，只取普通的瓶缸，并无专门的讲究。五代时，郭江洲发明了一种“占景盘”，在铜盘上铸成许多竖立的铜管，管口下端相连。把花插在铜管中，在铜盘中注水，可以保持花的娇艳，“十余日不败”。宋代以后，瓶花所用器皿更加讲究，多用古董或专门的瓷器，对花的品种、颜色以及摆放位置与器皿的搭配均有要求，这说明宋人生活美学日渐精致化了。

明代生活美学大师高濂在《遵生八笺》中总结说，堂中插花，应该用汉代的铜壶、古尊或体积较大的古瓷器，应该摆放在高架两旁或几案之上，折花也必须选取较大的花枝；书斋中插花，则应该选用胆瓶、鹅颈瓶、花觚等体量较小的精致瓷器，折取瘦巧之花，作为案头清供。

此外，对于瓶、缸的颜色、样式等也有细致的区分，如“冬时插梅必须龙泉大瓶，象窑敞瓶，厚铜汉壶，高三四尺以上……砍大枝梅花插供，方快人意”[2]。“择器”之“器”，一端连接着花，另一端连接着居室，

---

[1] 袁宏道：《瓶史》，《丛书集成》本，商务印书馆 1937 年版，第 5 页。

[2] 高濂：《遵生八笺》，巴蜀书社 1992 年版，第 639—640 页。

图 2-12 至图 2-20　不同年代的九种花瓶　台北故宫博物院藏

中国古人对插花的器皿也非常讲究，不同的花要配以不同质地、色泽的花瓶。图中为我国历代珍藏的花瓶，第一排（自左而右）：北宋汝窑的青瓷胆瓶、明代的白釉梅瓶、北宋 12 世纪定窑的划花莲纹长颈瓶；第二排：明前期龙泉窑的青瓷划花花卉纹玉壶春瓶、南宋龙泉窑的青瓷长颈瓶、南宋至元期间的官窑青瓷八方弦纹盘口瓶；第三排：清代乾隆款的铜胎珐琅带戟方花瓶、清代青花丛篁瓶、元代青瓷胆瓶

务求花、器与居室三者在形制、大小、高低、颜色等形式上错落有致、和谐统一，如诗如画，“得画家写生”之妙，富有“天趣”。这才是使人快意、快活的居家之美呀。

“制宜”是瓶花插贮、欣赏的方法和原则。花木及插贮的具体方法，在“品花”与“择器”中已经充分显示出来。然而，要突破物质和形式的束缚而进入艺术创造和欣赏的层面，还需要更多的情感、心灵的介入，正所谓超乎器而进乎道的清赏境界。

所谓“清赏”，重在“赏”而追求“清”：“赏”是玩赏、把玩的过程，“清”则是玩赏、把玩所能企及的艺术境界。

古人就常常感叹：

> 得胜花者，未必有胜地；得胜地者，未必有胜时；得胜时者，未必有胜情；得胜情者，未必有胜友。雕栏画栋，委巷村尘，非地也；凄风苦雨，炎昼晦夜，非时也；宦情生计，愁怀病体，非情也；高官富室，村妓俗人，非友也。具花情，然后择花友；偕花友，然后谋花地；定花地，然后候花时，庶几岁一遇过之矣，然而不可必得也。[1]

如此说来，赏花竟也要天时、地利、人和才能品味到清赏之乐。这当然是文人士大夫的优雅绝俗的情趣和品位。

花、时、地、情、花友等，就是所谓的清赏之“宜”。清赏之宜，分为“人物之宜”“时地之宜”“赏鉴方式之宜”。

所谓“人物之宜”，是说不同性情、趣味的人，适合不同的花木，袁宏道在《瓶史》中提到的如梅宜隐士、海棠宜韵客、牡丹和芍药宜靓妆妙女、石榴宜艳色婢、木樨宜清慧可人的小家碧玉、莲宜娇媚万端的小妾、菊宜好古而有奇气之士、蜡梅宜清瘦僧人等，这是将自身的人格理想，与花的自然品格相融会而生成的审美趣味：人被花化，花被人化。

---

[1] 谢肇淛：《五杂俎》卷 10，上海书店出版社 2001 年版，第 206 页。

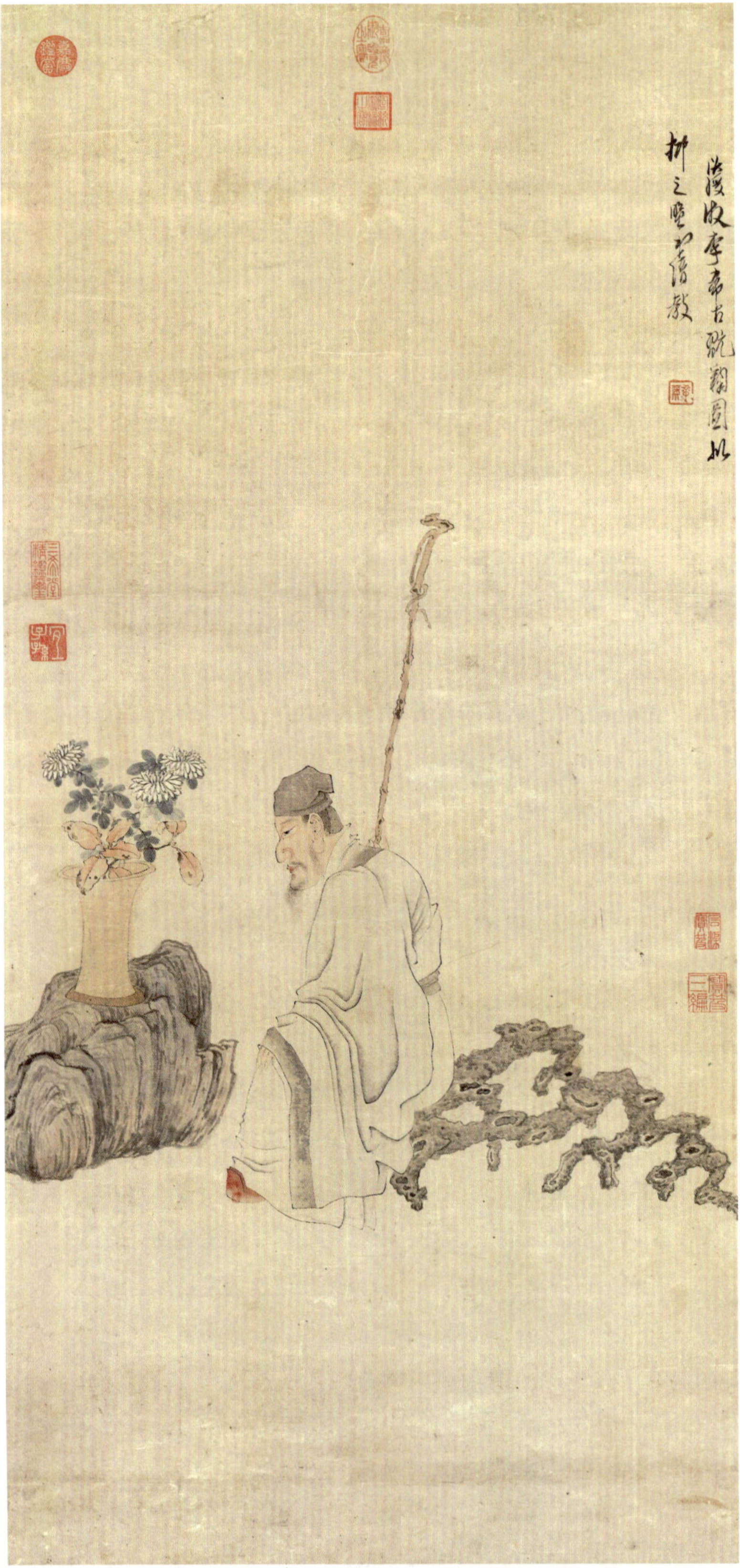

图2-21　陈洪绶玩菊图　台北故宫博物院藏

有趣的是，古代的实情为『大丈夫插瓶花』，插花并不是女人的专利。文人士大夫才是花艺和花道的主力人群，他们由此做儿女态也司空见惯，并被视为一件雅事

“时地之宜”是指对于不同的花而言，各有恰当的欣赏时机和场合，如冬天盛开的蜡梅适合初雪、雪霁、暖房中把玩；春日绽放的温花适合在晴日、轻寒、华丽的高堂中观览；夏日开放的暑花应该在雨后、快风、木荫或竹下、水阁中看取；秋日的凉花，则须爽月、夕阳、空阶、苔径或古藤巉石边欣赏。

“鉴赏方式之宜”，则有所谓“香赏”“酒赏”“茗赏”等区分，也就是燃香赏花、品茶赏花与饮酒观歌舞赏花等。如明代大文人陈继儒说：牡丹芍药最适合佐以歌舞，而海棠桃李等则适合酒宴；被画入《韩熙载夜宴图》的韩熙载则认为：对花焚香，妙不可言。[1]

花道之妙，妙在拈花入瓶、执瓶入室，借着自然之美与人之艺术创造力的融合，来营构真实的、富于生机和活力的生活美学空间。对于富贵人家、清雅士人而言，品花、择器、制宜与清赏自然是越精致、越考究，就越能凸显出人的品位和层次；而对于清贫百姓、市井小民而言，花木、花器虽然不能精益求精，但插花、赏花所能带来的快乐却也丝毫不差。

我们都熟知一句话：“不为无益之事，何以遣有涯之生？”赏花、种花、食花就是这样的“无益之事”，却给枯寂的人生、平淡的日常增添了无限的乐趣。

· 听鸟观禽别有恋

说完赏花，再说玩鸟。汉儒董仲舒在《春秋繁露》中说：“质于爱民，以下至于鸟兽昆虫莫不爱。不爱，奚足谓仁？”人之爱，如果不推及鸟兽昆虫身上去，假若没有这种对生物之爱的话，那根本就谈不上作为人会有仁心，那就只会对万物“麻木不仁”了吧。

---

[1] 虫天子编：《中国香艳全书》，团结出版社 2005 年版，第 393 页。

按照儒家观点，仁者“爱人”，也是“及物”的，各种生物也要被纳入关爱的范围之内，否则便不足以谈孔学儒门之“仁”了。宋儒程颢也强调：“天地之间非独人为至灵，自家心便是草木鸟兽之心也，但人受天地之中以生耳。”（《二程遗书》）这就把人心与“鸟兽草木之心”，视为同一之“心”，即“仁心”也。

中国古人对于动物的审美，也不同于西方所欣赏的那种“野兽之美”。西方这种美更接近壮美，而性情温和的中国人则更喜优美，对待小动物也是要求一种可以控制的美感。自古中国人就用“美”来形容动物，如“角之美”（《逸周书》）、“羽翼美”（《淮南子》）之类来描绘鸟兽，说明这种本土的动物美意识很早就形成了。

这还是要从养鸟开始谈起。畜养家畜是为了生计，养鸟恐怕主要是为了赏玩之乐趣。表面上看，猪、牛、羊、马之类的家畜是用其能食、能劳的实用功能，而养鸟除了信鸽送信、雄鹰捕猎、鹈鹕捉鱼之外，基本上都没什么实用性。

事实上，从“羊大为美”的古说法开始，到后来的各种动物皆有可能被审美化，只要古人的审美眼光“观照”到它们。红山文化的“玉猪龙”不就是中国动物审美的源头之一吗？我认识一位考古界资深人士突破成见，认为那其实是“玉鹿龙”。但中国美学的创造力就在于这种虚实相生：想象中的龙与现实中的猪如此完美地在巫器当中结合了起来。

古人眼中的“审美之鸟”，当然也有两类，在天地之间自由飞翔的，还有被人们所豢养成宠的，面对它们就有不同的审美诉求。

晋人张华有篇《鷦鷯赋》，写的就是一种小雀，俗称蒙鸠、巧妇、桃虫或山蝈蝈儿。在作者心目中，这种小鸟“不为人用”（“毛弗施于器用兮，肉弗登乎俎味”），却足具“生生之理”：“鷦鷯，小鸟也，生于蒿莱之间，长于藩篱之下，翔集寻常之内，而生生之理足矣。色浅体陋，不为人用，形微处卑，物莫之害，繁滋族类，乘居匹游，翩翩然有以自乐。”尽管无用，却有大用，这就好似庄子所推重的“法天贵真”一样，没有了鹫、鹗、鹍、鸿、孔雀、翡翠那种“羽毛入贡”的小用，还不能当作美味食用，却“以小见大”地显现造化之端。

所谓“何造化之多端兮，播群形于万类。惟鷦鷯之微禽兮，亦摄生而受气。育翩翾之陋体兮，无玄黄以自贵”（张华《鹪鹩赋》）。就这单单六句话，古人就从一只小鸟身上见得宇宙气象。“何造化之多端兮，播群形于万类”，唐李善所作《〈鷦鷯赋〉注》中提到，《易》曰：“天地造生，万物咸成”，又曰：“造化，道也”[1]，由此可见，古人是把这小生灵置于宇宙大化之中来观照的，进而得见“惟鷦鷯之微禽兮，亦摄生而受气”。

这里鷦鷯所受之“气”，究竟是什么“气”呢？可以参证的是，《庄子》里面北海若说：吾“受气于阴阳”，可见这里的气乃阴阳二气。“阴阳陶烝，万品一区。巨细舛错，种繁类殊”（张华《鹪鹩赋》），世上的鸟儿的确多种多样，但它们皆“静守约而不矜，动因循以简易”，此乃“守道顺理”之原则。

此类观鸟的方式，实在是太高妙了，显现出古人的民胞物与之大智慧！

南朝鲍照的《舞鹤赋》一面继承了这种天地万物智慧，说什么“精含丹而星曜，顶凝紫而烟华”“朝戏于芝田，夕饮乎瑶池”之类，但另一面，又开始鉴赏到舞鹤之美：“态有遗妍，貌无停趣。奔机逗节，角睐分形。长扬缓骛，并翼连声。轻迹凌乱，浮影交横。众变繁姿，参差洊密。”（鲍照《舞鹤赋》）这说明，对“仙禽”的审美，既有观天地造化的一面，也有赏貌态姿影的另一面，但愈到后世，纯粹形式化的审美一面却愈加被重视起来。

明人李渔在《闲情偶寄》当中的“看花听鸟”，最具代表性，因为花鸟对他而言，可谓是“人生得一知己足矣”：

> 花鸟二物，造物生之以媚人者也。既产娇花嫩蕊以代美人，又

[1] 萧统编：《新校订六家注文选》，吕延济等注，郑州大学出版社 2014 年版，第 827 页。

> 病其不能解语，复生群鸟以佐之。……是我之一生，可谓不负花鸟；而花鸟得予，亦所称“一人知己，死可无恨”者乎？[1]

这段描摹得极尽妙道！李渔在这里大致是说，花鸟就是造物生之以取悦于人的，造出娇花之美以取替美人后，又恐其不能发声，于是再造出群鸟来辅佐百花。当然，李渔的时代还是绝对的男权中心主义的，他甚至认为，于花鸟而言，造物用心之周到，就好似美女学习歌舞，给她们吃又让之取悦于人的。这当然有违男女平等之义，但作者真正担忧的却是，人们缺乏了审美的心：见到悦目的奇花而视而不见，听到悦耳的鸟鸣却充耳不闻，那无疑就是“美盲”“美聋”了。

这位“闲情大师”进而反转了立场，认为人们喜爱女人的花容声舞，却不及花的万分之一，仅是鸟鸣的绪余而已，因为姬妾们“貌似花”而“声似鸟”罢了。于是乎，女人们只是“似”，而花鸟才是“真”，如果贵“似”贱“真”，那岂不是叶公好龙吗？足见在此，李渔成了一位明朝崇美的自然主义者，认定自然本身才是完美的，人为的则是对自然的拟造而已。

关键在于，这位极尽生活情趣的李笠翁，如何赏玩鸟趣的呢？迥异于那些视而不见与听而不闻者，李渔偏偏不那么做，而每逢红花翠柳斗妍竞奇时节、啼鸣飞鸟争宠献巧之时，定要感谢上苍，归功于造物，每次饮酒必祭奠，每次吃饭必奉天，就好似善男信女奉佛一般。晚上就等到花眠之后才去睡，清晨在鸟儿出巢前就起身，唯恐漏掉一声鸟鸣、一色花姿。等到鸟衰花谢之际，内心怏怏不快而怅然若失。李笠翁最后自诩：我的一生，可以说未有对不起花鸟之处；而花鸟得到我这个朋友，不也可说是“人生得知己，死而无憾”也？

后世对于鸟的审美，变得更加精细，也更加全面了。清人金文锦撰有《画眉谱》，分为头、鼻、颈、尾加以分部位论述，还有白青、黄毛、

---

[1] 李渔：《闲情偶寄》卷 6，浙江古籍出版社 2010 年版，第 285 页。

青红毛、品漆毛的品类之分论。鸟鸣，历来是赏鸟的关键项，《画眉赞》第一部就赞曰：“画眉儿，娇音叫出最稀奇。较他鹦鹉偏堪爱，以他鸹鸰更堪思。千声万声叫不断，养来窗外自相宜。音宛转，韵高低。清晨当起后，久雨乍晴时。其声百出叫画眉，人须爱惜画眉儿。”听鸟之感也变得更加敏感了。

清人张万钟更有《鸽经》，对鸽子的审美主要分为“花色”“飞放”和“翻跳”三类：“花色论致，飞放论骨。有若柳絮随风，流萤点翠，蹁跹时匝芳树，窈窕忽上回栏。有如孤鹜横空，落霞飘彩，或来如奔马，去若流星。至翻跳之宜，则均斯二者。”花色欣赏要论“致”，而放飞鸽子讲究“骨”，看翻跳表演则二者都要，而这雅致之“致”与骨肉之“骨”，皆为中国古典美学的典范范畴了。

今人王世襄被称为“大玩家”，笔者曾听闻不少忘年交谈他玩物成家的趣闻逸事。晚年王先生就醉心于研究鸽子，不信你翻开他的《明代鸽经清宫鸽谱》和《北京鸽哨》那些书看看呗……

· 虫兽鱼能入法眼

谈完鸟，再说虫。对昆虫的审美，清人陈淏子在其著作《花镜》中专有论述。在养昆虫法的总论部分说：“昆虫至微之物，何烦笔墨？然而，花间叶底，若非蝶舞蜂忙，终鲜生趣。至于反舌无声，秋风萧瑟之际，若无蝉噪夕阳，蛩吟晓夜，园林寂寞，秋兴何来？”[1]这意味着，在秋天的时候，没有蝉鸣与蟋蟀声，就失去了园林当中的“声景”，虫声亦是一景也。

至于山林而非园林当中的“声景”，陈继儒的《岩幽栖事》具体说到山中声景：“山鸟每至五更，喧起五次，谓之报更。盖山中真率漏声也。

[1] 陈淏子：《花镜》，农业出版社 1962 年版，第 438 页。

图 2-22 徐熙 花卉草虫卷 台北故宫博物院藏

五代南唐徐熙画风被后人誉为“徐熙野逸”，其所作花木草虫，墨骨勾勒，淡施色彩，一派潇洒天真之气象

余忆曩居小昆山下，时梅雨初霁，座客飞觞，适闻庭蛙，请以节饮。因题联云：花枝送客蛙催鼓，竹籁喧林鸟报更。可谓山史实录。”[1] 可听的虫鸟之声多着呢，并各自成趣。

万物生万籁，其中的生物所产生“声籁”各式各样，都能让古人生发综合之美感，“有天然之声籁，抑扬顿挫，荡漾余之耳边。群鸟嘤鸣林间时所发之断断续续声，微风振动树叶时所发之沙沙簌簌声，和清溪细流流出时所发出之潺潺淙淙声，余泰然仰卧于青葱可爱之草地上，眼望蔚蓝澄澈之穹苍，真是一幅绝妙画图也。以视拙政园一喧一静，真远胜之。”[2] 真可谓“美声”也。

关于“兽之审美”，也有两类，一类是被驯化的美，另一类则是未

[1] 陈继儒:《岩幽栖事》,《丛书集成》本，商务印书馆 1936 年版，第 3 页。

[2] 沈复:《浮生六记》卷 6，人民文学出版社 2010 年版，第 138 页。

被驯化的美。最早进入古人审美视野的还是前者，然后才有后者。因为对人形成威胁的兽类，对人而言危险性必定压倒了审美感。

马王堆汉墓帛书《相马经半大光破章》说：“伯乐所相，君子之马：阴阳受绳，曲直中矩。”还有南北朝伪托春秋时齐国大夫宁戚《相牛经》之类。但此种“赏看”，还不是“欣赏”，或者说还未升华到欣赏的层级。但后世，随着牛、羊、猫、犬逐渐进入审美视野，从颜延年的《赭白马赋》、柳宗元的《牛赋》、张大复的《猫》再到李渔的《逐猫文》《瘗犬文》，蔚为大观的动物审美由此可见一斑。

未驯服的兽类进入审美，以虎居多，其为猛兽，谈者色变。但在明人王穉登《虎苑》所记上百个虎的故事当中，却屡屡有审美的辉光，如说虎与“天文协应”，那就是“虎交而月晕”“虎啸则风生”；再如说虎的“威猛”，“虎骨甚异，虽咫尺浅草，能伏身不露，及其虓然作声，则嵬然大矣”！

图 2-23（左） 李迪　秋卉草虫册　台北故宫博物院藏

图 2-24（右） 黄筌　长春花鸟册　台北故宫博物院藏

有“黄家富贵”之称的黄筌画作，设色秾丽，勾勒精细，画成逼肖其生而不露墨痕！

现实中常说“猛虎对神獒”，神话里还有所谓“龙虎斗”。龙，到底属不属于动物呢？历代都有画龙的大家：曹不兴、张僧繇、冯绍正、吴道子、董羽、僧传古、陈容……俗话说，“画龙画虎难画骨”。其实在今人看来，从写生的角度，骨倒好画，就是这龙恐怕还是中国人想象的“拼贴神兽”。还有狮子，也是反复出现在文化象征里的动物，要知道，其原产地乃远在非洲，对于中国而言的确也是舶来品。但在九州大地上，还真有不少外来生物成了中国人的“吉祥物”了。

还有虫子呢，虫如何成为美的？按照古人的说法，虎乃“大虫”，如今的虫，大都主要指“小虫”。

最早有《诗经》，以诗言志，“蟋蟀在堂，岁聿其莫。今我不乐，日月其除。无已大康，职思其居。好乐无荒，良士瞿瞿”，蟋蟀当时就与“人之乐”衔通了起来。晋人郭璞《蜜蜂赋》则赞蜜蜂之美曰：“穷味之美，极甜之长，百药须之以谐和”，“灵娥御之以艳颜”。南朝梁简文帝《咏萤》诗赞流萤之美云：“本将秋草并，今与夕风轻。腾空类星陨，拂树若花生。屏疑神火照，帘似夜珠明。逢君拾光彩，不吝此生轻。”

历朝历代的咏蝉诗也是不胜枚举，史上竟有“咏蝉三绝”之说：虞世南“垂緌饮清露，流响出疏桐。居高声自远，非是借秋风”被认为是“清华人语”；骆宾王“西陆蝉声唱，南冠客思侵。那堪玄鬓影，来对白头吟。露重飞难进，风多响易沉。无人信高洁，谁为表予心”被认为是“患难人语”；而李商隐“本以高难饱，徒劳恨费声。五更疏欲断，一树碧无情。薄宦梗犹泛，故园芜已平。烦君最相警，我亦举家清”则被认为是“牢骚人语”，足见对虫的好恶早已与文人人格高下匹配了起来。

最后再说鱼。鱼，更容易被纳入审美眼光，特别是人工培育的，今人称之为“观赏鱼”。这种被用于单纯观赏的鱼类，一般都是基因突变而进行人工选育的结果。但问题是，选择的标准又是什么呢？审美标准恐怕是第一要义，这些鱼类被培养出来，以更适合古人的审美之眼，今人继承了这种美感，要不你就去花鸟鱼虫市场观瞻一下？

明人屠隆在《金鱼品》中说：“夫鱼，一虫类也，而好尚每异。”也就是说人们所喜好不同，从金鱼眼这一点，就可分为墨眼、雪眼、珠眼、紫眼、玛瑙眼与琥珀眼，真可谓“金鱼之色相变幻”。其中，提到的鹤顶红这种金鱼，由古至今都非常受人喜爱，头部肉瘤如仙鹤之红冠，游动时尾部甚为飘逸，如今仍以色泽鲜红者为佳，在水墨画中这种鱼也常被当作题材，现代画家吴作人更善此道。

从现代的视野来看，这种对观赏鱼的培育，恰是为了让动物进化来极度符合人化的审美，也被很多现代人视为一种极端的“畸形美”。从生物进化的角度来看，这样说的确有道理，因为这种看似具有极端美感的观赏鱼，往往是从基因变异当中选取适合人类审美眼光的品种，从而越来越偏狭地匹配了人类“美的眼睛”之追求。依据当今西方流行的动物伦理学，如此为之乃是戕害了鱼自身的动物权利，但是从美学的角度看，因服务于人的审美而变得畸形，那还是不是一种健康之美呢?

明人黎遂球的《玻璃盎双红鱼记》，似乎又在重复与拓展“人鱼之乐”的本土主题:“人乐也，鱼安得乐? 鱼之水仅可以寸，并以身入焉，而以为人玩，鱼则何乐? 是乌知其不然。鱼不得知其几何水，触而宛转，动而水已，与影相戏，管而复远，又不知其几何鱼，鱼故甚乐如江湖矣。”这就要回想起惠子之千古之问——“子非鱼，焉知鱼之乐? ”你不是鱼，怎知鱼之乐? 但庄子游于濠梁之上所观之鱼，乃是悠游于自然中的自由之鱼，而黎遂球所赏之鱼，则是游于方寸之间的为人所玩的禁锢之鱼，它又何乐之有呢? !

实际上，中国审美所希冀的理想状态，那就不仅是“吾乐同鱼乐”，而且是“鱼乐人亦乐”。古代文人曾爱笼鹤，也就是用竹笼之类罩住仙鹤，以观赏鹤之美，如今松鹤延年的形象仍是一种审美象征。但是烹鹤之行则是大煞风景之事了，古人笼鹤之后还要放鹤，任其回归天地遨游，这大概就是“久在樊笼里，复得返自然”之乐吧。

这就是人与天地万物的共美，这是一种高级的“天人合体”，人与自然是在审美和谐大道之中得以冥合的，它来自中国人的“审万物之情”的智慧，由此万物皆具一种“生生之美”，真可谓“生意盎然”!

第三讲

鉴人貌态之美

人者，天地之心也

——《礼记》

中国历来有『天地人』三才之说，人『参天地，赞化育』。说完『天之美』与『地之美』，再来说说『人之美』，人居于天地间，乃是三才之『心』也。

既然讲天、人、地为三才，而且，注重人立足天地之间的地位，这就是所谓的『顶天立地』。由此可见，中国古代智慧从『巫史传统』脱胎而来，始终注重人在宇宙当中的重要地位，在世界古文明当中独具高格。

• 丽天理地中立人

在巫史占主导的年代，人通过巫与天地“通”，这就是“绝地通天”的基本意思。巫，使得天人相通；史，使得历史延续。[1] 然而，在中国古人的情理结构渐成之后，人的地位在逐渐上升，在远古世界，中国人就将人的地位升华得最为高远。

从生活美学的角度来看，这作为三才的天、地、人皆是美的。

天地人为何皆美呢？刘勰的《文心雕龙》开篇《原道》开宗明义，陈述了人作为“三才”之一如何与天地参的，且通篇皆含“美意”：

> 夫玄黄色杂，方圆体分；日月叠璧，以垂丽天之象；山川焕绮，以铺理地之形。此盖道之文也。仰观吐曜，俯察含章，高卑定位，故两仪既生矣。惟人参之，性灵所钟，是为三才。为五行之秀，实天地之心。心生而言立，言立而文明，自然之道也。

意思就是说，天地初生之际，便有黑与黄、圆与方之分。日月如重叠之璧玉，显示附着美丽天上之象；山川如灿烂之锦绣，显示大地形貌的纹理之形，这些皆为“道”的大文章啊！

仰观天空，日月发出耀眼光芒；俯瞰大地，万物蕴含丰富文采。由此确立了天高地卑的地位，于是产生了阴阳之“两仪”。只有人参于天

---

[1] 李泽厚、刘悦笛：《历史、伦理与形而上学》，《探索与争鸣》2020 年第 1 期。

地，人身上才孕育天地灵性，这就是所谓的“三才”。人作为五行的灵秀，实际上就是“天地之心”。心生之后，语言才能确立，语言确立，文章才能鲜明，这就是自然之道呀。

从这天、地、人“三才”的论述，可以看到，就从审美之角度看，天地本有“文”，人作为天地之心，亦有“文心”，因此，天、地、人俱为审美化的存在，可谓美不胜收。

关键还在于，那句“惟人参之”，足以证明人之为人的崇高地位。这就是说，“与天地参”，唯“有”人能为之，也唯人“能”为之。这里的“参”，是“共同化育”的意思。无论怎样说，人“参”于天地，并不只是效法天地，这是“比象”的说法。更重要的还有“比德”的意味，人究其根本乃为“性灵所钟”，这里面也有“以德配天地”的原始意蕴。但是，我还要补充的是，在《文心雕龙》之中还有另一重意味，那就是

图 3–1　大禹（图中右侧人物）造像显示的就是儒家所塑造出的那种人“顶天立地”的想象

“比美”，天、人、地其实为“三美”，人与天、地“美美与共”。

所谓“人参天地”：“比象”，近似符“真”；“比德”，乃为向“善”；“比美”，是为趋“美”，真善美由此而融合为一，这便是中国人通贯的大智慧。

道家与儒家的主流观念，在“三才”的立场上也是基本一致的。所以，惠施才说，“泛爱万物，天地一体也”（《庄子·天下》），可是这“爱”者，到底是谁呢？或者说，到底谁才能去“泛爱”万物呢？答案当然是人，只能是人，而不是任何一种“齐物”之后的“物”，才能作为爱的主体。

质言之，所谓“人者，天地之心也，五行之端也”，“故人者，其天地之德，阴阳之交，鬼神之会，五行之秀气也”（《礼记·礼运》）。按照这种原典儒家的理解，人从来不是与环境脱离的独立的自我，而本身就是感“天覆地载”之德、交合阴阳二气、结合形体和精灵、吸纳五行精华而生，这恰恰是古人对“人”之所以为人的最基本的理解。

所谓人“所以达天道顺人情之大窦也”（《礼记·礼运》），一面是“达天道”，另一面则是“顺人情”，二者恰恰是天然沟通的。由此，天、地、人三才当中作为“心”的人，经由身而与心互动的人，才成了三才之中最内核的参与者。

更关键的是，其中参与的潜在要素乃以“情”参之，由此才能化生出“天不爱其道，地不爱其宝，人不爱其情”（《礼记·礼运》）的大同世界。当然，这里的“不爱”意味着不再吝惜，其意也在于倡导人要不吝其情，人面对天地世界也是充满人情的，这才是中国绵延至今的有情宇宙观。

还是先说上古蒙昧未开的时代，先民往往在身上图绘或刺上各种颜色的图案，这种文身习俗，在世界各地原始民族中都普遍存在。画身或文身出于生存竞争的需要，先民相信，在身上涂抹上色彩，或者雕刻上某些图案，就能得到神灵的庇佑，在严酷的生存环境中立于不败之地。《淮南子》中就有记载：“九嶷之南，陆事寡而水事众。于是民人披发文身，以

图 3-2 从武氏祠汉画像石伏羲与女娲像里可以窥见远古中国人审美的踪影

像鳞虫。”九嶷山在今湖南省南部，在中原文明已经高度发达的时代，那里还是泽国一片。人们靠水吃水，这并不稀奇，倒是“披发文身”的习俗令人生疑——披头散发，在身上刺满鳞虫的花纹好看吗？

东汉人高诱给出的解释很有说服力：在身上刺满鳞纹，看起来就像蛟龙一样，下到水里谋生活时，就不会遭到蛟龙的侵害了。[1] 如此看来，文身是为了让自身看起来更凶猛、更有威慑力，似乎还谈不上是对自身之美的美化和欣赏。同样，上古神话中的英雄人物，像人首蛇身的伏羲等，在先民的口耳相传中之所以被描述成人首兽身的形象，就是因为他

[1] 刘文典：《淮南鸿烈集解》卷 1，中华书局 1989 年版，第 19 页。

们认为这样的人才有征服自然、统领同类的神力，但是其中无疑蕴含了上古时代最初的美意识。

中华民族多元一体格局的形成，既有赖于文化的交流与融合，又建立在武力征伐、统一的基础之上。这二者虽然缺一不可，但相比而言，文化的融合是渐进的、缓慢的、潜在的，而后者是直接的、效用明显的、显在的。从这个格局，我们再来看商周时代理想的男子之美。这一时期人们心目中理想的男子，首先是高大、勇猛、迅捷、富有韬略和智慧。

商人在《商颂》中把自己的先祖汤称为“武王”。对武王的形象，虽无直接的描绘，但从他们所常用的“烈烈”“如获如烈”“勇”“不戁不竦”“莫敢不来享”“莫敢不来王”“松柏丸丸”等词来看，他们理想中的男子，应该是挺如劲松、高大威猛、威仪赫赫，周身闪烁着英武之气的形象。

周革殷命，所依靠的主要手段也是武力征服，因此在周时倍受欢迎的男子，也都是高大、勇敢、孔武有力、迅捷如飞的。《大雅》里描述牧野大战时说：“牧野洋洋，檀车煌煌，驷騵彭彭。维师尚父，时维鹰扬……”辅佐武王的吕尚，在战阵中纵横驰骋，像雄鹰一般飞扬！

与此同时，中国上古时代对于女人的审美，也形成了某些基本共识。日本汉学家笠原仲二就曾在他所著的《古代中国人的美意识》一书中，根据《诗经》等一系列的中文基本文献，将中国古人所说的美女的面貌与容姿做了概括，由此形成的美的条件主要是：“年轻苗条，肌肤白嫩如凝脂，手指细柔如破土幼芽，两耳稍长显出一副福相，黑发光泽如漆，发髻高梳，簪珥精巧，面颊丰润，鼻梁高高，朱红的小嘴唇，整齐洁白的稚齿，文彩鲜艳的衣装，以及舒徐优雅、柔情宽容的举止等等。”[1]这些对所谓“美人的古典的、典型的容貌、姿态和动作”的描摹，大概是

[1] ［日］笠原仲二：《古代中国人的美意识》，魏常海译，北京大学出版社 1987 年版，第 23 页。

图 3-3　仇英　汉宫春晓图（局部）台北故宫博物院藏

该画卷以初春汉宫为背景，展现了宫中女子妆扮、浇灌、折枝、插花、饲养、歌舞、弹唱、围炉、下棋、读书、斗草、对镜、观画、写像、戏婴、送食、挥扇等宫闱的审美生活，蔚为大观

早期中国的女人审美观了。

人之美还有地域分殊，北人之美与南人之美亦不相同。《诗经》大多是北方黄河流域的作品，表现出的是北方的主流人物审美观念。

南方长江流域的楚地，则因为生存环境的差异，滋生出了不同的审美趣味和人物之美的理想。这在《楚辞》中表现得尤为鲜明。屈原在《离骚》中自述，说自己有“内美”，又有“修能”。“能”即是“態”（态），古典文献中常常出现“修态”的说法，用来表述美好的人物体态。[1]

伟大诗人屈原通过《离骚》等作品所展现出来的美男子，是峨冠博带、衣袂飘飘，面相清癯、润饰繁缛的超逸形象，与北方男子之美相比，多了几分娴静、优雅、超凡脱俗的气质。

那么，楚地美女与北方美女又有何种差异呢？我们都知道宋玉那段形容“东家之子”美貌的话：“东家之子，增之一分则太长，减之一分则太短；著粉则太白，施朱则太赤。眉如翠羽，肌如白雪，腰如束素，齿如含贝。嫣然一笑，惑阳城，迷下蔡。”[2] 看来，北方的“硕人”，在楚地还称不上美女。楚人心中的美女个头不能太高挑，面色要自然中白里透红，眉毛浓淡相宜，肌胜白雪、齿如贝壳——这是一种细腻的、妩媚的、纤丽的、阴柔之性尤为突出的美！

我们看，《楚辞》其他篇章中，描述女子体态之美，也多用“丰肉微骨”“小腰秀颈”“粉白黛黑”“靡颜腻理”“蛾眉曼睩”“朱唇皓齿”等语句，足见楚人更欣赏身姿柔婉娇弱、长相妩媚纤丽、体态曼妙多姿的女子。正如谚语所说：“楚王好细腰，宫中多饿死。”

到了战国时代，随着长期的南北文化交流与融合，在人物之美的判断标准上，也出现了一定的融会南北的倾向。但身材高大、长相美好，再加上有知识、有勇力，仍是从商周一直延续到战国时代的人物审美尺度。

从崇尚力与美，到以“生而长大，美好无双”为上、以“知维天地，能辨诸物”为中、以“勇悍果敢”为下，不仅反映出了美与力的这两种素质，在人物品评中的升降浮沉，其间还突出了知识、文化和道德涵养

---

[1] 江林昌：《〈楚辞〉异文》，《文献》1991 年第 3 期。

[2] 吴广平编著：《宋玉集》，岳麓书社 2001 年版，第 80 页。

图 3-4　唐人宫乐图　台北故宫博物院藏
画卷呈现了唐代宫中女眷围桌宴饮行乐之事，她们或手持筚篥、琵琶、古筝、笙与牙板尽情奏乐，或者手持茶盏、茶杓、团扇，听乐、品茗、行酒令

的因素，从而形成了“美”“知”“力”三足并峙、交融的人物审美标准和体系，这便是上古时代的生活美学遗留下来的本土观照法。

• 以貌取人之相人

那么，在中国古人那里，人之美从何而谈呢？随着历史展开，对人的审美，形成了由低向高的几个层级，需逐层解析，最低乃看“相”，但由“形”观“神”，则高蹈于虚处了！

在中国，人之美，那就要从观相谈起，因为在人与人交往当中，特别是面对面，首先就是要看对方的面相。

这便让人想起东晋大画家顾恺之的妙句：“四体妍蚩，本无关乎妙处。传神写照，正在阿堵中。”（《世说新语·巧艺》）传神主要传在哪里？

就在阿堵。阿堵是什么？这是六朝与唐人的指称词，就是“这个”的意思。顾恺之所言说的“这个”，就是被今人说成是“心灵的窗口”的眼睛。看脸，包括对视对方眼睛，形成了今人所说的“第一印象效应”，它深深地作用于人对人的表面审美当中。

《左传·文公元年》有记：公元前626年，周天子派使臣叔服到鲁国参加鲁僖公的葬礼。鲁国贵族公孙敖听说叔服懂相人，就请他给自己的两个儿子谷和难看相。叔服看过之后，对公孙敖说，您这两个儿子中，谷能供养、祭祀您，难将来能安排您的后事；尤其是谷，下颐丰满，是有福之相，他的后嗣必能在鲁国昌大！后来，公孙敖死后，果然是小儿子难为他收葬；有福相的大儿子谷却死得比他还早，不过谷的后人着实世代在鲁国居卿位，奉祀公孙敖，这也就是鲁国史上著名的孟孙氏一族。这大概是中国“相术”的最早记载了：一个人的品行，日后的作为成就，乃至身后子孙的福泽，竟与长相如此勾连起来。

在日常生活中，见到仪表堂堂、风度翩翩的人，有几人会不赏心悦目，不知不觉中为之倾倒、愿意与之亲近？李太白一介布衣，漫游长安，当时已经名满天下的诗人贺知章一见他超逸洒脱的神态，就倾慕不已，一篇《蜀道难》还没读完，就接连赞叹，大呼“谪仙人”，解下随身佩戴的金龟换酒，与之共饮大醉。[1]

再举个相反的例证，五代时后蜀有一个叫温凯的，画得一手好春宫，听说某大员颇好此道，便想逞能献艺，带着自己的作品去露一手，没想到因为长相丑陋，连把门的那关都没过。这温凯，就是鼎鼎大名的晚唐才子温庭筠之孙。他的画艺得益于家传，丑陋的相貌，也是祖传的。温庭筠才思敏捷、文采斐然，琴、棋、书、画无不精通，有“温八叉”之号。他八次叉手，就能写出一首诗，却相貌奇丑，人送诨名“温钟馗”[2]。这就是我们极为反感，又常常不能避免的“以貌取人”。

[1] 孟棨：《本事诗》，《丛书集成》本，商务印书馆1939年版，第9页。

[2] 孙光宪：《北梦琐言》卷20，中华书局2002年版，第356页。

传统的相术，在某种程度上来说，看重的也正是人的面目、体貌、动静举止中所呈现的精神、意志、情感和修养等内涵。传为唐人所作的《月波洞中记》中说，鉴识人物，应该由表及里，从精神、气色、才智、骨法等依次考察，它总结过识人的“九成之术”，分别是：“一曰精神，二魂魄，三形貌，四气色，五动止，六行藏，七瞻视，八才智，九德行。”[1]

相术预测祸福，本也是根据人的感官印象探察其内在精神、意志、情感及修养之高低，进而推测此种内在品格在人生和社会中所具有的潜力和可能性，这就有点儿类似于现代的建模方法了。可惜的是，在传统时代，它的科学因素始终未找到合适的土壤，而极易流入“怪力乱神”的泥淖之中。

早在战国时代，这种由外而内的观照方式就已经形成传统。1993 年在湖北荆门市郭店村的郭店一号楚墓出土的竹简中，有篇很有意思的文献，交代战国时期品评人物的方法：“其体有容，有色有声，有嗅有味，有气有志……容色，目司也；声，耳司也；嗅，鼻司也；味，口司也；气，容司也；志，心司也。”（《郭店楚墓竹简·语丛一》）这段话把对人的感官印象，分成了外在的体和内在的气与志两个层面。

从外在的体也就是身体、容貌来说，其言语、表情等可以通过眼观耳听获得印象；从内在的气与志，也就是人的情感和意志来说，情感、思虑和意志的发动，必然会体现在身体行动、言语表达和面容表情上。这样，气与体就构成了一种内与外、理性意识与感官印象、道德涵养与审美现象之间的关系。

到了魏晋时代，以貌取人的审美标格，变得越来越高，乃至成为一种高格。这便意味着，人们越来越以美的标准看待自身，观人的生活美学得以正式出场了。

《世说新语》中专列有“容止”篇，品评魏晋人物的容貌、仪表和

[1] 《月波洞中记》，《四库术数类丛书》本，上海古籍出版社 1991 年版，第 8 册，第 696 页。

行止之美，这早已为大家所熟悉。如说嵇康“身长七尺八寸，风姿特秀”，给人的第一印象就是“萧萧肃肃，爽朗清举”。时人如此比喻嵇康风度：“嵇叔夜之为人也，岩岩若孤松之独立；其醉也，傀俄若玉山之将崩。”（《世说新语·容止》）立有立之姿，醉有醉之态。

这种清举、秀丽、飘逸之美，即是魏晋时代整个社会的审美风尚，这从潘岳和左思的不同境遇中就能看出来：“潘岳妙有姿容，好神情。少时挟弹出洛阳道，妇人遇者，莫不连手共萦之。左太冲绝丑，亦复效岳游遨，于是群妪齐共乱唾之，委顿而返。”（《世说新语·容止》）当然，后世也有人认为，效颦而适得其反的不是左思，而是张载。无论如何，时人的审美取向是一致的。

据史载，潘岳驾车出行，每每都有疯狂的女粉丝向他投掷水果，从而满载而归；而张载驾车遨游，收获的不只是老妪们的口水，还有砖石瓦块，“亦满车”。当时著名的美男子还有卫玠，初次到建业，许多久闻其名的粉丝争相围观他的风采，“观者如堵”，而卫玠身体羸弱，疲于应付，竟然一病不起，时人戏称为“看杀卫玠”（《世说新语·容止》）。

魏晋人品评和欣赏人物之美，也不是那么表面化的，它不仅看长相、姿容，而且分门别类，归纳出不同的风格之美，如王恭“濯濯如春月柳”、何峤“森森如千丈松”、夏侯玄“朗朗如日月之入怀”……这些风格，虽名目各异，但无不洋溢着清新、爽朗、明丽的气息。

吊诡的是，在男人为绝对中心的古代社会，上面所说的审美对象主要还是男人，但“女人审美”却始终与之颉颃而行。顾恺之的传世名作《女史箴图》摹本，现藏于伦敦大英博物馆，上面就有女子对镜梳妆的图像，旁边题有一句：“人咸知修其容，莫知饰其性。”

东汉末年，兴起“清议”之风，推重以人为核心的生活美学。“清议”的关键，在于鉴识奸伪、推崇名节、标榜楷模。由此也形成了一套自成体系的人物品藻的标准和方法，出现了一批以品藻人物为主题的著作，如《刑声论》《士纬新书》《九州人士论》《士操》《通古人论》

图3-5 传阎立本 竹林五君图 台北故宫博物院藏

竹林五君、竹林七贤的形象慢慢演变成后世对于魏晋风度的一种群体性的想象。七贤为嵇康、阮籍、山涛、向秀、刘伶、阮咸和王戎，画中没有王戎与山涛即为五君

等[1]，其中影响最大的，当数汉魏之际刘劭所作《人物志》。

《人物志》分为三卷十二篇，乃是一部根据人的体貌、形色、言行等来观察人的性情、才略、德行的著作。这部奇书，依据阴阳、五行的原理，糅合了儒家的人物评价观念，把人的骨、筋、气、肌、血看成是木、金、火、土、水“五物”，每一种物又象征着某种道德品行，如木骨主仁、金筋主义、火气主礼、土肌主信、水血主智，这就是人物禀性上的“五常”；而人物的动与静，则是所谓阳与阴。人生而有阴阳与五行等禀赋，禀赋的素质、分量不同，就会产生人品、才略、性情上的差异，而这些又会从人的“五物”等体貌特征和动、静等言行表现出来。

所以说，辨识人物，就可以通过神、精、筋、骨、气、色、仪、容、言九个方面的观察展开，是为“九征”。观察“九征”，便构成了《人物志》品藻人物的基本方法。

按这种基本方法，人品的平和或险恶见于“元神”，聪明或愚蠢见于“元精”，勇敢或怯懦见于筋，强或弱见于骨，浮躁或镇静见于气血，悲伤或快乐见于脸色，衰末或端正见于仪态，奸佞偏邪或度量宽宏见于面容，缓和或急切见于言辞。如果一个人生性平淡宁静，内心聪慧而外表爽朗，筋骨强健、声音清越而颜色和悦、仪容端庄，就说明他“九征”齐备而为纯粹的完美人才。

《人物志》将人物品藻从社会的层面解救出来，等于将人直接与理想的价值观念和道德诉求对接，这便是极大的突破了。后来的魏晋名士，一个个超凡脱俗，不为礼法、名教所束缚，而径直依照自己所理解的“道”来生活，在《人物志》里已见端倪。

正是出于这种正视现实的眼界，《人物志》主张考察人物：一方面要注意“常士”，另一方面更要留心“奇才”，当然“二美”仍为其追求的理想之境。但其重点却在强调，“失缪之由，恒在二尤”。“尤”就是特异的、突出的人物。“二尤”是指“尤妙之人”与“尤虚之人”：所谓尤

[1] 汤用彤：《魏晋玄学论稿》，上海古籍出版社 2005 年版，第 6 页。

妙之人，“含精于内，外无饰姿”；所谓尤虚之人，“硕言瑰姿，内实乖反”（刘劭《人物志》）。

这“二尤”，一是貌似平淡无奇，实则怀璧握瑜；一则是巧言令色，金玉其外败絮其中。从单一的“中和之美”，到“奇才”的发现与肯定，表明了至少在士大夫阶层，价值观和人生观已经从儒家定于一尊的铜墙铁壁中解放出来，开始接纳有个性、有独立风格的人物了。

· 名士崇美尚风流

众所周知，魏晋真是一个名副其实的“名士时代”，生活美学聚焦于人而攀至巅峰！

这些所谓“魏晋名士”，并不是统一的样貌，大致可以区分出三类：孔融和嵇康，以及我们即将提到的阮籍等人，构成了名士的第一种类型——忧世、愤世的“苦闷派名士”；嵇康、阮籍的朋友山涛，《世说新语》中宣称“名教中自有乐地”的乐广，大敌当前谈笑自若指挥若定的谢安，挥翰泼墨神游艺境的王羲之等人，则为名士的第二种类型——入世、游世的“折中派名士”；第三种就是避世、遁世的“自然派名士”，如陶渊明，千古风流独树一帜。

我们通常所说的“魏晋风流”，就在这三种不同类型的名士身上绽放出来。从孔融、嵇康、阮籍到乐广、王羲之，再到陶渊明，魏晋名士展现了不同的人格、风度与气象，儒家的担当精神、道家的自然理想，乃至佛教的空性观，纷纷得以登场，一时间中国生活美学的星空中群星璀璨。

如果我们套用《人物志》中分析人物之气质构成的方法，儒、道、释三家分别构成了生活和人生观念的三种基本要素：“苦闷派名士”的构成可以说是七分儒而三分道，“折中派名士”则是三分儒而七分道，到了“自然派名士”陶潜那里，则是三分儒、三分道、三分释，再加上一分参透大化、委心天命的智慧。

魏晋奇人，要形成风格与个性，就需要“深情”了。只有一往情深，才能具备独特之性格。

阮籍丧母，大叫一声而呕血数升，是至孝至情之情；嵇康临刑，慨然抚奏一曲《广陵散》，是“少好音声，长而玩之……滋味有厌，而此不衰”的体物养心之情[1]；王羲之欣然挥毫为道士写《道德经》五千言，只为换鹅，是对嗜癖的一往情深（《晋书·王羲之传》）；桓温北征，看到昔年亲手种植的柳树，“攀枝执条，泫然流泪”，感叹“木犹如此，人何以堪”（《世说新语·言语》），是对世事无常、人生易逝的执着与留恋……

说到此般情深，那就具体说说阮籍吧。阮籍嗜好饮酒、下棋，乐此不疲，往往做出出格的事情来。“籍母将死，与人围棋如故，对者求止，籍不肯，留与决赌。既而饮酒三斗，举声一号，呕血数升，废顿久之。”[2]据说母亲去世后，阮籍蒸了一口肥猪，喝了两斗酒后，方才大哭一声“穷矣”。这样的行为，自然看起来不近人情，是悖逆人伦的。然而，大哭一声、呕血数升中所蕴含的悲恸，难道会比那些依照礼法中规中矩操办丧事的“孝子”少吗？丧礼只是表达情感的形式而已，如果有至情，又何必在乎各种无谓之形式呢？

阮籍饮酒，为的是排解胸中的苦闷，当时就有人问王恭：“阮籍和司马相如比起来怎么样？”他回答说：“阮籍胸中垒块，故须酒浇之。”[3]王恭不愧为名士，慧眼独具，看到了阮籍怪诞言行背后的深意：阮籍本是像司马相如那样才华横溢、风流倜傥、富有胆略的大才，可惜没有像司马相如那样生在盛世，而是生逢奸伪丛生、污秽不堪的乱世，所以他只能借酒浇愁，用怪诞的言行发泄胸中的愤懑。

在入世、游世的“折中派名士”看来，“苦闷派名士”的言行也显

[1] 戴明扬：《嵇康集校注》，人民文学出版社 1962 年版，第 83 页。

[2] 徐震堮：《世说新语校笺》，中华书局 2004 年版，第 394 页。

[3] 同上书，第 409 页。

得太过激烈。他们承认且肯定个性，但又保持一定的克制，收敛个性的锋芒，以一种温和、优雅的面目示人，既与世俗保持一定的距离，又不至于招来世俗的侧目，遂在不即不离之间，寻找人生的乐趣。《世说新语》中有记载说，乐广听到别人对诸阮的痛斥后，不置可否，只是笑笑说："名教中自有乐地，何为乃尔也！"[1]

"名教中自有乐地"则是一种将现实与理想折中的生活方式，他们也向往嵇康、阮籍等人追求的"自然"理想，却不愿意"越名教"，而是在"名教"之中，在世俗礼法许可的范围内，遗貌取神，丰富和拓展自己的精神生活，以求获得心灵的自由。比如，嵇康的朋友山涛，平日里很少放言谈论"自然"，不提《庄子》《老子》，但其精神世界却往往与之暗合。对于投机取巧的"名教"中人，如嵇康不愿搭理的钟会，他

[1] 徐震堮:《世说新语校笺》，中华书局 2004 年版，第 14 页。

图 3-6 刘仲贤 七贤图 台北故宫博物院藏

描绘阮籍、嵇康、山涛、刘伶、阮咸、向秀、王戎的“七贤图”在历史上反复现身，他们或主老庄之学，或越名教而任自然，或将名教与自然合一，一派名士风流！

既不疏远，也不与之交往过密，而是依照“名教”、礼法与之周旋，但求不受其害，明哲保身（《晋书·山涛传》）。

山涛与嵇康为莫逆之交，好意举荐后者出仕，却被嵇康以“绝交”之名奚落一番。等到嵇康被杀二十余年后，嵇康的儿子嵇绍成人，他却力排众议，举荐嵇绍出仕，为他的前程铺垫。他对嵇绍说：“为君思之久矣！天地四时，犹有消息，而况人乎？”[1]在魏晋之际的险恶政治环境中，嵇绍作为罪臣之子，内心的忧惧是难以想象的。出仕对他来说，是福是祸，难以预测，所以他便跑去咨询山涛。上面这番话就是此时山涛所言。“天地四时，犹有消息”一句话中，蕴含着对嵇康之死念念不忘二十多

[1] 徐震堮：《世说新语校笺》，中华书局 2004 年版，第 94 页。

年的悲悼之情，读来令人动容！二十余年中，山涛虽未将友情挂在嘴边，却真正为友人遗孤的前途劳思费神。

“折中派名士”就是把“名教”、把世俗世界当成沧浪之水：“沧浪之水清兮，可以濯吾缨；沧浪之水浊兮，可以濯吾足。”（屈原《渔父》）“名教”也好、礼法也好，对我来说，只是暂时栖身的场所，而不是人生的终极目的，这些魏晋名流所求的“心灵乌托邦”并不在此。所以，他们身处“名教”的势利场中，从不逾越“名教”的边界，却不追求势利；他们极少言辞激切地批判现实的严酷与肮脏，却有一种出淤泥而不染的自觉。这从“书圣”王羲之在一场政治婚姻中的表现可以看得极为真切：“郗太傅在京口，遣门生与王丞相书，求女婿。丞相语郗信：‘君往东厢，任意选之。’门生归，白郗曰：‘王家诸郎，亦皆可嘉，闻来觅婿，咸自矜持。唯有一郎，在床上坦腹卧，如不闻。’郗公云：‘正此好！’访之，乃是逸少，因嫁女与焉。”[1]

郗太傅家派人来遴选女婿时，王羲之不像兄弟们那么紧张、矜持，而是安之若素，像平常一样露着肚皮高卧东床——这就是在命运的阈限中寻求自由！

所谓“东床快婿”，“快”就快在这种随心所欲而不逾矩的坦然、淡定与洒脱。世人常称赞王羲之的书法“飘若浮云，矫若惊龙”，这飘逸灵动、洒脱不群的自由境界，若无对“规矩”与“自由”的完美折中，又如何能在方寸尺幅之间挥洒而成？王羲之的确是折中派名士的翘楚，他在“规矩”与“自由”之间找到了一个折中的平衡，既不踏入“名教”的禁地，也不为“名教”的势利所动。他把对生命的依恋之情，灌注在审美创造和朋辈交游两件事上了，他认定书法即为“玄妙之伎”，如果不是胸怀旷达、见解高妙的人，那也是学不好的。

比折中派更洒脱、更自由的，是避世、遁世的自然派名士陶渊明。陶渊明早年也曾有过平治天下的雄心壮志与抨击时政的慷慨不平，然而，

[1] 徐震堮：《世说新语校笺》，中华书局 2004 年版，第 201—202 页。

图3-7 宋人柳荫高士图 台北故宫博物院藏

清乾隆帝给此图御笔题诗云：『柳荫高士若为高，放浪形骸意自豪。设问伊人何姓氏，于唐为李晋为陶。』意思是说：画中高士如是唐人即为李白，如为晋人便是陶渊明

随着岁月迁逝，他却逐渐认识到，世道苍黄翻覆，白云苍狗，把人生的意趣寄托于外在的功利追求实在枉费心神："忆我少壮时，无乐自欣豫。猛志逸四海，骞翮思远翥。荏苒岁月颓，此心稍已去。值欢无复娱，每每多忧虑。气力渐衰损，转觉日不如。壑舟无须臾，引我不得住。前途当几许，未知止泊处。古人惜寸阴，念此使人惧。"实际上，陶渊明"并非整天整夜飘飘然"，的确也有"金刚怒目"的一面，但是他的出入选择，却为千古文人树立了一个人格标杆，同时，更折射出一种进退两难的矛盾痛苦。

人生不满百，况生乱世中？陶渊明在《形影神》一诗里表达出这样的人生观念：

> 天地长不没，山川无改时。草木得常理，霜露荣悴之。谓人最灵智，独复不如兹。适见在世中，奄去靡归期。奚觉无一人，亲识岂相思。但余平生物，举目情凄洏。我无腾化术，必尔不复疑。愿君取吾言，得酒莫苟辞。

人生天地之间，与草木禽兽并无异处，生死荣枯都有一定的规律，作为万物灵长的人之见识却并不见得比草木高多少，你何曾看见草木因荣而喜、因枯而悲？而人却因亲友去世而不胜悲恸。有情有慧，是人杰出颖异于万物之处，但在面对生死这样人力无法改变的现实时，"此情此慧"却遮蔽了生命自然之道。本来生命就容易衰老，加上外在的欲望、功利目的诱导，很容易使人身心俱疲。而唯有"形全精复"，剔除一切附加在生命之上的价值、观念和欲求，顺应生命本身之生老病死的自然之道，才有可能获得真正的自由和快乐。诚如陶潜《挽歌》所说：

> 亲戚或余悲，他人亦已歌。死去何所道，托体同山阿。

有关生死的忧戚与快乐，都是短暂的、相对的，君不见您为亲友之丧哀痛悲伤的时候，其他人却在快乐地歌唱？死有什么可怕、可悲的呢？不过是化身为尘土，回归到自然的怀抱中罢了。有了这种彻悟和洞见，陶渊明自然就从死生无常的生命焦虑中解脱出来，既然连生死都能看破，更何况世俗的功利欲求？所以，陶渊明将自己的身与心彻底交付给自然，他的宁静、淡泊、闲适、自由都不是沉浸于世俗悲喜中的人所能矫饰出来的，由此发出这一声绝唱！

这种魏晋风度的例证，在那个动荡的时代，真是比比皆是：陶渊明"采菊东篱下"、王子猷"不可一日无此君（指竹）"、陆机好听鹤鸣……如果没有魏晋名士这张扬不羁、一发不可收的情致与趣味，中国人的生活和艺术传统中就不可能引入如此众多的生活美学对象了。在魏晋这个非常动荡的历史时期，这些奇人竟然对生活美学进行了各种先锋实验，甚至在很多方面都创造了历史的"绝响"。

质言之，魏晋名士之美，全在"风流"，而风流之构成要素，则为"玄心""洞见""妙赏""深情"！[1]

"玄心"，是不以福祸成败介怀的豁达；"洞见"，是对人生真谛直截了当的彻悟；"妙赏"，是对美的事物的真切的感觉和欣赏；"深情"，是对人生有情的感喟。有深情、有妙赏，故能发现人生的乐趣；有玄心、有洞见，故而又能从人生的乐趣中超拔出来，不至于沉溺其中。这是哲学家冯友兰对魏晋名士之情感与精神极为精辟的思想概括。美学家宗白华先生则认为，魏晋名士之美，美在神韵，是一种给心灵的美、哲学之美，不黏滞于物的自由精神使人能超然于死生祸福之外，发挥出一种"镇定的大无畏精神"[2]，这又是就生活审美化而言的了。

唐宋以后，像魏晋名士那样直白、坦率、富有生命之特有的灵动飘逸之美地表达自我、显露个性的人物，少之又少。除了高唱"仰天大笑出门去，我辈岂是蓬蒿人""古来圣贤皆寂寞，惟有饮者留其名"的诗仙李白等极少数个案以外，"风流"名士的光芒黯淡下去。接过这人物

---

[1] 冯友兰：《三松堂全集》第 5 卷，河南人民出版社 2000 年版，第 309—317 页。

[2] 宗白华：《艺境》，安徽教育出版社 2005 年版，第 79 页。

审美传统接力棒的，是风雅自适的文人士大夫群体。“风雅”，而不是“风流”，成为此后理想人物形象的典范，这个历史转化深有意味。

“风雅”与“风流”，仅一字之差，境界却大相异趣。“流”是外在的、显露的、放纵的、没有节制的，是喜怒哀乐彰显于形色、动静之间吐露真情；而“雅”则是内敛的、克制的、合乎天理人道的，是对人情世故抱有同情之心，用雅正之道约束自我言行举止，以期塑造温柔敦厚的君子形象。

从“风流”到“风雅”的转变，意味着唐宋人物审美越过魏晋名士的崇山峻岭，向着孔子所倡导的“文质彬彬，然后君子”的人生理想的回归；暗示了唐宋人物内心重新燃起救世、济世的热情，再次将身心注入政治和社会实践的人生定位；预示着一种温润的、精致的、细腻的生活和审美情趣的兴起，中国以人为对象的生活美学也就此得以流转。

魏晋风流之后，唐宋文人士大夫却尤重视日常生活的品质，他们把政事之余的精力、才华、情致全部灌注到营造优雅、闲适的生活情境中来，这是魏晋名士所难以企及的。一方面，魏晋是乱世，即使名士出身高贵，他们所能获取的生活资源，比起生活在政治相对清明、社会稳定、经济繁荣的唐宋时代的文人士大夫来说，是非常有限的。另一方面，魏晋名士否定和厌弃现实社会，对于日常生活也难有真正的品味和理解，他们倾向于以一种放纵的、粗放的方式来生活，而唐宋文人对现世抱着积极的肯定，自有一种精致、细腻、持续不衰的生活情怀。

唐宋人物风雅之美再一个特征，就是把魏晋时代的重视仪容、服饰、行为方式等以身体为集中载体的审美情趣，转移、弥漫到日常生活中来，尽管其生活美学失去了曾有的激越与决绝，却更为中和与超迈。“雅”更多地体现为一种生活的情趣和品位，这里面自然也包括服饰、行为方式上的考究，但更突出、引人瞩目的，是一种整体性的日常生活情境的艺术化和优雅化，也就是让生活之美变得更为实在了。

中国人到了唐宋时代，终于找到了一种不偏不倚、从容优雅的生活方式。从商周之际对于直观的、感性的力与美的崇尚，到春秋战国时期

图 3-8 钱选 七贤图（局部） 台北故宫博物院藏

宋代画家钱选画的“七贤”，显露的更是唐宋“风雅”而非魏晋“风流”，这显现了一种鉴人之审美风尚的历史转变

孔子的“君子”表述，再到孟子、庄子以及《人物志》、魏晋风流、唐宋风雅，中国传统的人物审美理想及其评价标准，几经周折，在不同的维度和面向上均展现过极致的风采，而每一次留下的华夏审美的足迹，都足以铭记这个民族主体所走过的“美的历程”。

• 食色男女真风情

一直传到“明清趣味”得以形成主流的时期，生活美学的各个细节方面，皆被淋漓尽致地展现出来，然而，这种美感在宋元中庸化之后，却又走向了偏颇，既有前行，也有后退，竟让人有一种进一步、退两步之感。

有宋以后，盛唐时期达到巅峰的阳刚之美，就让位于宋代的阴柔之美。于是乎，随着开阔豁达的心胸被哀婉幽怨的柔肠所取代，在女性审美方面，仪容典雅的丰腴之美就让位于孱弱纤细的清癯之美。

因此，女性之阴柔美日渐成为女性美的模式，其实包括文人书生的弱势形象都已经成为主流了，这是女性审美对于男性审美的横向影响，也与整个文明逐渐转向阴阳互动之“阴”的一面相关。有趣的是，女性之美的实际裁决者，并不是女人本身，而是那些口诵“之乎者也”的文弱书生们。

明清之际更是将这种女人趣味得以定型化，不仅以男人为主导的审美情趣蔚为大观，而且，对女人的审美原则也被拓展并确立了下来。清人徐震在《美人谱》里认为，美女有十条标准和情态：容、韵、技、事、居、候、饰、助、馔、趣——这几乎就包罗万象了，因为就连美女该吃什么住什么才美，都加以详细地列举与描摹：[1]

一之容：“螓首、杏唇、犀齿、酥乳、远山眉、秋波、芙蓉脸、云鬓、玉笋、荑指、杨柳腰、步步莲、不肥不瘦长短适宜。”螓首是以螓这种蝉形来形容额形方广，犀齿之犀乃是指如瓠瓜子般的整齐牙齿，远山眉指细而修长之眉，玉笋指白而嫩的脚趾，而荑指则指长而柔的手指，步步莲则是特指脚型优美且脚步轻盈。

二之韵：“帘内影、苍苔履迹、倚栏待月、斜抱云和、歌余舞倦时、嫣然巧笑、临去秋波一转。”云和指代琵琶；斜抱云和是指怀抱琵琶微微偏头露出脸庞的姿态。

三之技：“弹琴、吟诗、围棋、写画、蹴鞠、临池摹帖、刺绣、织锦、吹箫、抹牌、秋千、深谙音律、双陆。”这是美人所能从事的“艺”活儿了，音乐、美术、手艺和体育都被纳入其中。

---

[1] 虫天子编：《中国香艳全书》，团结出版社 2005 年版，第 28—33 页。

图 3-9 传仇英 百美图卷 台北故宫博物院藏

该画旧传为仇英之作，但设色更为艳丽。“荡秋千”这个独特场景的绘制，将围观女子的各式神态都微妙地描摹出来

四之事：“护兰、煎茶、金盆弄月、焚香、咏絮、春晓看花、扑蝶、裁剪、调和五味、染红指甲、斗草、教鸲鹆念诗。”金盆弄月特指月圆之夜赏月；染红指甲类似今日美甲，但一般是用凤仙花捣泥施以明矾来染指；斗草则是指女人常玩的一种游戏。

五之居：“金屋、玉楼、珠帘、云母屏、象牙床、芙蓉帐、翠帏。”美人所居住的环境，最好是金碧辉煌的宅屋和装饰华丽的楼宇；云母屏与象牙床对，屏风为云母点缀而床栏杆用象牙来制；芙蓉帐与翠帏，分别以芙蓉与翡翠来装饰。

六之候：“金谷花开、画船明月、雪映珠帘、玳筵银烛、夕阳芳草、雨打芭蕉。”这里所描绘的是美人身处的有季节感的环境，金谷花开为春、雨打芭蕉乃夏、画船明月为秋、雪映珠帘乃冬，玳筵银烛是指精美宴席上面对柔和的烛火。

七之饰："珠衫、绡帔、八幅绣裙、凤头鞋、犀簪、辟寒钗、玉佩、鸳鸯带、明珰、翠翘、金凤凰、锦裆。"大致是美人所使用的装饰品与衣装了。

八之助："象梳、菱花、玉镜台、兔颖、锦笺、端砚、绿绮琴、玉箫、纨扇、毛诗、《玉台》《香奁》诸集、韵书、俊婢、金炉、古瓶、玉合、异香、名花。"这是些与美人相匹配的物件，其中，兔颖代指毛笔；绿绮琴指精美的古琴。

九之馔："各色时果、鲜荔枝、鱼虾、羊羔、美酝、山珍海味、松萝径山阳羡佳茗、各色巧制小菜。"

十之趣："醉倚郎肩、兰汤画沐、枕边娇笑、眼色偷传、拈弹打莺、微含醋意。"兰汤画沐其实就是洗澡了，拈弹打莺所指的是手指轻拈石子嗔打枝头黄莺的情趣。

这十个方面，令人既感到历史的逐层积淀与累积，到了明清女性那里居然有了如此繁复的审美规定，但是同时又是一种历史的重压。我们可以想象：如果一位仕女，遵照了所有这十项的美感要求去做之后，然后出现在你面前，你将会是何种观感？起码这有悖于"少即是多"的宋代美学风格，也与大度的唐代美学风度比照显得过于"小气"了。

这样发展下去，变得越来越细致而烦琐。清人卫咏有《悦容编》，其中分为随缘、葺居、缘饰、选侍、雅供、博古、寻真、及时、晤对、钟情、借资、招隐、达观十三部，从各个层面解析女人之美，与徐震的《美人谱》有着异曲同工之妙。其中特别提到，女人的审美层级有高下五种，从可言的"态""神""趣""情"到难言的"心"，都各有审美准则。

这位卫咏真可谓是中国式的"唯情主义者"。这本《悦容编》其实也叫《鸳鸯谱》，其开篇第一句话就是："情之一字，可以生而死，可以死而生。"此话的源头，实乃来自戏曲大家汤显祖的《牡丹亭》的著名题记："情不知所起，一往而深，生者可以死，死可以生"，但汤显祖多情崇情的异见终不能为后代所超越，但"为情生、为情死"之愿仍是真挚动人的吧。

图 3–10　文徵明　蕉阴仕女图　台北故宫博物院藏

文徵明七十岁所作的仕女图，在庭院一隅，太湖奇石和芭蕉丛丛之间，仕女持扇亭亭玉立，意趣尚古，诗画合璧

《悦容编》接着说：俗话说“女为悦己者容”，所以编这个集子就是要“寄所寄也”，也就是寄托作者所要寄托的。可是要寄托的究竟是什么呢？从最表面而言，女人要有喜态、怒态、泣态、睡态、懒态和病态；进而要有闲情、幽情、柔情、痴情；再上一层级就有空趣、逸趣、别趣、奇趣；但这些都不及神丽、神爽、神清、神困顿、神飘荡轻扬；但最好的层级则是难言的“得其心”——归于“心”也就是所寄托的了。这样说，从原则上也不失大体，但是当如此多的美学标准出台之时，就好似看到清代家具更追求繁复的雕花一般，那就让主导的美之原则，彻底迷失与埋没于细节之中了。

· 女子标准德才色

起码从《列女传》的时代开始，中国儒家对女性的“德”“才”“色”，还有着整体的要求。之后，随着历史的发展，中国女性审美逐步被笼罩在伦理的高压与重压之下，显然已背离原典儒学那种尽善尽美的中和传统了。

实际上，德、才、色之间，其实有着等差的结构，可以分三点来说明三者之间的关系。

其一，在德与才之间——宁要德而不要才，所谓“女子无才便是德”，这构成了晚期中国性别方面的主流意识形态。与之相对的上半句则是“丈夫有德便是才”，男人不仅无须面容上的要求，而且德行也可以替代才气；女性恰在男性对立面上，但德的首要性，对男女皆然。

其二，在才与色之间——宁要才而不要色，“才色兼备”也是早期中国女性的主流审美观，但是后来逐渐变得割裂了开来，类似柳如是那样的女性角色，在中国历史上还真是少之又少。这位“大才女”不仅文采飞扬、超越须眉，而且，较之白发夫君钱谦益在道德抉择上更为坚毅决绝。

其三，在德与色之间——色往往被视为是对德的阻碍者与破坏者，所以经常被无情地指责与鞭挞。中国史官常将历史责任推之于女性的“红颜祸水论”即是如此。沉鱼、落雁、闭月、羞花的所谓“四大美女”实际上也都是“政治美女”，或者说西施、王昭君、貂蝉、杨玉环，她们实则为参与了政治活动的美女，而并不是纯然“选美”的结果。

在那个“男尊女卑”的年代，所谓“以色亲之，以德固之”曾经成为评判女性的主导标准之一，《列女传》就是其中的代表性著作。这可看作是求美与向善合一，但完全是从男性主体角度做出的，而不是从女性立场出发而得来的。

关键就在于，这里的“潜在主体”是谁？以“色”来“亲”谁？以“德”来“固”谁？答案看似遮蔽，实际却是显明的：“以色亲之”，乃是要取悦于人，而且就是男人，同时，更要以德来加以规约与固化。由此可见，这种失去了男女平权的美感意识，在中国晚期的古代史中其实是越走越偏狭了。

按照《列女传》的整体论述，传统的“女德”，包括母仪、贤明、仁智、贞顺、节义和辩通这六项。其中，母仪、仁智、贞顺与节义皆属于“德”的层面，贤明和辩通则属于低一级的“才”的层面，而属于“色”的最低层级则只有辩通一项勉强算得上。这恰恰显露出中国传统男性中心主义视野中对女性进行审视的权力结构，并且，伦理评价确实在其中位居绝对的核心地位。

更为遗憾的是，到了明末清初，辩通与仁智等传统的“机智美德”消失了，更多为所谓“性别美德”（如忠贞之类）所彻底取代。譬如，作为机智有辩才的辩通，曾被当作女性美好的品性，但是后世这种辩通却彻底被压制了，因为女性基本被剥夺发言乃至申辩与辩论的权利了。

“内外有别”被当作儒家建构性别角色区分的模式：班昭的《女诫》提出所谓“四德”（妇德、妇言、妇容和妇功），其后与唐代《女论语》、明代《内训》和清代《女范捷录》合称为“女四书”，一同支配起女性的“内”空间并在晚期中国广泛流传。其实，这种“内外之分”恰是一种男女性别不平等的社会禁锢模式。

图 3-11 唐寅 嫦娥奔月图轴 台北故宫博物院藏

此画题跋为：“月中玉兔捣灵丹，却被神娥窃一丸。从此凡胎变仙骨，天风桂子跨青鸾。”在嫦娥身上，也表达出中国古代女性独立的反叛精神

既然男主外、女主内，这便意味着，女性只能在围墙与门窗分隔出的“内”空间之内来行动，这同时也具有了接受性别秩序的象征性意义。最早出现于《礼记》当中所谓的“三从”，亦即幼从父、嫁从夫和夫死从子，其实就是“内”空间女性性别角色所必须遵循的“礼”，只不过这种“礼”是独属女性遵从的，而且是男性加之于其身心之上的。

这就阐明了中国男尊女卑传统的社会空间根基，女性属于私域，且只能在“内”空间内活动才具有合法性；男子霸占公域，同时也可以出入自己的“内”空间，而女性则没有进入公共空间的权利。

所以说，“女性之美”乃是为自己的男人内在观看的，只有男性才有将审美“外翻”的权力。当然，“内”空间对于“妇德”的考量，主要是依据女人在“内”的礼仪是否得体，而并不过多考虑“女性之美”的追求。然而，这种对纯道德的追求也可以向所谓“审美运作”实现符号转化，这种转化也是通过一内一外来得以实现的：缠足就是一种“对内”的伦理和审美。

事实上，在对三寸金莲的畸形审美背后，隐藏的就是“恐她轻走出房门，千缠万裹来拘束”（《女儿经》）的道德禁锢束缚；对“外”则产生了青楼的审美文化，中国古代男人对于女性的诸多审美欲望，在青楼之内被“宣泄”了出来，并常常在文人墨客那里得到种种“升华”。

然而，这一内一外的转化，却呈现了一种压抑和畸形的审美趣味。

设想一下，如果我们能在作为人的审美的“外在之美”与作为道德的“内在之美”之间，达到一种动态平衡，岂不美哉？但遗憾的是，在德与美两者之间，如果必须做出选择的话，那么无论是主流的儒家生活美学，还是楚骚生活美学，似乎都义无反顾地选择了德而非美，但无疑，美善合一乃为真正的理想状态。

因此说，“内在美”与“外在美”的统一，才是中国传统生活美学留给我们的重要遗产之一，只可惜，如今这个传统再度失衡，“外在美”逐渐倾轧了“内在美”，并构成了主流态势，这是历史留给我们的缺憾，我们如今不得不直面以对。

第四讲

饮馔品味之美

人莫不饮食也，鲜能知味也

——《中庸》

谈及生活之美的时候，通行有两句话，就好似对联一般，上联是『柴米油盐酱醋茶』，下联是『书画琴棋诗酒花』，上联当中所说的，用通俗的话来说，那就是吃喝之美。

· 美之味与味之美

开门七件事：柴、米、油、盐、酱、醋、茶。这七个字的俗语，已流传了八百年之久，南宋人吴自牧《梦粱录》里说过一句话："盖人家每日不可阙者，柴米油盐酱醋茶。"[1]

"食色，性也！"是中国人的古训，这证明我们对食与色，皆采取了正视的态度。

从世界审美意识的起源上看，中国传统文化与其他文化的不同之处，就在于它最初注重的是味觉美，而非视觉或听觉的感受，西方古典文化则更关注视觉之美。甚至可以推断：归根到底中国人的最原初的美意识是起源于"甘"这样的味觉感受性[2]。所谓"羊大为美"说，即为佐证。这一说法出现在东汉许慎在其撰写的系统分析字形、探讨字源的专著《说文解字》中。据许慎考证，"美，甘也。从羊，从大。羊在六畜主给膳也。美与善同意"。如此而来，"美"的渊源就在于远古时代，以羊的肥大、味美为"美"，因而，"美"才能与"善"的实用性密切联系起来。

由此或许可以推论，中国审美文化首先就源自"味"的感受，后来才逐渐向视听美来拓展，《左传·昭公二十五年》便记载了这样的顺序："气为五味，发为五色，章为五声。"难怪"韵味""滋味""平淡""澄

[1] 吴自牧：《梦粱录》卷 16，《丛书集成》本，商务印书馆 1939 年版，第 148 页。

[2] ［日］笠原仲二：《古典中国人的美意识》，北京大学出版社 1986 年版，第 2 页。

怀味象”“味外之旨”都已成为中国古典美学的重要范畴。足见“味觉审美”在华夏文明当中一直处于核心地位。

“食”与“饮”，即如今常说的“吃”与“喝”。古文字当中，这两个常用字，看看是如何书写的：

“食”与“饮”皆为会意字。“食”字的甲骨文，一般认定主体部分为盛食的器具，上面为器具的盖子，下面是盛食的圆形器具，这种圆形的盛食器接近于簋，小篆与甲骨文高度近似。

上图中的“饮”字，右边为人形，左上边是人伸着舌头，左下边则是酒坛（酉），就像人伸舌头向酒坛饮酒，小篆演变为“饮”。也有人认为“食”字之构形，上面不是盖子，而是像倒着的口，表示人张大嘴趴在盛器上进食，但几尺高的盛食器，如没有勺、匙之类，如何够得着?

看来，饮，始终比食更讲品位一些，因为口舌之欲的意思在其中出现了。饮的那种俯首、吐舌、捧樽、饮酒之意象倒非常明显，而食原指盛食器，它既是动词（吃的动作），也是作为名词（吃的对象）的食物、食品。

“饮”字的造字原来专指饮酒，从水今声，由“酉”到从“水”，说明“饮”扩大到饮水了。

作为名词的“饮”，到了周代，发展出与酒相对的“六饮”的意义：水、浆、醴、凉、医、酏。这六饮，也就是古人所说的“六清”，根据《周礼》记载，它们就是周代宫廷中御用的六种饮料。与烈性的“酒”相对而言，无论是“浆”（以料汁为之的清酒）、“醴”（曲少米多的甜酒）还是“凉”（糗饭加水冰而制成），还是比醴更清的“医”（煮粥加酒后酿成）、比医更薄的“酏”，都是古人能掌握制酒味道的厚薄，详细区分等级的结果，这说明自古中国人就注重饮食的等差化之品位。

孔子本人对饮食也有要求，《论语·乡党》中就有记载：“齐必变食，居必迁坐。食不厌精，脍不厌细。食饐而餲，鱼馁而肉败，不食。色恶，不食。臭恶，不食。失饪，不食。不时，不食。割不正，不食。不得其酱，不食。肉虽多，不使胜食气。唯酒无量，不及乱。沽酒市脯，不食。不撤姜食，不多食。”如此严苛的“二不厌、三适度、十不食”之饮食规定，其实是就斋戒祭祀期的“变食”而言的，不过，其中的“食不厌精，脍不厌细”至今仍为日常所用。

然而，自“子曰”时代开始，祭祀之食的标准就被设定了：一要“洁”，也就是讲求卫生；二要“美”，也就是讲求审美（“色恶，不食”，这是对颜色的要求；“割不正，不食”，这是对造型的要求）；三要“诚”，祭祀之心必“诚”，符合了洁、美与诚，才能合所谓祭义之“敬”。这就要求从生理上升为心理诉求，也就是从“悦口”到“悦目”，最终升华为“悦心”。饮食既是日常为之的必需之事，也要升华到心之层面。

按照儒家的传统，对饮食自然有伦理的要求。北宋文人黄庭坚的《士大夫食时五观》，就表露出对饮食的儒家生活美学态度：“礼所教饮食之序，教之末也；食而作观，教之本也。”饮食居然也成了一种礼教。黄庭坚认为，古代君子有“饮食之教在乡党、曲礼”，如今的士大夫“临尊俎则忘之矣”，所以作了个《士大夫食时五观》：一计功多少，量彼来处；二忖己德行全缺应供；三防心离过，贪等为宗；四正事良药，为疗形苦；五为成道业，故受此食。

到了后代，“养德”的诉求被延续下来，主要用于饮食之“节俭”，从而杜绝“奢侈”。然而，在“养德”的基础上，明人龙遵在《饮食绅言》里，又继续加以生发——在“身”上可“养寿”，而在“心”上可“养神”，乃至进入“养气”之境：“俭则不贪不淫，是可以养德也。人之受用自有剂量，省啬淡泊，有久长之理，是可以养寿也。醉浓饱鲜，昏人神志，若疏食菜羹，则肠胃清虚，无滓无秽，是可以养神也。奢则妄取苟求，志气卑辱；一从俭约，则于人无求，于己无愧，是可以养气也。”[1]

中国人的饮食生活美学更可谓蔚为大观！唐代的《食谱》《膳夫录》还只是食谱而已，到后来则逐步形成了饮食文化，因为宋以后，此种文化才从为士大夫独享转而为民众所分享。想一想，从林洪的《山家清供》所求的“清”“雅”的饮食之美、朱彝尊的《食宪鸿秘》所录的饮、饭、蔬、果、鱼、禽、卵、肉等十五属食材做法，到袁枚的《随园食单》所列的三百二十六种菜肴饭点，其中所蕴藏的生活美学资源，迄今尚未被全然挖掘出来。这些丰富的中国饮食文献，并不是仅提供烹调方法与过程的“操作指南”，同时也是“技近乎道”的审美呈现。

读古代史可见，愈到后期，饮食之道就愈加凸显，甚至还与“尊生”“养生”“摄生”的观念与践行关联了起来，作为人际交往的“食会”与“酒社”亦甚为风行。这说明饮食绝不仅仅是个人品位的单干行为，它不仅与人的护养生存之道息息相关，而且在中国人的沟通交往中扮演了核心角色——我们多少大小事都是在饭桌上谈成的?!

明末清初大文人李渔在《闲情偶寄》里曾专设“饮馔部”，提出饮食之道要近于自然：“声音之道，丝不如竹，竹不如肉，为其渐近自然。吾谓饮食之道，脍不如肉，肉不如蔬，亦以其渐近自然也。”

今人林语堂先生也曾在《生活的艺术》里以“食品和药物”作为单章论述，不过他将“食物哲学”仅归纳为三事，即新鲜、可口和火候适宜。这种说法就如古罗马人维特鲁威《建筑十书》里讲到“实用、坚固、美观”建筑三原则那般质朴。其实，美食之基本原则不过如此而已，饮食再美也还是饮食，都要建基在“食之美”的基石上，中国古人始终在从“美之味”基础上追求“味之美”，但皆植根于日常生活之中。清人王士雄在《随息居饮食谱》当中，尽管以儒家的礼仪道德来统摄饮食，但也必须承认，“人以食为养……饮食为日用之常，味即日用之理”！

宋人陈达叟曾编《本心斋蔬食谱》，其实为素食菜谱一卷，收入《百

---

[1] 龙遵叙：《食色绅言 · 饮食绅言》，中华书局 1985 年版，第 2—3 页。

川学海》《丛书集成新编》中，原书署名“门人清漳友善书堂陈达叟编”。《四库全书总目提要》认为，作者是一位名为“本心”的老人。这位老人可谓是生活美学的高人：“本心翁斋居宴坐，玩先天易，对博山炉，纸帐梅花，石鼎茶叶，自奉泊如也。客从方外来，竟日清言，各有饥色，呼山童，供蔬馔，客尝之，谓无人间烟火气。问食谱，予口授二十品，每品赞十六字，与味道腴者共之。”[1]编者陈达叟只是其门人而已，根据他的记载，所食之物不乏美学品位，譬如说到“雪藕”，解为“莲根也，生熟皆可荐笾”，赞曰：“中虚七窍，不染一尘，岂但爽口，自可观心。”[2]再如谈到“贻来”，解为“来，小麦也，今水引蝴蝶面”，赞曰：“贻我来思，玉屑尘细；六出飞花，天一生水。”——每一品皆为“美”品。

美与味，在中国文化当中关联特别紧密，美餐、美食、美味、滋味之语都常用。中国古典美学讲究体味、品味、韵味、况味、味外之味、味外之旨，以味言美的词语更为丰富。英文的 beautiful（美的）与 taste（趣味）之勾连，那是相当晚近的事情了，由此形成所谓的“趣味美学”，也是要超出味觉之低级感受的。如前所述，《说文解字》当中就疏“美”字源为“羊大为美”，视觉上所观羊的肥美自然“联觉”到味的甘美。

只有如此醉心于“吃”的民族，才有林林总总之“舌尖上的中国”景观。仔细考量，无论古今中外，“每种饮食习惯中都有一个各种历史的交汇处”[3]，从而形成一种西方人所说的“看不见的生活”的无声系统。

按照最通俗的“八大菜系”的讲法，“鲁菜”为宫廷最大菜系，以孔府风味为龙头；“川菜”则是民间最大菜系，如今几乎全国通吃，又内分为上河帮（蓉派菜系）、小河帮（盐帮菜系）、下河帮（川东菜和火锅），但麻辣系也只是其中一个品类而已；“苏菜”乃宫廷第二大，上古今国宴

---

[1] 陈达叟编：《本心斋疏食谱》，见《本心斋疏食谱及其他二种》，《丛书集成》本，商务印书馆 1936 年版，第 1 页。

[2] 同上书，第 2—3 页。

[3] ［法］米歇尔·德·塞托、吕斯·贾尔、皮埃尔·梅约尔：《日常生活实践 2：居住与烹饪》，冷碧莹译，南京大学出版社 2015 年版，第 228 页。

而著名；“粤菜”乃民间第二大，国外也颇具影响力。接着来排名，最古老的“浙菜”宫廷第三大；“湘菜”则民间第三大；“闽菜”代表客家文化；“徽菜”则代表徽州文化。如此看来，恐怕作为法国大餐根基之地理、气候与风土，难以匹敌大中华这般丰富而多元的饮食文化。

汉语中有很多与味觉相关的美的词语，这显然与华夏多民族绵延了几千年的饮食文化直接相关。中国传统讲求所谓“食色，性也”，饮食与情爱那是人与动物一样的本性行为，摄入身体的能量就要靠饮食；不过，人类与高级灵长目的差别在于，人类是唯一有戒食行为的高级动物（如出于宗教目的的斋月习礼、出于政治目的的绝食、出于美观目的的减食），更重要的是，人类尽管并不是唯一懂得享受美食的物种，但绝对是唯一懂得烹饪美食的动物。

食物在“人化”的过程当中（人类培育稻谷与家禽），同时也经历了“文化化”的过程，华夏民族在这个自然（原料）与文化（烹调）互动的历史进程当中始终走在全球前列，直到今天也是如此。这意味着，“吃的生活美学”在华夏文化语境当中，不仅是“身生活”，而且也是“心生活”。

吃是一种活动，一种以咀嚼为主的进食行为，一种以品尝为辅的吸收过程，但它并不在于吃食下肚的简单过程，而在于这前前后后与美食相关的环境、气氛、心情、处境，等等，这样的吃的活动，就是一种审美化的行为了。

美食之美，作为综合之美，也在于其自身就是综合的，起码需要色、香、味这三者吧。吃，也不仅是“味蕾的绽放”过程，味蕾就像花朵绽放般开放，而且在“美餐”的感受里面，嗅觉上的“香美”、视觉上的“色美”与触觉上的“菜肴被咀嚼的质感”都参与其中。美食家们往往不急于动筷子，他们先“看”其色，再“嗅”其味，最后才是拿起筷子去“品”味，只不过日复一日的日常生活中，这些细致可感的过程往往被我们忽略罢了。

大家评判好的筵席，并不只是说“好吃”就行了，而是要色、香、味俱全，这是尽人皆知的道理。色香味要“俱全”，是说视觉、味觉与

图4-1 张廷彦 中秋佳庆 台北故宫博物院藏

中国人自古以来重视节庆。节庆之上，尤重美食。此幅图中，描绘清代一次节日宴席上，食物以非常讲究的盛器运输、传送、呈递到宴厅中

触觉。这三者的感受都要有，缺一不可。

明清之际，市面上出现了大量的食谱与养生类书籍，从龙遵叙《饮食绅言》、顾仲《养小录》、朱彝尊《食宪鸿秘》、李化楠和李调元《醒园录》、袁枚《随园食单》到不知作者的《调鼎集》，可以说越到后期，对于色香味俱全之美的寻求，就越走向了综合和成熟：在明清的食谱中常出现的“色、香、味”一词最早是用来形容水果，“到宋代，有人用之形容酒类……而明清以后，不但用来形容果品与酒，也被广泛地用在评价其他食物与菜肴，如高濂《遵生八笺》提到苏东坡之子在饮食方面的创意云：‘过子忽出新意，以山芋作玉糁羹，色、香、味皆奇绝天。’”因此对品评食物的感官标准也日趋严格，进而有“色、香、味”俱全的主张与要求。[1]

“色、香、味俱佳”从此成了中国饮食美学最常用的品评，不仅说明国人对于食物菜肴的要求更为深入与全面，而且，色香味俱全之美，也渐渐成为中国饮食生活美学之核心价值观，至今仍生机勃勃。

•醉乡日月千壶酒

中国人常讲“酒席”，也说“茶席”，很少有说“菜席”的。因为酒往往是宴饮的核心，所谓“无酒不欢”，其中也有审美愉悦的意味。

既然有了美食佳肴，就自然有新酿久藏的佳酒相伴。陆游有诗赞曰：“熊肪玉洁美香饭，鲊脔花糁宜新醅。”（陆游《秋晴欲出城以事不果》）陆放翁这位南宋文人大家非常熟悉了。日有所思，夜有所梦，他居然梦见一位故人对他说：“我做了莲花博士，此乃镜湖新设置的官位，我要离开了，你可否暂替我呢？每月得酒千壶，也不错嘛！”由此有了诗句“不知月

[1] 巫仁恕：《品位奢华——晚明的消费奢华与士大夫》，台湾联经出版公司2007年版，第288—289页。

给千壶酒，得似莲花博士无？”[1] 陆游的酒诗数量堪与李白相媲美，他宣称“酒惟诗里见”显示他就是那种“劝君莫辞酒，酒能解君愁”（《莫辞酒》）之人。

陆游的诗中常常写到酒，如“一壶清露来云表，聊为幽人洗肺肝”（《夜坐独酌》）、“不见麴生久，惠然相与娱”（《独酌罢夜坐》）。独酌之趣在他那里其实不多，更多的是以酒呼朋唤友；“我有美酒起自斟，劝君一卮为君吟”（《我有美酒歌》）；邀友出游更要狂饮：“满榼芳醪何处倾，金鳌背上得同行”（《平云亭》）；友人归来更要不作寻常醉：“欲寻西郊路，斗酒倾意气。浩歌君和我，勿作寻常醉”（《喜谭德称归》）；以致醉得眼花缭乱：“径醉眼花乱，高眠鼻息酣。觉来寒日晚，落叶拥茆庵。”（《小酌》）在文人眼中，哪怕烂醉之后，也是一番佳景也！

如果说，品茶趋于一种高级“美感”的话，那么，美食美酒往往流于一种低级品位了。古人讲，对花啜茶那是煞风景之事，为什么这样说呢？因为赏花只喝淡茶，而没有浓酒助兴，那岂不大煞风景?！

吃，其实本是俗事，但是中国人却把它变“雅”了，或者说，雅俗共用了，也雅俗共赏了。谁不得吃呢？但吃出“美意”，那可不容易！

茶与酒，都是用来喝的，用今天的话来说，它们无非是两种取自大自然的“饮料”而已，而且是中国人长期饮用的饮料，似乎没什么神奇，但美妙的事就发生在茶壶与酒杯之中。

茶与酒，就对应了两种审美状态：茶是清醒的“静之美”，酒则是迷醉的“动之美”。明人徐勃《茗谭》有记曰，“品茶最是清事”，“王佛大常言，三日不饮酒，觉形神不复相亲。余谓一日不饮茶，不独形神不亲，且语言亦觉无味矣”；还批评说，“名茶每于酒筵间递进，以解醉翁烦渴，亦是一厄”，这恰恰是品茗人与爱酒人之不同点。茶，不能使人醉，所以是一种日神式的静穆；酒，往往让人醉，因此是一

---

[1] 夏树芳：《酒颠》（陈继儒增正），吴龙辉主编：《醉乡日月——饮酒艺术经典》，中国社会科学出版社 1993 年版，第 174 页。

种酒神式的迷狂。

唐人皇甫松曾撰有《醉乡日月》三卷，近来为人们所发现而重新认识其价值。此书虽被作者自称为“酒后戏作”，却并不是如文献所记载，“所录的只是当时饮酒之风与格调、酒令习俗、酒事风俗如此等等”，其实，皇甫松意欲借此书“寄寓与世乖违之情”！由此书可见唐代酒文化的兴盛之状。

因为，《醉乡日月》有着审美的视角与生活的眼光，书中写道：

> 凡醉有所宜。醉花宜昼，袭其光也；醉雪宜夜，乐其洁也；醉得意宜艳唱，宣其和也；醉将离宜鸣鼍（一作击钵），壮其神也；醉文人宜谨节奏、慎章程，畏其侮也；醉俊人宜益觥盂、加旗帜，助其烈也；醉楼宜暑，资其清也；醉水宜秋，泛其爽也。此皆以审其宜，攻其景，以与忧战也。呜呼！反此道者，失饮之大也。

刚刚谈到“对花啜茶”煞风景，《醉乡日月》就从对花醉酒开始谈起，酒醉皆“有宜”，也就是有最合适与恰当的情境。当花酣饮，当在白昼，因要借取天光，赏得美景；对雪酣饮，当在夜晚，如此可以皎洁之美为乐；为得意之事酣饮，那需伴之以艳唱而尽欢，如此可以宣解而得以调和；因即将离别而酣饮，最好是蛙鸣之时，抑或击钵而歌，可以增壮神色；与文人对饮，最宜把控其节奏、谨慎依循规则，以免被羞辱；与豪俊之士痛饮，最好增加觥盂、添加旗帜，以助酒兴的威烈；在楼上饮酒，夏天为宜，因为可以借其清凉；在水边饮酒，秋天为宜，因为可以畅其清爽。这些才是酣饮的审度适宜之处，可以用其景致之处，缓解内心之忧愁。如果反其道而行之，那就违反了饮酒之道。

这种喝酒“喝出来”的审美意味，不仅要借景，而且要超出景，终达及“景外之景”，方为至境。唐人灵一《与元居士青山潭饮茶》就描述了这种至境：“野泉烟火白云间，坐饮香茶爱此山；岩下维舟不忍去，青溪流水暮潺潺。”所以说，吃与喝尽管是最日常的生活，同时也可以是关于吃的生活美学，还有喝的生活美学。

此处，可以总结如下：吃喝之内的“实处”——往往导向“审美”之处，这是“美之味”，还要继续求“味之美”；而吃喝之外的“虚”处，往往就是“审美”之处，此即“味外之味”！

这大概就是中国人的“醉翁之意不在酒”，而在酒之外的审美高境也。饮酒是个全面综合的审美过程，明人吴彬有《酒政六则》，简直把饮酒的方方面面的审美都描述出来：

> 饮人：高雅、豪侠、真率、忘机、知己、故交、玉人、可儿。
> 饮地：花下、竹林、高阁、画舫、幽馆、曲磵（涧）、平畴、荷亭。
> 饮候：春郊、花时、清秋、新绿、雨霁、积雪、新月、晚凉。
> 饮趣：清淡、妙今、联令、焚香、传花、度曲、返棹、围炉。
> 饮禁：华诞、连宵、苦劝、争执、避酒、恶谵、喷秽、佯醉。
> 饮阑：散步、依枕、踞石、分匏、垂钓、岸巾、煮泉、投壶。[1]

这个概括呈现出一个“饮酒生活美学”之完整图景，分别应对的是“和谁”饮酒、“在哪”饮酒、“何时”饮酒、饮酒“何趣”、饮酒“禁忌”和饮酒“何所伴”。“饮人”，那是指对饮的主体，有豪放派，也有婉约派；“饮地”，乃是指饮酒的地点；另外，四季也有要求，春、夏、秋、冬宜庭、郊、舟、室，夜饮最好对月；“饮候”，乃是指饮酒的时间，大都与气候有关；“饮趣”则更是给饮之外平添了太多趣味，返棹也好，围炉也罢；“饮禁”则是从饮酒之美的反面说明了；“饮阑”则更是从饮酒之趣拓展到了各个活动领域……

酒文化也在直追“茶之美”，酒水作为饮料的历史可谓久矣。宋人朱肱作有《北山酒经》，虽看似与《茶经》相匹配，倒可以视为描述制

[1] 王晫、张潮：《檀几丛书》，上海古籍出版社 1992 年版，第 444 页。

酒之作，也纵论了酒文化之源流。宋人窦苹的《酒谱》远早于《茶谱》，可谓是“酒文化”的大全，内篇论酒之源、酒之名、酒之事、酒之功、温克、乱德与诫失，外篇收有神异、异域酒、性味、饮器、酒令、酒之文与酒之诗，其中许多都是与“酒之美”相关的。

后世论酒，则更多从文化着眼，因为技术问题还囿于“器”的层面，关键是上升为酒之“道”。当然，诸如“春宜饮庭，夏宜饮郊，秋宜饮舟，冬宜饮室，夜宜饮月”这样的建议，都还是对于饮酒的外在氛围的设定，最关键还是酒本身究竟如何，对此古人也详尽列举出“酒兴”到底是哪八类：

> 临风寄调，对月高歌，穷巧搜奇，衔杯雅谑，是曰清酒。
> 亲朋杂集，雅俗无分，四座喧呼，言多市井，是曰浊酒。
> 珍馐罗列，灯火辉煌，错落觥筹，笙歌杂沓，是曰浓酒。
> 樽残烛冷，童仆萧然，举盏长谈，不饮不散，是曰淡酒。
> 肆筵设席，侍从如云，博带峨冠，恭而多诈，是曰苦酒。
> 红袖偎歌，青衣进爵，软玉温香，浅酌低唱，是曰甜酒。
> 勉强开尊，主多吝色，欲留无味，欲去不能，是曰酸酒。
> 苛政森严，五官并用，惊心注目，草木皆兵，是曰辣酒。[1]

张荩的《彷园酒评》中所列此“饮酒八味”，其实皆为饮者的生活美学的不同状态。大嘴客增批曰：“欲饮清酒而愧非高士，好饮甜酒而惜无佳人，将饮淡酒而旧雨零落，则八味外更有三味焉。”

中国人饮食、饮酒、饮茶的文化，还讲求“五行”智慧，它体现了虚实平衡、荤素平衡、软硬平衡、色香味的平衡。中国饮食即重五行，讲究生熟相间、色彩和谐、荤素搭配，这五行观就是一种与身心、与万物关联的本土哲学：

---

[1] 王晫、张潮：《檀几丛书》，上海古籍出版社 1992 年版，第 447 页。

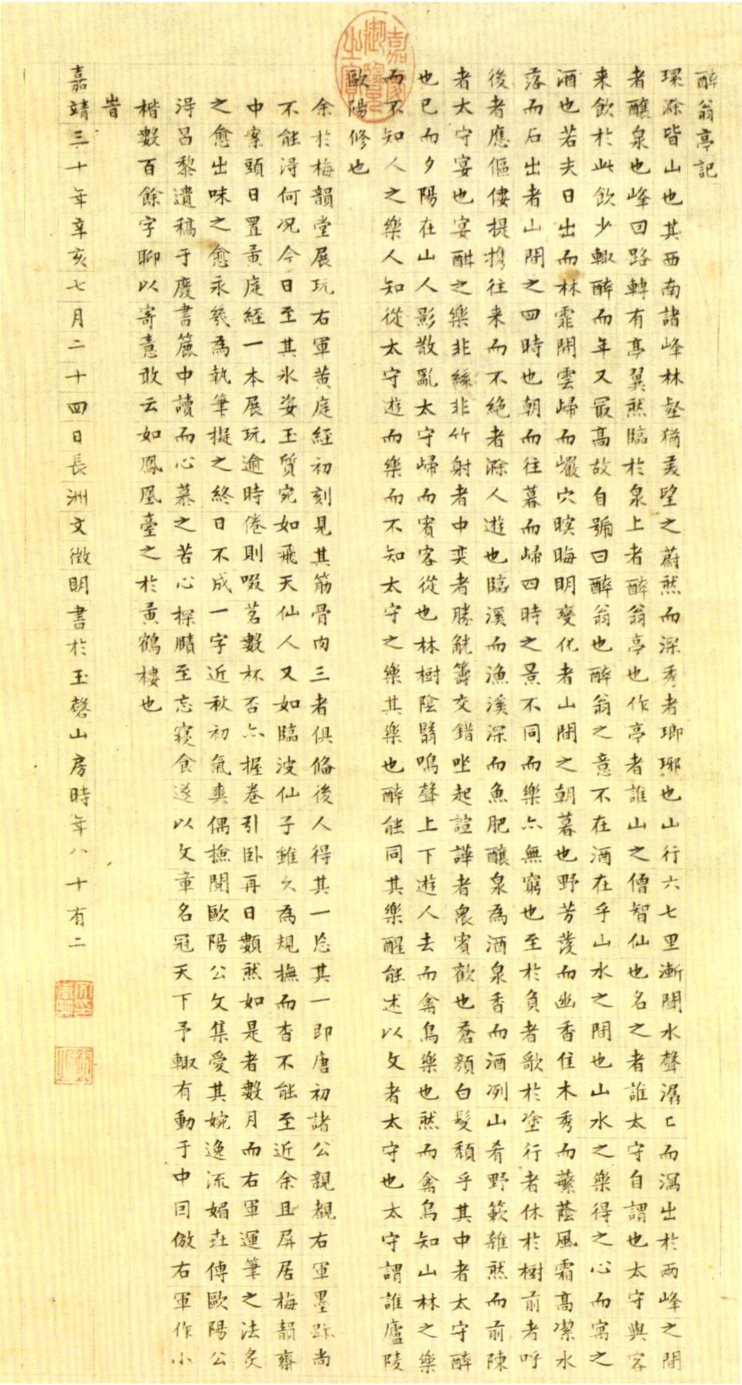

醉翁亭記

環滁皆山也其西南諸峰林壑尤美望之蔚然而深秀者瑯琊也山行六七里漸聞水聲潺潺而瀉出於兩峰之間者釀泉也峰回路轉有亭翼然臨於泉上者醉翁亭也作亭者誰山之僧智仙也名之者誰太守自謂也太守與客來飲於此飲少輒醉而年又最高故自號曰醉翁也醉翁之意不在酒在乎山水之間也山水之樂得之心而寓之酒也若夫日出而林霏開雲歸而巖穴暝晦明變化者山間之朝暮也野芳發而幽香佳木秀而繁陰風霜高潔水落而石出者山間之四時也朝而往暮而歸四時之景不同而樂亦無窮也至於負者歌於塗行者休於樹前者呼後者應傴僂提攜往來而不絕者滁人遊也臨溪而漁溪深而魚肥釀泉為酒泉香而酒洌山肴野蔌雜然而前陳者太守宴也宴酣之樂非絲非竹射者中弈者勝觥籌交錯坐起而諠譁者眾賓懽也蒼顏白髮頹乎其中者太守醉也已而夕陽在山人影散亂太守歸而賓客從也林樹陰翳鳴聲上下遊人去而禽鳥樂也然而禽鳥知山林之樂而不知人之樂人知從太守遊而樂而不知太守之樂其樂也醉能同其樂醒能述以文者太守也太守謂誰廬陵歐陽修也

余於梅韻堂展玩右軍黃庭經初刻見其筋骨內三者俱備後人得其一忘其一即唐初諸公覩右軍墨跡尚不能得何況今日至其冰姿玉質宛如飛天仙人又如臨波仙子雖久為規撫而杳不能至近余且屏居梅韻齋中案頭日置黃庭經一本展玩逾時倦則啜茗數杯否亦握卷引臥再日覩然如是者數月而右軍運筆之法炙之愈出味之愈永幾為執筆擬之終日不成一字近秋初氣爽偶檢閱歐陽公文集愛其婉逸流媚并傳歐陽公得昌黎遺稿于廢書簏中讀而心慕之苦心探賾至忘寢食遂以文章名冠天下予輒有動于中因倣右軍作小楷數百餘字聊以寄意故云如鳳凰臺之於黃鶴樓也

旹

嘉靖三十年辛亥七月二十四日長洲文徵明書於玉磬山房時年八十有二

图 4–2 文徵明 醉翁亭记 台北故宫博物院藏

宋欧阳修所撰《醉翁亭记》中，留下千古名句：『醉翁之意不在酒，在乎山水之间也。』但大家却都忽略了随后的那句：『山水之乐，得之心而寓之酒也！』

金	西	秋	白	魄	鼻	肺
木	东	春	青	魂	目	肝
水	北	冬	黑	象	耳	肾
火	南	夏	红	神	舌	心
土	中		黄	志	嘴	脾

就以烹茶的过程为例，首先，烹茶的器皿是金属造的，属“金”；风炉当中有火生气，属“火”；器皿当中有所煮的水，属“水”；而按照八卦，巽为风，风是属于木的，属“木”；还有茶本身，及其使用陶制或瓷制的茶杯，则属“土”。

当然，“水之阴”与“火之阳”才是关键，它们阴阳互动，共同造就了中国人的“茶水”或日本人的“茶汤”。有意思的是，中国人说茶水，茶与水是分开的，但日本说茶汤，大概也是由于他们继承了本土抹茶传统，茶被磨成粉末而更容易与水交融吧。

更有意思的是，哪怕水里没有酒精，也没有茶叶，中国人也能把水本身品出“真味”来，这就是所谓“真水无香”的道理，其中浸渍了道禅之求“真”之味。“真水无香”的前一句是“真源无味”，这个“源”恐怕不仅仅是水之源，而且还是中国哲学的世界观之源。

• 洗尽尘心事茶艺

谈茶，就从一首著名且有趣之茶诗谈起吧。茶诗早已是中国诗当中的特定品类了，即所谓“诗茶合一”。

唐代诗人元稹有次品尝新茶后，写下了一首形式新奇的《一字至七字诗·茶》：

茶，
香叶，嫩芽。
慕诗客，爱僧家。
碾雕白玉，罗织红纱。
铫煎黄蕊色，碗转曲尘花。
夜后邀陪明月，晨前命对朝霞。
洗尽古今人不倦，将知醉后岂堪夸。[1]

茶，不仅帮助中国人洗尽了“尘心”，还推动了中国生活美学之精进。茶，其实就是中国人的饮料，但就是这个简单的吃茶之事，竟被中国人“啜”成了生活的艺术。“啜茶”这个“啜”字，甚妙，那就是茶要一口一口地去品。

所谓茶中味道，是说茶味关乎道，它不是茶的生理之滋味，而是人生的况味！

茶，始终在生活当中呈现，既可以自己独饮，也可以款待友朋。东瀛的《广辞苑》就解释“茶道是以茶汤修养精神、探究交际礼法之道”，日本在江户时代初期开始叫“茶道”，茶汤仅就“饮”而言，而茶道就有了沟通之义。

这个传统延续至今，现代作家林语堂就曾幽默地说过中国人最爱喝茶：在家中喝，上茶馆也是喝；开会时喝，大家讲理也喝；早饭前喝，晚饭后也要喝，有了这清茶一壶，似乎到哪里都可以随遇而安了。

唐代诗人钱起有一首《与赵莒茶宴》诗：“竹下忘言对紫茶，全胜羽客醉流霞。尘心洗尽兴难尽，一树蝉声片影斜。”所谓“茶宴”，是以茶代酒来宴请宾客。从“竹下忘言”“一树蝉声”两句来看，赵莒的茶宴举办，大概在盛夏的茂林修竹之中。其中，宴会上品的紫茶，在唐代饮茶风尚中被视为上品，陆羽在《茶经》中也曾言，茶以“紫者上”，而“绿

[1] 元稹：《元稹集》外集卷 7，中华书局 1982 年版，第 697 页。

图 4–3 刘松年 撵茶图 台北故宫博物院藏

此图描绘了宋代磨茶、点茶的茶会场景。唐人喝“煎茶”，宋人喝“点茶”，今人喝“泡茶”，中国历代茶之“美道”始终在变化

者次”。清风徐来、树影婆娑，三五好友晤坐清谈，比之于“竹林七贤”的痛饮狂啸，更是另一番风味。魏晋文人通过吃药喝酒入迷狂，唐宋之士则以品茗之清雅为尚。

诗中所说的“羽客”，指修仙的道人，“流霞”则是道教传说中神仙的饮品，据说“每饮一杯，数月不饥”[1]。早在南朝，饮茶就已摒弃了羽化升仙的目的，而是借茶清心养性，这里说的“全胜羽客醉流霞”，更说明此岸凡俗生命、世俗生活的快乐，比那些美丽而又虚幻的传说更具价值，这就是生活美学之境。那么，如何才能让凡俗生命活泼起来，让世俗生活充满趣味？

途径自然有很多，饮茶在中国人看来就是其中之一，而且，更是通过饮之“味”过渡到茶之“道”。“尘心洗尽兴难尽”，实在是道出了千

[1] 王充:《论衡 · 道虚》,《论衡校释》卷 7，中华书局 1990 年版，第 2 册，第 325 页。

古茶道最精微、高妙的精髓——洗尽尘心，也就是把那些扰乱人的心绪、桎梏人的自由的世俗功利目的涤荡干净，剩下的，也就是关注生命、热爱生活本身之价值的赤子之心了，这就是诗人所说的“兴”吧。

有如此兴味，如此真性情，方能体验茶之美，妙悟道之境！

这就关乎饮茶的所谓“色香味三者俱全”，需要充分、全面调动人的知觉（视觉、嗅觉、味觉），才能心领神会，由此才能品出香（“清”）味（“鲜”），从而进入精微之境界。品茶，就是从色、香、味等感官积极体验出发，中经身体器官的畅适，而最终实现“意消”与“心受”。

茶道，就是一种过程美学抑或过程哲学，过程高过结果，同时，自然也就是世俗的，茶道也是一种日常生活的美学和哲学。

中国的茶道，始自唐，光大于宋，盛极于明清，近代以来虽稍有衰歇，但嗜茶、品茶、尝茶的风气绵延不绝，近年来又有中兴之势，茶的复兴成了当今生活美学重兴的急先锋，生活美学就在其中扮演了重要的理念支撑。

饮茶之契机，那种时间性的机缘，其实甚为关键。明人冯可宾的《岕茶笺》中总结出古人所谈到的饮茶之宜，多达十三条——无事、佳客、

图 4–4　唐寅　烹茶图　台北故宫博物院藏

图中展现了在松泉之间，一隐士倚窗冥思遐想、一小童蹲在炉前煮茶，一派缓烹慢煎、细品独啜、以茗为伴的生活场景，表现出活生生的茶道美学

幽坐、吟咏、挥翰、徜徉、睡起、宿醒、清供、精舍、会心、赏鉴、文僮[1]。但符合这十三条，也只是打开了可能性，还不具备必然性。

许次纾在《茶疏》中列出的适合饮茶的时机，更多达二十余种，种种都是生活美学的情景：

> 心手闲适，披咏疲倦，意绪棼乱，听歌闻曲，歌罢曲终，杜门避事，鼓琴看画，夜深共语，明窗净几，洞房阿阁，宾主款狎，佳客小姬，访友初归，风日晴和，轻阴微雨，小桥画舫，茂林修竹，课花责鸟，荷亭避暑，小院焚香，酒阑人散，儿辈斋馆，清幽寺观，名泉怪石。[2]

从这富于审美生活气息的描述观之，饮茶之“宜”、之“时”，与其说是最佳的饮茶处所、时机的选择，毋宁说是一种召唤：人生原本哪有如此多的良辰美景、赏心乐事？要想体验这闲适、自由、优雅的人生境界，就要自己清心寡欲、放下世俗的欲念，主动去创造这样的时机化和艺术化的日常生活，此乃生活美学之时间真谛所在。

说完茶的时间，再来说茶的空间。

古人之所以喜欢在家中营造茶寮、茶室，大概就是以茶为核心来构筑空间，其实这才是一种诗意栖居的所在。茶寮、茶室，就是这样一个把生活观念、理想和境界追求现实化、实践化的日常生活空间。

这一空间无须繁缛的雕饰，也没有复杂的陈设，甚至连宽敞、明亮都没有必要，只一尊茶灶、一套茶具、一具矮榻即可：“构一斗室，相傍山斋，内设茶具，教一童专主茶役，以供长日清谈，寒宵兀坐。”[3] 日本在利休的时代，在书院式房屋里隔出饮茶空间叫作“茶汤座

---

[1] 杨东甫主编：《中国古代茶学全书》，广西师范大学出版社 2011 年版，第 586 页。

[2] 许次纾：《茶疏》，《丛书集成》本，商务印书馆 1936 年版，第 9—10 页。

[3] 陈植校注：《长物志校注》，江苏科学技术出版社 1984 年版，第 31 页。

图4-5　钱选　卢仝烹茶图　台北故宫博物院藏

与『茶圣』陆羽比肩而论的『茶仙』卢仝曾有『七碗茶歌』，用以描述饮茶的成仙之状：『一碗喉吻润，二碗破孤闷。三碗搜枯肠，惟有文字五千卷。四碗发轻汗，平生不平事，尽向毛孔散。五碗肌骨清，六碗通仙灵。七碗吃不得也，唯觉两腋习习清风生。蓬莱山，在何处？玉川子，乘此清风欲归去。』

敷”“数寄屋”“围”，被赞为“市中山居”，后来才建造出以草庵为主流的茶室，皆是“以小为美”，将中国人的“茶之美”发展得更为精致与极致。

· 品泉论水真无香

按古人的说法，茶道的践行过程叫“茶事”，也就是我们今天通常所说的“茶艺”。

“茶艺”与“茶道”，究竟有何不同呢？我认为，大有不同！“茶艺”重在描述采茶、制茶、藏茶、煮茶、饮茶的过程；“茶道”则意在这一过程中的体验、享受和境界，东瀛茶道则特别注重将这个过程加以仪式化，由此形成了独特的“茶道”。

简言之，茶艺乃是“用”，茶道则为“体”，茶艺与茶道是“体用不离”的关系。道是形而上的，艺则归属形而下，道不离器，器不离道，正是中国传统智慧的一大特征。那么，饮茶、品茗又如何从“艺”的过程而进乎“道”呢？

在《茶经》上、中、下三卷当中，陆羽将整个茶艺过程描述为茶之源、茶之具、茶之造、茶之器、茶之煮、茶之饮、茶之事、茶之出、茶之略、茶之图等十个环节，主要涵盖以下几方面的内容：茶之源、茶之具、茶之造、茶之出是就茶叶而言的，分别说的是采摘茶叶时的辨别方法、所用器具、加工工艺和名茶产地；茶之器是指二十四种茶器；茶之煮是说取水、煮茶，并对茶水、茶汤的品质做了甄别；茶之饮、茶之略自然是品茶的方法和注意事项；茶之事与茶之图则记载与饮茶有关的名人逸事、奇谈异闻和艺术创作等。

有了这位“茶山御史”的创始，此后，论茶著作便踵事增华，沿着陆羽开创的方向进行了各个方面的拓展：有专门谈采茶、制茶、识茶的，如赵汝砺的《北苑别录》；有专门品第泉水的，如田艺蘅的《煮泉小品》；

图 4-8 至图 4-16　不同年代的各种茶具　台北故宫博物院藏

从茶钟、茶壶到茶叶罐，茶之美学与陶瓷文化相互融合，撞击出微妙美感的斑斓色彩。自上而下，从左至右，分别是，第一排：明代白瓷暗龙花茶钟，明代霁青茶钟，明代霁青撇口茶钟；第二排：明代宝石红茶钟，明代青花转枝海棠纹茶叶罐，明代甜白暗花莲瓣纹莲子茶钟；第三排：明代青花凤凰纹三系茶壶，明代青花山茶花纹如意耳扁壶，明或越南黎朝白瓷印花菊花鸟纹茶钟

有专谈茶具的，如屠隆的《考槃余事》……至于畅论品茶经验、吟咏茶道之美的著作、诗文，就更是不胜枚举了，充分说明“茶文化”在华夏的重要地位，如果细说起来，那将举不胜举。

先来看看古人是如何在茶艺中体验茶道，在茶道中探索茶艺的，这茶之道与茶之艺，二者恰恰是相互成就的，不可偏废。

第一步是选茶。茶之优劣，与产地、采摘时间、炮制工艺、贮藏方法等息息相关。而不同的时代，有不同的制茶工艺与饮茶风尚。这里只择取历代茶人选茶时积累、沉淀下来的那些稳定的、影响深远的观念和方法。

关于茶叶的采摘、炮制和饮用过程，明人张源曾用三个字加以概括："造时精，藏时燥，泡时洁。"所谓"精、燥、洁，茶道尽矣"[1]，这种宏观的原则，究竟如何运用到具体的选茶过程中？什么样的茶叶才有精制的资格？杜育在《荈赋》中说，采茶要到秋天农忙结束之后，这一做法在唐代茶艺兴起之后就被彻底抛弃了。陆羽《茶经》开宗明义，论茶之高下说："笋者上，牙（芽）者次；叶卷上，叶舒次。"[2]茶叶越鲜嫩越好，成了千余年来饮茶人所尊奉的首要信条。反观当前，国人饮茶却反其道而行之，"喝陈普洱"一时成为风尚。

宋人梅尧臣说："自从陆羽生人间，人间相学事春茶。"我们知道，唐宋饮茶，以末茶、团茶、饼茶为主；明代以后，则以散茶为主，这是从茶叶的加工、形制上说的，然而不管是末茶、团茶、饼茶还是散茶，都以春茶为上。在春茶之中，又有细致的选择办法，一般从色泽、质地和采摘存放时间上加以区分。屠隆《考槃余事》中曾记载过一则故事："司马温公（光）与苏子瞻（轼）嗜茶墨。公云：'茶与墨正相反，茶欲白，墨欲黑；茶欲重，墨欲轻；茶欲新，墨欲陈。'苏曰：'奇茶妙墨俱香。'公以为然。"[3]

这就是说，茶之白、重、新，恰与墨之黑、轻、陈，形成了对立项，但"奇茶"与"妙墨"都是香的，只不过香的魅力不同罢了。其中，"茶欲白"，并不是说颜色尚"白"，而是尚浅，茶采摘的时令越早、存放的时间越短，其颜色自然就越鲜嫩；同样，茶本身的香气就更浓郁。"茶欲重"则是说质量越重的茶，采摘时必然饱满多汁，吸收的天地精华自然就多，茶本身几乎是集天地之精华的，即使经过蒸、压、炒等加工环节，也会保留更多天然的滋味和香气。

总之，精择早采、气味俱全、形色兼备的茶，方为上品。从这种

---

[1] 张源：《茶录》，陈彬藩等主编：《中国茶文化经典》，光明日报出版社 1999 年版，第 323 页。

[2] 《〈茶经〉译注》，（唐）陆羽等著，宋一明译注，上海古籍出版社 2016 年版，第 5 页。

[3] 屠隆：《考槃余事》卷 4，见《考槃余事及其他三种》，《丛书集成》本，商务印书馆 1937 年版，第 64 页。

极为细致的采选规定当中，足见古人要求之严苛，整个过程哪怕有一点点疏忽，就会被视为“茶之病”。只有无病之茶，才能给饮茶、品茶者带来美的享受，并且能激发人的创作灵感，多少咏茶之诗就是这样作出来的。

有好茶只是第一步，要想充分品味到新茶的色、香、味，还须有好水。这就要“品泉”“论水”，因为茶不是冷饮，一定需要“煮泉”，然后才能“小品”。许次纾《茶疏》中说：“精茗蕴香，借水而发，无水不可与论茶也。”[1]

如果把茶看成能歌善舞的美人，那水就是她轻歌曼舞、回旋生姿的舞台，舞台富丽精工，自然会增益声色，茶与水的关系也是如此。从哲学的角度来看，茶是“神”，水则是“体”，“茶者水之神，水者茶之体。非真水莫显其神，非精茶曷窥其体”。这里的体就不是茶道那个与用相对的“本”体，而就是作为“用”之体，真水之“体”与精茶之“神”，最终乃是要合体的。

古人论水，就像论书画一般，需要分上、中、下品，这也是把艺术规律应用于茶的结果。“茶仙”陆羽就曾把世间之水分为三品，以山泉水为上、江水为中、井水为下，重“活水”而恶“死水”。他还曾经把天下的水分成二十品，对每种水的优劣都进行了点评。后人纵论茶之用水，往往对这一规矩有所反叛，山泉无疑居首，但是次位则是井水，其三则为江河水，封闭的井水位于开放的江河之上，其实也有道理。

无论如何，陆羽的品泉、论水方法，被沿袭了下来。在其身后不久，刘伯刍就推出了他的“七品”论，以扬子江南零水为第一，无锡惠山寺石水、苏州虎丘寺石水、丹阳观音寺水、扬州大明寺水、吴松江水和淮水等分列第二至七位。这与陆羽的观点有诸多不合之处，因此欧阳修曾专门写过一篇《大明水记》加以辩证，因为不同地方的水，随着气候变化与时间推移，其适合煮茶的质量必定也是变化的。

[1] 许次纾：《茶疏》，《丛书集成》本，商务印书馆 1936 年版，第 5 页。

图 4-7 王问 煮茶图（局部） 台北故宫博物院藏

描绘了文人“竹炉煮茶”的现场图景，可见四方形的煮茶炉是用湘妃竹精编而成的，主人于炉前聚精会神夹炭烹茶，炉上置提梁茶壶，此图展现出从“末茶”到“散茶”的茶饮法之过渡过程

后来，更多茶人加入品泉、论水的行列，各地的名泉、佳水也陆续发现。其间关于天下何处泉水最适合饮茶、最有资格称为“天下第一泉”，还发生过诸多争论。如陆羽认为庐山康王谷水帘水第一，朱权《茶谱》则说青城山老人村杞泉水才是第一，张德谦则认为只有惠山寺石泉水才有资格夺冠。

宋徽宗《大观茶论》当中的概括最有美学高度，或许也更符合水的审美标准：“水以清轻甘洁为美。轻甘乃水之自然，独为难得。”[1]“清”“轻”“甘”“洁”被视为水之四美，但是在其中，轻与甘乃是得之于自然的，不可后天加以改变。

到了清代，酷爱附庸风雅的乾隆帝，自然也不会放过这个显示自己

[1] 赵佶：《大观茶论》，吴辉龙编：《煮泉小品——品茶艺术经典》，中国社会科学出版社 1993 年版，第 94 页。

高超鉴赏能力的机缘。他专门写了一篇《玉泉天下第一泉记》，将北京的玉泉列为天下第一，如今许多北京老人还每天去玉泉山搬水去喝。为了令天下茶人心服口服，乾隆居然还亮出了科学依据："尝制银斗较之，京师玉泉之水，斗重一两……故定名为'天下第一泉'。"

原来，乾隆帝命人专门打造了精致的银斗，随身携带，每巡阅一处，便取当地名泉佳水称量，他将水重最轻的玉泉列为天下第一泉。今天人们运用"茶科学"验水的时候，其实也更注重 pH 值等科学数据的依据。

那么，问题在于，为何水越轻越好？张源的《茶录》中曾分析说："山顶泉轻而清，山下泉清而重，石中泉清而甘，砂中泉清而洌，土中泉淡而白。流于黄石为佳，泻出青石无用。流动愈于安静，负阴者胜于向阳。真源无味，真水无香。"[1]

好个"真源无味，真水无香"！这才是水之高贵品质，"轻"与"清"只是说水质清澈，所含杂质少，因而味道自然甘洌清爽，这就是茶道崇尚活水的原因。

·三合其美成茶事

茶，其实有"三美"，茶事无非就仰仗于这"三美"，但三美却不一定非要名茶、名水与名器，那么，"茶之三美"话源何处？

《老残游记》第九回"一客吟诗负手面壁，三人品茗促膝谈心"中就讲述过这样一个故事：申子平、黄龙子和玙姑坐而论道，"话言未了，苍头送上茶来，是两个旧瓷茶碗，淡绿色的茶，才放在桌上，清香已竟扑鼻"。申子平"端起茶碗，呷了一口，觉得清爽异常，咽下喉去，觉得一直清到胃脘里，那舌根左右，津液汩汩价翻上来，又香又甜，连喝两口，似乎那香气又从口中反窜到鼻子上去，说不出来的好受"。子平

[1] 陈彬藩等主编：《中国茶文化经典》，光明日报出版社 1999 年版，第 323 页。

大为惊异，问这是什么茶叶，如何烹制，为何这么好吃。玙姑说："茶叶也无甚出奇，不过本山上出的野茶，所以味是厚的。却亏了这水，是汲的东山顶上的泉。泉水的味，愈高愈美。又是用松花作柴，沙瓶煎的。三合其美，所以好了。尊处吃的都是外间卖的茶叶，无非种茶，其味必薄；又加以水火俱不得法，味道自然差的。"[1]

所谓"三合其美"，就是茶、水与煮茶的火候、器具。

好茶未必是名茶，野茶也是美的，因为其味也厚；水也是美的，越从高处取就越美；还有烹茶的火候、煎茶的器具，亦是美的。在传统观念中，茶属"木"，泉为"水"，炭为"火"（无论是鲜用的"松花"还是如今仍用的"核桃炭"），茶具为"金"（金属质的茶壶）、"土"（陶器制的茶杯），所谓"三合"，其实是包罗了金、木、水、火、土五行。这五行相生相偕，则全其美；相克相悖，则成其恶。品茶的学问，实在大焉！

"三合"，乃是"天人之合"的学问。"天"是茶叶、是泉水，是天然之物；而人，则指茶器、火候，是人力所能掌控的。从高蹈处来讲，茶本身，就是秉承天地精神与自然情怀的，可谓是"天""地""人""道"之合一。茶，本于地，得于天，乃纳地之物养，采天之阳光雨露，这是"天"道；茶农的辛勤劳作，使茶得以显身，烹茶与饮茶更是将茶化入中国人的生活当中，此乃"赞天地之化育"之"人"道。

回到茶器这个"人造"问题，陆羽《茶经》中所列茶器就有二十四种之多，分别供碾茶、藏茶、洗茶、煎茶、饮茶之用。到了宋代，蔡襄在《茶录》中将茶器精简为九种，有茶焙、茶笼（藏茶用），砧椎、茶碾、茶罗、茶匙（解茶团、碾茶、筛茶、取茶末用），茶钤（炙茶用），茶盏、汤瓶（饮茶用）等。稍后，茅一相专门写过一部《茶具图赞》，为器物封侯拜相，绘图作传，将所列的十二种茶具尊称为"茶具十二先生"。

明清以后，随着清茶、散茶的风行，原来专门应付茶团的砧锥、茶

---

[1] 刘鹗：《老残游记》，岳麓书社 1989 年版，第 50 页。

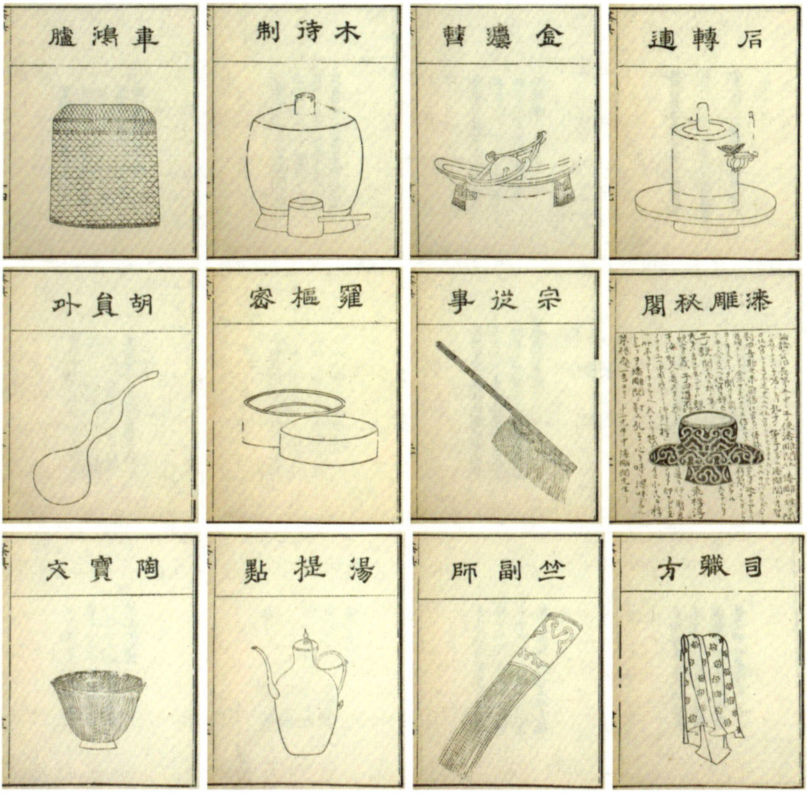

图 4-6　宋代审安老人所著《茶具图赞》，给茶之道所用茶具赋予了审美的规范标准。如今中国茶人不仅仍在使用被传承下来的各种传统茶具，而且也通过新手艺在复原未能被承继下来的茶具

碾、茶罗等都被淘汰了，取而代之的是专门冲泡茶叶用的茶壶。古人饮茶，越到后世，越重其冲淡自然之味，因而不断剔除各种附属成分，这种豪华落尽见真淳的倾向，在茶器中也显现无遗。如今笔者遇到不少茶人，他们都在复原唐、宋乃至明清的各种茶事之法，其中，就有茶人复原重造了古代的茶炉。这种小炉子便于携带，在泉边烹茶的时候，既可以用来煮粥，也可以用来煮泉。

到了宋代，点茶、斗茶之风盛行。“点茶”是用茶末和以开水，制成膏状，然后用滚汤冲点。热气腾腾的沸水点入茶膏，会激起纯白、细腻的茶沫，也就是古人所说的“汤花”。“斗茶”，就是三五茶友相聚，比试谁点出的汤花色泽纯白、造型多端、浮白长久。今天，人们创造了新的茶花制法，如在杯中写字（如茶、风、道等字）等。陆游的名诗《临安春雨初霁》中所说的“晴窗细乳戏分茶”，就是这种点茶游戏。

宋代点茶名手如云，宋徽宗、蔡襄、范仲淹等均是个中高手，就连出家人也不能免俗，雅好此道。杨万里曾观赏过蜀地僧人显上人的点茶绝技，作诗赞叹道：

> 分茶何似煎茶好，煎茶不似分茶巧。蒸水老禅弄泉手，隆兴元春新玉爪。二者相遭兔瓯面，怪怪奇奇真善幻。纷如擘絮行太空，影落寒江能万变。银瓶首下仍尻高，注汤作字势嫖姚。不须更师屋漏法，只问此瓶当响答。紫微仙人乌角巾，唤我起看清风生。京尘满袖思一洗，病眼生花得再明。汉鼎难调要公理，策勋茗碗非公事。不如回施与寒儒，归续茶经传衲子。[1]

要在径不盈寸的茶盏中，点出幻化万端、造型奇异的汤花，点茶人除了勤学苦练，在技术上精益求精之外，还对茶盏做了改造，那就是从青瓷变为黑瓷。蔡襄说：“茶色白，宜黑盏，建安所造者绀黑，纹如兔毫，其坯微厚，熁之久热难冷，最为要用。”（蔡襄《茶录·茶盏》）建安烧制的茶盏色泽绀黑如漆，与白色汤花对比鲜明；纹理细密，激起的汤花匀腻；瓷胎稍厚，不易冷，汤花回旋往复的时间也就长了。看来，想在点茶中品味“芥子须弥”之趣，也须上好茶器。

然而，点茶、斗茶毕竟还是以茶为戏，其看重的是茶的色，而不是香与味。要体味陈金诏所说的“色香味三者俱全”，功夫还得放在泡茶、饮茶、品茶上。

茶艺之中，更能显示人力功效的是“汤候”，也就是煮茶时的火候。这在唐宋的煎茶风尚中尤为重要。有人说，茶之妙，全在火候，这从陆

---

[1] 杨万里：《澹庵坐上观显上人分茶》，《杨万里集笺校》，中华书局 2007 年版，第 95—96 页。

图 4–17 唐寅 斗茶图 台北故宫博物院藏

斗茶是一种“以茶为戏”的民俗，也称“茗战”，兴起于唐代，到宋朝才叫作“斗茶”。它实际上是参斗各方在烹制技术、评点茶品方面力争取胜的一种游戏。此图就生动地描绘出在茗战当中、双方相持不下的竞争态势

羽《茶经》中所描述的煮茶技巧就能窥见一斑。陆羽认为，燃料最好用炭，其次用干透的木材，因为它们发火猛烈而无烟，不至于影响茶的正味；煮茶时要疾风烈火，煮至三沸，方可食用。古人煮茶，并非单纯烧水，而是乐在其中，享受烹茶的乐趣。

烧水烟熏火燎，有何乐趣？烹茶之乐，恰恰就是由此开启的。我们且看陆羽是如何体验煮茶之乐的：

其沸，如鱼目，微有声，为一沸；缘边如涌泉连珠，为二沸；

> 腾波鼓浪，为三沸……第二沸，出水一瓢，以竹筴环激汤心，则量末当中心而下。有顷，势若奔涛溅沫，以所出水止之，而育其华也。
>
> 凡酌，置诸碗，令沫饽均。沫饽，汤之华也。华之薄者曰沫，厚者曰饽，细轻者曰花。如枣花漂漂然于环池之上，又如回潭曲渚青萍之始生，又如晴天爽朗有浮云鳞然。其沫者，若绿钱浮于水渭，又如菊英堕于尊俎之中。饽者，以滓煮之，及沸，则重华累沫，皤皤然若积雪耳。[1]

如果还原出这一文化现场，煮茶也是一个融声、色体验于一体的审美过程，也就是生活美学活生生的展现。从听觉上说，从水将沸时细微的气泡浮出的声音，到第二沸时的泉涌珠蹦，最后到了第三沸，茶器中竟也能翻江倒海、腾波涌浪！从视觉上说，茶末被滚汤激起，在水面上环游盘旋，如“枣花漂漂然于环池之上”，如“回潭曲渚，青萍之始生”，如“晴天爽朗，有浮云鳞然”，又如“若绿钱浮于水渭”“菊英堕于尊俎之中”，真是千姿百态，妙不可言！

这就是中国茶之道，它独具魅力的生活美学韵味，如今中国人的茶生活当中被返本开新，譬如普洱茶在中原的普及就在寻求一种新道，为了与日本茶道区分开来，我个人建议还是用“茶之道”来言说中国吧。

总归两句话——茶之道，即生活之道；茶之美，即生活之美！

---

[1] 《〈茶经〉译注》，（唐）陆羽等著，宋一明译注，上海古籍出版社 2016 年版，第 39 页。

第五讲

长物闲赏之美

君子可以寓意于物，而不可以留意于物

——苏轼《宝绘堂记》

明清之际，在生活美学的追求上，渐达另一极致之巅。但有趣的是，当时的文人骚客却将其审美欲望，凝结于林林总总、各式各样的『物』之上。由此，一种本土审美化的『物之文化』便形成社会潮流，竟蔚为大观也。

• 清福快活系于物

中国人对物的审美追求，那种对茶艺、花道、文房、清玩、古董、书画的爱恋，早在唐代就已崭露头角，到宋代形成小高潮，由此推动了生活美学风尚的勃兴和蔓延。

南宋人孟元老在《东京梦华录》中回忆东京的审美化生活时，曾极尽奢华之语：

> 太平日久，人物繁阜。垂髫之童，但习鼓舞；班白之老，不识干戈。时节相次，各有观赏。灯宵月夕，雪际花时，乞巧登高，教池游苑。举目则青楼画阁，绣户珠帘。雕车竞驻于天街，宝马争驰于御路。金翠耀目，罗绮飘香。新声巧笑于柳陌花衢，按管调弦于茶坊酒肆。八荒争凑，万国咸通。集四海之珍奇，皆归市易；会寰区之异味，悉在庖厨。花光满路，何限春游，箫鼓喧空，几家夜宴。伎巧则惊人耳目，侈奢则长人精神。[1]

这种琳琅满目的物质奇观、丰裕精致的日常生活和娴雅浮华的社会风气，只有在经济社会发展到一定高度之后才会出现。唐宋时期，无论是文人士大夫闲适优雅的生活情趣，还是市井瓦肆的普通百姓的世俗之乐，只有在这物质的奇观中，才能有其用武之地。经由元代之后，生活

[1] 孟元老：《东京梦华录笺注》，中华书局 2007 年版，第 1 页。

美学又迎来新一波唯“物”为美的高潮。

从明代中期之后，中国人在生活中追求“清福”“快活”与“人生真乐”，文艺上聚焦于“性灵”“童心”与“闲情逸致”，这种寻求“好日子”的美学例证，不胜枚举，俯拾皆是。

明代文人冯梦桢闲赏罗列的“十三事”——“随意散帙”“焚香”“瀹茗品泉”“鸣琴”“挥麈习静”“临摹书法”“观图画”“弄笔墨”“看池中鱼戏”“听鸟声”“观卉木”“识奇字”“玩文石”[1]——即为明证。这些“事”简直成了文人们所秉持之审美符号，他们以此来确认自身的文化身份，以便标举“风雅”抑或“闲雅”！

且来翻一翻明代文人的著作：高濂的《遵生八笺》、屠隆的《考槃余事》、袁宏道的《瓶史》、陈继儒的《岩幽栖事》、文震亨的《长物志》、计成的《园冶》、周嘉胄的《装潢志》、戈汕的《蝶几图》、王思任的《奕律》、屠本畯的《茗笈》、李渔的《闲情偶寄》及袁枚的《随园诗话》，这些不都是经典的“生活美学之书”吗？

更为甚者，不仅这些被反复刻印的书，渐渐演变成“生活美学指南”抑或“审美生活手册”，而且一些更通俗化的日用读本如《万用大全》也甚为风行。写过雅作《香国》的毛晋，作为当时的书商还辑过《群芳清玩》这样的清玩笔记，行销于市。这些雅俗文字例证，无论是高雅指南还是低俗手册，都可让我们想见当时生活美学的风潮。

与低俗化的生活指南不同，《遵生八笺》《长物志》《园冶》《闲情偶寄》所深描的，乃是文人“应该如此”的生活，也就是一种文人生活的“理想态”，而并非现实生活本身。道理很简单，如果现实已然完美，何需此类书大行其道？更重要的是，它们讲述的都是文人生活美学的理想态，同时也折射出当时社会的普遍审美趋向。

再看看明代甚为流行的小品文，张岱的《老饕集序》、屠隆的《婆

[1] 冯梦祯：《真实斋常课记》，《快雪堂集》，收于《四库全书存目丛书》“集部”第 164 册，第 648 页。

图 5-1 吴彬 岁华纪胜图·蚕市 台北故宫博物院藏

此图描绘的岁时场景分别是：元夜、秋千、蚕市、浴佛、端阳、结夏、中元、玩月、登高、阅操、赏雪和大傩，展现了明代“物质文化”极大丰富的大场面，此处所见仅是蚕市一图，其实十二个月各有各自的主题

罗馆清言》、吴从先的《小窗自纪》，还有洪应明的《菜根谭》，所写的难道不就是雅致而通行的生活美学小品吗？这些小品，也是植根生活并描摹生活的鲜活文字。

这就是明清之际的生活美学，它不仅使得中国美学成了现实社会的流行文化，而且还将生活美学推向了一座高峰，这也是中国文化的美学盛世！

· 明清趣味相亲傍

生活美学既然是文人的生活，那么，也要具体归于文人的生活本身。但是，文人生活只是形成了一种社会的范导，如果没有社会上那些骚客们的追逐与力捧，也不会形成一种社会审美化的浪潮。

所以说，文人只是趣味的发明者，使用者则是大有人在。用西方汉学家柯律格的观点来看，在公元 16 世纪，“传统的社会精英感到其社会地位受到威胁，转向‘发明趣味’，以此为手段来强调，要紧的不仅是对美学奢侈品的占有，而且是占有它们的方式”[1]。这就意味着，关键在于如何占有，如何审美化地加以占有。

实际上，这种占有“物”的方式，也是一种美学的生活方式，就以享受其中的情趣为主！

的确，明清文人在科举出仕的挫败压力之下，对“物”之占有并不是一般世俗富贵的追求，而是通过对“物”的精神消费来超越世俗，但又由此构成了一种文人之俗。这是个很有意思的转化，亦即由雅变俗之转变。看似是追求雅事，实际却往往落于俗套。这也是生活美学发展的一种规律，在某种生活美潮流被小共同体标举之初，往往是“阳春白雪”的，但是一旦最大幅度地得以普及，则很快变成“下里巴人”了。

出身世家的瞿少潜就是如此，但他不是“独乐乐”那种文人，而是将这种生活方式“与众乐乐”，被认为是有“先人”之种种风流，就像宋人赵明诚与夫人李清照之评赏金石古玩，而被后世文人雅士传为佳话一般。明人范景文《虞山瞿少潜见过留之味玄堂有作》赞曰：“烟霞片片染衣裳，手拂凝尘坐竹床。晤对少时如入画，淹留竟日自生香。杯呈浅笑花浮面，曲度深宵月过廊。寥落一丘堪点染，入林幽事待商量。”

明清文人，追求他们的至乐人生，那就首先要闲下来，如此面对各种赏心乐事，才能洗涤人间，清“心”乐“志”，这就是明清人所求之生活美学境界。这个不离生活的审美境界，可以被如此全面地描述出来：

> 心无驰猎之劳，身无牵臂之役，避俗逃名，顺时安处，世称曰闲……余自闲日，遍考钟鼎卣彝，书画法帖，窑玉古玩，文房器具，

[1] ［英］柯律格：《长物：早期现代中国的物质文化与社会状况》，高昕丹、陈恒译，生活·读书·新知三联书店 2015 年版，第 11 页。

纤细究心。更校古今鉴藻，是非辩正，悉为取裁。若耳目所及，真知确见，每事参订补遗，似得慧眼观法。他如焚香鼓琴，栽花种竹，靡不援正方家，考成老圃，备注条列，用助清欢。时乎坐陈钟鼎，几列琴书，帖拓松窗之下，图展兰室之中，帘栊香霭，栏槛花研，虽咽水餐云，亦足以忘饥永日，冰玉吾斋，一洗人间氛垢矣。清心乐志，孰过于此？[1]

“明清趣味”之所以得以全方位的呈现，那是由于日常生活意识逐渐获得了自觉，审美化的生活成了正当的生活目的追求。经营富足充裕的物质生活（所谓“道理”与“日用”）、构建精致优雅的心灵生活（所谓“栖心”与“养志”），成了从生活富足的百姓民众、拥有修养基础的下层文人到文化积淀深厚的上层文人所共同向往之事，也成了民间所追捧的文化时尚。

其实，明清之际文人整体地位却并不算太高，甚至文人穷酸化成为普遍现象，职业文人阶层得以滋生并为通俗文艺服务，这使得下层文人主导了上层文人的美感。这是与宋代生活审美不同的地方，在宋代，少数文人便可以主导整个审美风尚，即使资用不丰的文士也“必焚香，必啜茗，必置玩好”（孙枝蔚《埘斋记》），这与明代的似雅实俗大相径庭。

这种情况与明代审美生活的极大普及有关。因为达到了“人人可备，家家可用”般的普及，所以就不能求曲高和寡，而在表面上追求“化”俗为雅，但实质上却是“纳”雅入俗。下层文人所竞相追逐的所谓的“小雅”，其实也是一种“大俗”，这也涉及雅俗之间有趣的历史关联，俗可以雅化，雅也可以俗化。

与此同时，“适用美观均收其利”，实用与审美之间被要求达到动态平衡，这也是尚“物”的生活美学所提出的标准。只要看看当时的钱泳

---

[1] 高濂：《遵生八笺》，浙江古籍出版社 2017 年版，第 517 页。

所编的《艺能编》当中，为了实现生活审美而出现的技艺而力求将审美实用化，就足见一斑。所谓“艺能”就是制艺之能，在作者的构架当中，就包括“书”“数”“射”“投壶”“琵琶”“着棋”“摹印”“刻碑”“选毫”“制墨”“碓纸”“琢砚”“铜匠”“玉工”“周制”“刻书”“装潢”“成衣”“雕工”“竹刻”“治庖”“堆假山”“制砂壶”“度曲”“十番”“演戏”和“杂戏”，尽管是从工艺的角度入手，但是这些艺事却大都与生活美学的工艺制作相关。

一般人说物质生活，往往就是在说吃、穿、住、行、用这些领域内的物，它们往往成为审美的恋物的对象。当然，任何高度发展的文明都会在物质文化上形成自己的系统。然而，问题的另一面则是，任何作为物的器具，其实都是为人所用的，也就是为人类生活而生产与使用的。显而易见，被使用的才是“活物”，被弃用的易成“死物”，乃至随着历史拉伸而化作“文物”，后代对文物的喜恋也是在“活化”这个传统，这就是为何如今“美物”传统仍然在中国活着。

生活美学所研究的不仅是生活之物，更是审美之物，也就是我们如今所说的“美物”。这些“美物”，在中国文化传统当中，不仅仅是用来观瞻的，也就是说，主体不止用于“观”物，而且，也是用来与人及其身心进行接触与活动，所以也就从短身相接之“玩”物，走向了一种内心触动之“体”物，从而不仅悦心悦意，且更悦志悦神，在文章的结尾还要重点论述如何从“养眼”“养心”再过渡到“养神”的。

这种“用”物，与文人的把玩是分不开的，由此形成了一种身体与器物之间的亲密关联，譬如宜兴紫砂壶“入用久，涤拭日加，自发暗然之光，入手可鉴”（周高起《阳羡名陶录》），就是对这种人与物之间关系与过程的一种最细微的审美化描述，我们今天把玩一枚小紫砂壶大概也是如此吧。

明清之物这种以人为本的设计，被汉学家称之为“器物—身体”（object-body）关联，这个视角可以洞见各种美物与人的身体之间到底构成了一种什么样的动态关联：看似固定的物可以说是对赏物者的身体进行了一种邀请。当人拿起一件美物，不断对之把玩与欣赏之后，那就形成了一种身与物之间的紧密互动关联：物融入人的身体，人也借物得以身心皆悦。

明清时期的装饰品常常利用其他几种常见的“器物—身体”的可能性，其中最常见的是与人类身体的延伸关系，“椅子召唤着一个安坐的身体；搁脚凳召唤着脚。有一种躺椅有着长长的横杆，召唤着坐者将脚放置于其上。带有双杯柄的酒杯要求我们用双手执杯饮酒，正如茶壶或者酒壶的壶柄只要求一只手的参与一样。香炉、熏炉、茶壶、酒壶等器具的盖子顶端的纽要求使用者将它们揭起。手卷的轴头邀请着人们将它们卷起。耳柄和其他附属物不是吸引手的唯一方式。高足杯……是对双手的邀请，杯子或说瓶子外撇的口沿暗示了一种将它们安全拿起的范式。”[1] 由这种人与物接触的方式，才能入“心”入“神”，从而调动身心的整体自觉，使得人以身、以心、以神融入物之中。

如今我们常说，古代文人钟情于琴、棋、书、石或梅、兰、竹、菊，但这只是概括性的说法而已。其实，古人闲赏的对象远不局限于这四种，而是涵盖古今、包罗万象。早在宋代文化当中，《洞天清录集》里所举出的能令人享受清福的大多还是古董，如古琴、古砚、古钟鼎彝器、怪石、砚屏、笔格、水滴、古翰墨真迹、古今石刻、古画等，它们绝大部分都是古物。

这大概是时代风气和个人趣味使然，宋代文人士大夫对于古董器物的欣赏与收藏热情也许是空前绝后的。宋代经济发达，政治清明，社会环境宽松，士大夫悠游自在，培养了极高的审美素养，还有鉴赏、识别和研究能力。

因此，宋人对于古器物的兴味，是汉唐和元明时代的人所不能相提并论的，“赏鉴之趣味与研究之趣味，思古之情与求新之念，互相错综”，

---

[1] ［美］乔迅：《魅感的表面——明清的玩好之物》，刘芝华、方慧译，中央编译出版社 2017 年版，第 65 页。

图 5-2 周文矩 仙姬文会图 台北故宫博物院藏

描绘出宫苑之内众女仙群集文会的情景，展现出古人对花草之类的自然物与如意之类人造物的深层爱恋

“汉唐元明时人之于古器物，绝不能有宋人之兴味，故宋人于金石书画之学乃陵跨百代”。[1] 而在更多时候，人们的趣味除集中在古董上面，还对具有较高审美价值的自然物（如奇石、花鸟）以及同时代比较流行的器物感兴趣。

所以说，“物之维度”，更准确地说，“美之物”的维度，可以说是梳理中国古典生活美学的重要层面之一，特别是对于嘉靖年间之后的中国美学而言，乃是“物的美学”极大发展的阶段。所以，我们需要敞开中国生活美学的“物之体系”！

[1] 王国维：《宋代之金石学》，《王国维文集》（第四卷），中国文史出版社 2007 年版，第 124—125 页。

这个所谓“物之体系”，最早来自法文 Le syst è me des objets，意思就是由物质组成了似乎独立于人的体系化的世界，但其实既然已经进入人的生活世界，任何物几乎都是与人发生关联了的，物乃是为人而存在的，并不是生活之外的外物。

· 物丰富配情复苏

我认为，明清生活美学的独特拓展之处就在于——“情”的复苏与“物”的丰富！

所谓“小小闲事长物”，此物不仅仅是单纯的物、冷冰冰的物，而是“寄情”的，这是物与心的内在勾连之秘密所在。

关于“情”的复兴这方面，汤显祖《牡丹亭》的题词当中就可以显见：“情不知所起，一往而深，生者可以死，死可以生。生而不可与死，死而不可复生者，皆非情之至也。梦中之情，何必非真，天下岂少梦中之人耶？”但传统的以思想史为主脉的中国美学史研究，对此已有了不少成果，比如对李贽的“童心说”与汤显祖的“唯情论”的论述，比比皆是，但是，对于“物之丰满”这方面，以往的研究却几成空场。

当今的海外汉学家们却对物质文化兴趣极大，柯律格认为诸如《长物志》之内的“物品是社会性的角色，而关于物品的文本并不是对于物品行为无动于衷的旁观记录，而是自成一体，不断发挥其参与作用”[1]。然而，这种浸渍西化色彩的研究方式，尽管将狭窄的艺术史研究拓展到了视觉文化研究——其实如此为之，倒不如从生活美学的角度切入。因为这些中国古典的物，既是生活的，又是审美的，而且是二者合一的，它们难道不就是生活美学的直接对象吗?！

---

[1] ［英］柯律格：《长物：早期现代中国的物质文化与社会状况》，高昕丹、陈恒译，生活·读书·新知三联书店 2015 年版，第 70 页。

由于比较文化的视角存在，柯律格本人深知，西方的 Things（物）不同于中国的物（*Wu*），因为他意识到，在中国儒家的术语当中所谓的物（matter）与理相对，具有哲学意味，特别是在 16 世纪末到 17 世纪初强调“格物”的传统当中更是如此。其实并非儒家，在中国古典语境当中，由于形而上之道与形而下之器不分不离的积淀根基，中国的物，其实早就具有了超出物质的内涵，而且可能“器近乎道”，所以才会有“爱物”这种悠久的历史传统。“长物”只是这个传统在明代的彰显罢了。

为何汉学家偏离了传统的艺术视角，走入“物的世界”？除了艺术

图 5-3 丁观鹏 太平春市图卷 台北故宫博物院藏

此卷看似是新春普天同庆之际，京城边际乡人的节庆生活写照：打太平鼓、贩卖爆竹、耍猴戏、跑旱船、货郎担……但其实，街上买卖艺人都是由清宫中侍仆装扮而成的，而且宫廷画师还在其中融入了西洋绘画的透视画法

史家个人的选择之外，其实更重要的原因，还在于中国古典生活美学的特质。这是由于，明清之际，生活美学在文人士大夫阶层广为流行，原本局限在文人阶层的书画、古董、恋物、收藏等审美活动得以社会性的蔓延，商人携重资介入交易，改变了原来的交易生态，于是来自民间的鉴赏家大量出场，而与之分别开来的“好事家”则成为追随者，恰恰是这些消费者们的消费反过来“养活”了大量的生活美学家们。

质言之，这是个以生活本身为美的时代，但不是以“艺术”为核心的时代。明代那个“物的体系”或“物的世界”，已非传统的“艺术”这个范畴所能囊括。因为“艺术”这个概念，不仅对中华本土而言恰恰是个舶来品，而且对于整个东方而言也是如此，乃是西学东渐的结果。但不能说中国过去没有艺术，只是没有将各种形式皆归于“艺术”这个整体的概念而已，而且中国艺术始终与生活之间具有不可断隔的血脉关联。

从这种新的视角出发，可以对于中国传统文化见所未见。当然对于汉学家而言，这从文化研究脱胎而来可以发现诸如“新意”，就举柯律格《长物》当中给人印象最深刻的两个例证：

其一，从性别的角度看中国古代的物。文震亨的《长物志》中对于女性所使用的室、床、帐均曾专有描述，柯律格从性别研究的角度见到了其中的“物品的男女之别”，如美人靠就是专为女性专用，但高背扶手椅却不是女性落座的，以此可见过去中国在“物品”上的男女身份之别。

再如，文震亨论卧室时称“宜清洁雅素”，这是就男性而言的，尽管并未特意提及，但一旦涉及“绚丽品质”便为女性专用，比如，万字符那种明代流行的镂空纹样也只能出现在闺阁当中，因为它的审美取向被认定为不甚“古雅”。

其二，柯律格特别关注到了《长物志》记载的许多外来物品，也就是来自明代疆域之外的“珍奇物品”（如日本享乐之物）在晚明时尚当中的流行，这就说明中外物质文化之间的交流尽管看似隐秘，却是早已发生且在民间普及了。譬如团扇是从中国传到了东瀛，但是折扇却是由日本人发明的，宋代时随着贡品传入中国，如今早已融入华夏审美范畴了。

回到前面的话题，对于晚明以降的生活美学而言，这一“情”与一“物”，并不是相互割裂的，反而是交融在一起的。“情”虽指向人际交往当中的人，但也可以指向“物”，形成“物之情”，从而形成了一种以闲赏为核心的美学运动。

这种“燕闲清赏”的生活方式，就大兴于晚明，对后代又影响深远，直至民国时代，如今又开始勃兴。我早就指出，中华古典生活美学，它涵摄了“情”（情感化）、“性”（自然化）和“文”（文化化）三个基本维度，全面覆盖了生理的、情感的与文化的生活，其基本问题意识便是探讨如何实现艺术化和审美化的生活，由此生成了一种“忧乐圆融”的生活艺术传统。

一方面，我们来看“物”的丰富，这就是随“物”而婉转，譬如张大复在《泗上戏书》里面写道：

> 一卷书，一麈尾，一壶茶，一盆果，一重裘，一单绮，一奚奴，一骏马，一溪云，一潭水，一庭花，一林雪，一曲房，一竹榻，一枕梦，一爱妾，一片石，一轮月，逍遥三十年，然后一芒鞋，一斗笠，一竹杖，一破衲，到处名山，随缘福地，也不枉了眼耳鼻舌身意随我一场也。

但在这些如此丰富的“书、麈尾、茶、果、裘、绮、奚奴、骏马、溪云、潭水、庭花、林雪、曲房、竹榻、梦、爱妾、片石、月、芒鞋、斗笠、竹杖、破衲、名山、福地”背后，到底是什么随“物”而婉转？当然是“心”，文人之心。反过来，究竟是什么与“心”而徘徊？那无非就是这些被审美化之“物”啦！

另一方面，我们再来看“心”的丰盈，这就是与“心”而徘徊，譬如陈眉公在《太平清话》中有言：

> 香令人幽，酒令人远，石令人隽，琴令人寂，茶令人冷，月令

人孤，棋令人闲，杖令人轻，水令人空，雪令人旷，剑令人悲，蒲团令人枯，美人令人怜，僧水令人淡，花令人韵，金石鼎彝令人古。

所谓的幽、远、隽、寂、冷、孤、闲、空、旷、悲、枯、怜、淡、韵、古，显然不是物的状态抑或姿态，而是人的心境抑或情态也！这“古今清华美妙之气”，可一洗人间之氛垢，澡雪生命之精神，从而使人展露出活泼之本心。

袁宏道一生追求“真乐”，认定首屈一指之“快活”便是“目极世间之色，耳极世间之声，身极世间之安，口极世间之谭”（《与龚惟长先生》）。高濂的书房名为“雅赏斋”，但也曾被后人讽刺是太过刻意而流俗也，但该书房无疑具有综合性的赏玩目的。《遵生八笺》其中亦有《燕居清赏》之重要部分。可以说，赏物的目的，不在物本身，而在于人自身，进而也不在于（曲作）矫情，而在于（直抒）性情！

· 长物闲情何处寄

究竟何为“长物”呢？“长物”之典，出于《世说新语》，赞美人“作人无长物”，也就是身无多余之物而“清廉贵峻，志存格正”。然而，到了后代则衍生出奢侈的意思，当然多余也是奢侈的前提。

《长物志》的英文为“Superfluous Things”，这种译法用的是20世纪50年代的荷兰汉学家高罗佩的独特翻译，Superfluous既有多余之义，又有奢侈的意思，这也最暗合于长物之“长”的本意。所谓“长”物，就是多余之物，也是奢侈之物，或者说，先为多余后为奢侈之物。

明人宋诩在《宋氏家规部》中，专设有“长物簿”，并称长物为：“凡天地间奇物，随时地所产、神秀所钟，或古有而今无，或今有而古无，不能尽知见之也。”由此可见，符合如此高标准的物，乃奢侈之物也，“长物簿”所含二十一类，如宝类、玉类、珠类、玛瑙类、珊瑚类、金类、漆类、木类、草类、竹类、窑类，大抵如此，其中，木类含伽南香、沉香、乌木、花梨木、鸡翅木等，窑类则含柴、汝、官、钧、哥、定诸窑……其中无一不是奢侈品，如今买起来也都是价格昂贵。

到了文震亨的《长物志》流行的时代，文人们更多把审美品格投射在物之上，由此形成了“生活美学之物”的系统呈现，构成了一种中国古代文人所独具的物之体系。

清人纪昀所编《四库全书总目提要》里面，称《长物志》“凡闲适玩好之事，纤悉毕具，大致远以赵希鹄《洞天清录》为渊源，近以屠隆《考槃余事》为参佐。明季山人墨客，多以是相夸，所谓清供者是也。然矫言雅尚，反增俗态者有焉。惟震亨世以书画擅名，耳濡目染，与众本殊，故所言收藏鉴赏诸法，亦具有条理。所谓王谢家儿，虽复不端正者，亦奕奕有一种风气欤”。

再往上溯源，这个“长物”的独特传统，就可以追溯自宋代文人赵希鹄所著《洞天清录》的基本思路，在后代不断被续写与翻写，这就是《长物志》与同代文人屠隆《考槃余事》等著述多有重复的原因，因为这些“长物知识”在当时已成为文人共同体所共享的资源。更重要的是，文字的梳理与阐明，实乃为当时社会风尚的一种凝缩与总结而已。

这是由于，当时的明代山人墨客多善谈清供之物，这也是《长物志》之类的书大行于世的社会动因。然而，他们却多有矫饰之嫌，反而彰显俗态，而未如《长物志》那般“雅尚”，但“雅尚”之高何处来呢？

答案还得追溯到《长物志》的作者文震亨，他本人超凡脱俗，所以才能成就这本生活美学的典范之作。这部直接以“长物”命名的著作，共有 12 卷，按其类目我们分别各举一两则妙例（下面画波浪线的部分为审美评价）：[1]

[1] 陈植校注：《长物志校注》，江苏科学技术出版社 1984 年版，第 31—416 页。

茶寮

构一斗室，相傍山斋，内设茶具，教一童专主茶役，以供长日清谈，寒宵兀坐。幽人首务，不可少废者。

琴室

古人有于平屋中埋一缸，缸悬铜钟，以发琴声者。然不如层楼之下，盖上有板，则声不散；下空旷，则声透彻。或于乔松、修竹、岩洞、石室之下，地清境绝，更为雅称耳。

山茶

蜀茶、滇茶俱贵，黄者尤不易得。人家多以配玉兰，以其花同时，而红白烂然，差俗。又有一种名醉杨妃，开向雪中，更自可爱。

桃

桃为仙木，能制百鬼，种之成林，如入武陵桃源，亦自有致，第非盆盎及庭除物。桃性早实，十年辄枯，故称“短命花”。碧桃、人面桃差之，较凡桃美，池边宜多植。若桃柳相间，便俗。

几

几以怪树天生屈曲若环若带之半者为之，横生三足，出自天然。摩弄滑泽，置之榻上或蒲团，可倚手顿颡。又见图画中有古人架足而卧者，制亦奇古。

禅椅

禅椅以天台藤为之，或得古树根，如虬龙诘曲臃肿，槎枒四出，可挂瓢笠及数珠、瓶钵等器，更须莹滑如玉，不露斧斤者为佳，近见有以五色芝黏其上者，颇为添足。

图 5-4 清紫檀博古长方匣 台北故宫博物院藏

《长物志》里面所玩赏之美物，不仅聚焦于人工制造而成的“实物”，而且也包括自然生长之“生物”，自然与人工从未被割裂加以对待，人造之物也要有自然之“趣”在，才是完美的“长物”

花瓶

花瓶以古铜入土年久，受土气深，以之养花，花色鲜明，不特古色可玩而已。铜器可插花者：曰尊，曰罍，曰觚，曰壶，随花大小用之。瓷器用官、哥、定窑古胆瓶、一枝瓶、小蓍草瓶；余如暗花、青花、茄袋、葫芦、细口、匾肚、瘦足、药坛，及新铸铜瓶、建窑等瓶，俱不入清供。尤不可用者，鹅颈壁瓶也。古铜汉方瓶，龙泉、均州瓶，有极大高二三尺者，以插古梅，最相称。……

候汤

水，缓火炙，活火煎。活火，谓炭火之有焰者，始如鱼目为“一沸”，缘边泉涌为“二沸”，奔涛溅沫为“三沸”，若薪火方交，水釜才炽，急取旋倾，水气未消，谓之“嫩”。若水逾十沸，汤已失性，谓之“老”，皆不能发茶香。

按照沈春泽给《长物志》所作序言，这十二卷所深描之物，皆是有审美品格的，所以说：室庐有“制”，“贵其爽而倩、古而洁也”；花木、水石、禽鱼有“经”，“贵其秀而远、宜而趣也”；书画有“目”，“贵其奇而逸、隽而永也”；几榻有“度”，器具有“式”，位置有“定”，“贵其精而便、简而裁、巧而自然也”；衣饰有“王、谢之风”，舟车有“武陵蜀道之想”，蔬果有“仙家瓜枣之味”，香茗有“荀令、玉川之癖”，“贵其幽而暗、淡而可思也”。

总之，“大都游戏点缀中一往删繁去奢之意存焉”，《长物志》聚焦的反倒不是奢靡之物，而是符合文人高格的雅物，并包孕了文人之雅趣在其中，物并不是硬邦邦的存在，恰恰因为人情而活之。

所以说，如此这般的长物，表面意为多余之物，但其实并不是多余的，反而是文人的必需之品。只是这些物，恰恰不是生产工具，也不是消费必需品，反倒是文人精神消费的对象。

在《长物志》所营造的审美氛围当中，艺品、食物、饰物、器物，都被置于美的笼罩之下。无论是日用诸器，还是陈设物类，都要符合生活美学之准则。日用物既要实用又要美观，陈设物既要美观又要赏心，皆要符合文人的真性情也！

• 赏玩物癖活泼心

究竟该如何看待“长物”？这就涉及价值观的问题——人如何“待”物呢？

长物使人痴迷，到底是物的错，还是人的错？再换个提法，不去问物，而是问人：究竟应该怎么看待人本身的情与欲？是要做一个弃绝了七情六欲、趣味寡淡的“高贵圣徒”，还是要做一个放荡不羁、纵情适性的浮浪子弟？

所谓“长物累人”，中国古人要我们时刻谨记“人心惟危”“玩物丧志”的训诫；但同时，“长物”又助人，使人名垂史册，所以我们记住了那些蓄声伎、嗜茶酒、好歌舞、癖山水、爱美食、造园林、赏长物、写闲书的风雅名士——这不能不说是一种矛盾。

本来，收藏和鉴赏古董书画是为了消磨时光，寻求清净和快乐，在世俗生活世界建立一个“极乐国”，但是“嗜古者见古人书画，如见家谱，岂容更落他人手”？[1] 这可真就成了情欲物累。李常嗜墨如命，拜访相知好友往往例行抄家；苏轼抢夺黄庭坚的古墨，还伤了二人的和气——对他人而言，不胜其烦；对自己而言，更常陷入求之不得、寝食难安的苦恼，可谓得了清净，却堕入苦海。

这就是所谓的“嗜癖”——“清净苦海”一语说得还真是贴切！“清净”何以成为“苦海”？明末大文人陈眉公就曾陷入这“清净苦海”，莫非是他个人的境界不高、欲念深重，还是因为赏玩之物具有令人无法抗拒的魅力？

这位《妮古录》《书画史》《岩幽栖事》《小窗幽记》《太平清话》的大作者，还曾编有《宝颜堂秘笈》丛书两百余种，在当时就他与大书画家董其昌齐名。陈眉公的作品大都以宣扬优雅、闲适的生活格调为中心，但凡饮食、茶酒、家居、器玩、古董、书画、花鸟、泉石乃至人物、故事、风物、社交等无不涉猎。

据钱谦益所言，陈眉公在当日世界堪称独一无二的文化明星：“眉公之名，倾动寰宇。远而夷酋土司，咸丐其词章；近而酒楼茶馆，悉悬其画像；甚至穷乡小邑，鬻粔籹、市盐豉者，胥被以眉公之名，无得免焉。”[2] 这番描述其实并不夸张。文中所说的“夷酋土司”，大概是指云南丽江土司木增。木氏仰慕中原文化，求贤若渴，曾多次致信力邀陈眉公去丽江做客，并请他给自己的文集作序。同乡好游山川的徐霞客西行前，

---

[1] 陈继儒：《妮古录》，华东师范大学出版社 2011 年版，第 74 页。

[2] 钱谦益：《列朝诗集小传 · 丁集下》，上海古籍出版社 1959 年第 1 版，1983 年新版，第 637 页。

陈眉公就专门写过一封介绍信，请木土司对徐霞客多加关照，并附上自己题写的诗扇一柄、《木丽江全集序》一篇作为信物。这篇文章，至今仍保存在丽江木府万卷楼内陈列的木氏文集中。

至于酒楼茶馆悬挂陈眉公的画像，大概是附庸风雅、抬高身价的做法，而文中所谓“鬻粔籹、市盐豉者，胥被以眉公之名”，就更能说明陈眉公的影响力了。“粔籹”是一种糕点，类似于麻花，据说是陈眉公发明的，因此被称为“眉公糕”。此外还有“眉公布”“眉公马桶”等，也都风行一时，可惜如今都失传了。

用今日的话说，陈眉公是晚明“生活时尚”的领跑人，“享高名，食清福”[1]。他钟爱的赏玩之物，甚至无须费钱购买，便有人心甘情愿地奉上。如江阴奇人顾玉川有一头其貌不扬的小牛犊，脚力却比骏马还要快。他认为这是传说中的“青牛”，只有老子那样的人才配骑乘，便送给了仙风道骨的陈眉公；精于赏玩之道的张岱，其祖父买到一头大角鹿，也赠予了陈眉公。

据说陈眉公比较瘦弱，常常穿戴竹冠羽衣，来往于西湖的长堤茂柳中，远远望去仿若“谪仙”，他的另一个雅号“麋公”也是由此而来……这样一位超凡脱俗，俨然跳出三教外、不在五行中的世外高人，怎么会连“养眼”“养心”“养神”的道理都不明白呢？

那么，是不是像我们之前推测的那样，赏玩之物本身有令人难以抵御的魔力？其实，古人早就有此疑问了。王士性《广志绎》曾说，苏州人聪慧博学，善于临摹书画、雕镂赏玩之物。普通的竹木、石块，一经苏州能工巧匠之手，便身价腾升，畅销海内。某些知名工匠的作品如陆子冈雕刻的玉器、马小官制作的纸扇、赵良璧锻铸的铜器，甚至到了“得者竞赛，咸不论钱”的疯狂局面。[2] 王士性等人索性把这些赏玩之物称

---

[1] 钱谦益：《列朝诗集小传 · 丁集下》，上海古籍出版社 1959 年第 1 版，1983 年新版，第 638 页。

[2] 王士性：《广志绎》卷 2，中华书局 1997 年版，第 33 页。

之为“物妖”，似乎它们具有不可理喻的魔法妖术。

然而，事实真的如此吗？且不说“妖”这种荒谬的说法是否成立，恐怕在这些批评家眼中，“物妖”也只是一个形象的比喻，而没有实质性的所指。常常批评“物妖”“扇妖”和“服妖”的沈德潜就一针见血地指出，赏玩之物之所以引发千金难求的局面，完全是商人炒作的结果：一方面，古董、瓷器、书画、古琴等本来就存世很少，人们求之不得，只能转向收藏和把玩近人的作品；另一方面，商人阶层经济实力壮大后，往往附庸风雅，效仿文人士大夫清玩清赏的闲情逸致，重金求购，自然造成供不应求的市场行情。

如此说来，赏玩之物也并不神秘。那它们何以令人沉湎其中不能自拔呢？这还是要从人与物的关系说起。闲赏，也就是体验赏玩之美的关键在于人与物的互动，也就是人在面对赏玩对象时，要充分调动自身的才学、情致和品位，才能获得积极的感官体验、情感快适和精神愉悦。这种快乐的基础，建立在从“眼”到“心”，也就是从身体感觉到情感、思维和精神的延续上，最终人与物得以“神遇”。如果终止了这种延续进程，离开赏玩对象，那情感、精神的快乐也就随之消失了。这才是陈眉公“清净苦海”的真正由来！

赏玩琴、棋、书、石竟能让人上瘾成癖？这一说法似乎有些耸人听闻，但它却是不争的事实，那些价值不菲的古董、书画、奇石等，则往往令嗜癖者做出有悖公德，甚至是劳民伤财的荒唐事。

宋代大书画家米芾酷爱收藏古人书画真迹，为达目的，机巧奸诈、强取豪夺，不择手段，成为今人的趣谈。

米芾获得宝贝的惯用手法就是哭闹。他曾在江苏仪征江边遇到一个人，听说对方所乘舟中藏有王羲之的真迹，便拿一幅古画请求与对方交换，后者当然不答应。谁知米芾竟然大哭大闹，扒着船舷要跳水，以死相逼。对方无奈之下，只好答应。

据宋人周煇《清波杂志》记载，米芾常以借观之名，行调包之实，这大家都略有耳闻吧。米芾书画妙绝一世，临摹功夫自然臻入化境，真伪莫辨。他常常打着观摩的旗号，从别人那里借来珍贵的书画，精心临摹。等到归还的时候，或是直接把自己临摹的赝品送去，或是把真迹与赝品放在一起，让原主自己辨识。眼力不济的，便吃了哑巴亏。

据说他在涟水任职时，遇到有人出售唐代画家戴嵩所画的《牛图》——戴氏擅长画牛，这幅《牛图》是其得意之作。他就借来数日，故技重施，轻易得逞。没想到，过了几日，画主人竟找上门来，要求归还原作。米芾百般抵赖，非让对方说出个所以然。幸好那人此前对原作极为熟悉，发现了米芾临摹的赝品与原作的细微差别：（原作）“牛目中有牧童影，此则无也！”[1]

至少在朋辈中，米芾这种“巧偷豪夺”的伎俩引来诸多不满，苏轼就曾经在诗中委婉地讽刺他说：“锦囊玉轴来无趾，粲然夺真疑圣智。”那些金装玉裹的书画又没有脚，怎会无缘无故跑到你这儿来呢？“粲然夺真”一语，貌似赞叹米芾的临摹功夫可以以假乱真，实际上却是发奸露覆，道出了米芾藏品丰富的来由。或许苏轼觉得旁敲侧击还不过瘾，又直截了当地说：“巧偷豪夺古来有，一笑谁似虎头痴。”[2]

诗中所说的“虎头痴”是晋代画家顾恺之的典故。顾恺之小字虎头，博学多闻，诗赋书法俱精，尤其擅长人物画。据说他曾经把整整一橱书画贴上封条后寄存到桓玄家。桓玄打开橱门，把里面的书画悉数偷走，又贴上封条，装作若无其事的样子送还给他。顾恺之见封条如故，书画却不见了，便以为书画通灵，像人升仙一样“变化而去”。[3] 苏轼这样说，恐怕是提醒米芾，巧偷豪夺的事儿还是少做为妙，世上有几人像顾虎头这般傻呢？

古人何尝不晓得“千年田地，八百主人”的道理？生前蓄积再多嗜癖之物，死后都不免烟消云散，散落无遗。但赏玩雅好上瘾成癖，人就

[1] 周煇：《清波杂志》卷 5，中华书局 1997 年版，第 225—226 页。

[2] 苏轼：《次韵米芾二王书跋尾二首》，《苏轼诗集》卷 29，中华书局 1982 年版，第 1538 页。

[3] 《晋书》卷 92，中华书局 1974 年版，第 8 册，第 2405 页。

不由自主地对赏玩对象产生了生理的、心理的依赖，琴、棋、书、石等一方面令他们受用无穷，另一方面也牢牢缚住了他们安身立命的根系，成为他们生活价值的唯一来源。一旦失去这些嗜癖之物，人就不免悲从中来，惶惶不可终日了。

这便形成了中国古人独特的“恋物癖”。然而，如何“恋物”才是中正和谐的呢？

中国文人的典范苏东坡在《宝绘堂记》中就曾区分出两种恋物感：“君子可以寓意于物，而不可以留意于物。寓意于物，虽微物足以为乐，虽尤物不足以为病。留意于物，虽微物足以为病，虽尤物不足以为乐。”

于是乎，中国人的“恋物”大概有两种类型，一种是积极的“寓意于物”，另一种则是消极的“留意于物”。前者好似寓情于物，爱物但又与之若即若离；后者则是流连于物，爱之弥深而陷之愈深。

“恋物”之人，往往就会成为所谓的“瘾君子”。这个“瘾君子”的称号，并不是如今的意思，而是指对物产生了极端爱恋之瘾的文人。下面这段文字呈现了他们的状态：

> 斋居宴坐，爇博山炉，烹石鼎，陈图史，列尊罍，著书谈道，吟诗拓帖，甚适也。时于挥洒之余，或滋兰种竹，或蒱摴博弈，或剧谈古器，缅缅不休；疲则酾酒自劳，酒酣耳热，辄考古钟、诵《南华经》、歌《离骚》，长吟遐啸，傍若无人。[1]

这是相当生动的描述，不仅描述了瘾君子们所恋之物：博山炉、石鼎、图史、尊罍、书、诗、帖、兰、竹、古器、古钟、《南华经》、《离骚》，而且要通过爇、烹、陈、列、著、吟、拓、滋、种、蒱摴、剧谈、考、诵、歌之文人审美活动，将之“活化”在生活当中。因而，人与物的互动，

---

[1] 张应文：《清秘藏·自序》，《清秘藏》第 227 页，见《艺术丛书》第 1 集，第 28 册，世界书局 1962 年版。

图5-5　尤求　松荫博古图　台北故宫博物院藏

『博古图』在历史上被反复演绎，此图描绘的是松荫之下、奇石之旁、屏风之前，文人在鉴赏古董的风雅场景，各种不同样式的古玩卷轴错落有致地摆在桌上，一股博古之幽情油然而生

也就是才学、情致和品位的参与，才是“闲事”与“长物”的灵魂所在。这就是“闲赏”，因“闲”而“赏”，因“赏”而“适”，从而消遣了闲情，体会到日常和人生的乐趣。

到了明清之际，积极的“寓意于物”却滑向了消极的“留意于物”，表现在“爱物成癖”成为趋势，以至于将物作为生活重心与核心，并以此来营造文人式的审美生活情境，这一方面是生活美学的大发展，另一方面也包孕着审美偏狭化的缺憾。

其实，欧阳修对待“石癖”的批判和对奇石的公正态度，才是持平之论。话说庆历年间，欧阳修贬官滁州，在菱溪发现了一块体积庞大、造型怪异的奇石。据说，菱溪本来有奇石六块，此前已有四块被外人攫走，一块稍小的，被当地土人搬回家中，只剩下这一块庞然大物，兀立水畔。每逢寒冬水位降低，这块奇石就露出峥嵘的头角，当地人不懂欣赏奇石之美，反而认为它是神怪之物，往往对之顶礼膜拜，欧阳修居然考据到这块奇石乃是唐末五代名将刘金之故园遗物。

欧阳修由此感慨颇深：

> 夫物之奇者，弃没于幽远则可惜，置之耳目，则爱者不免取之而去。嗟夫！刘金者虽不足道，然亦可谓雄勇之士，其平生志意岂不伟哉！及其后世，荒堙零落，至于子孙泯没而无闻，况欲长有此石乎？用此可为富贵者之戒。而好奇之士闻此石者，可以一赏而足，何必取而去也哉？[1]

石头自有石头自己的命运，可是其中的美石，却往往与人的命运勾连起来，但真正恰适的赏石态度，就应是这“一赏而足”吧，这也就是我们今天常说的欣赏美物之“大饱眼福”吧，抑或赏玩旧物之“过眼即福”也。

---

[1] 欧阳修:《菱溪石记》,《欧阳修全集》，中华书局 2001 年版，第 579 页。

真所谓“君子之泽，五世而斩”，不论先人何等风光、留下多雄厚的遗产，这名声财富也经不起时光的淘洗，史上多少成大事的人留给后代的恩惠福禄，终究富不过三代，何况五世乎？刘金亦如此，欧阳修扪心自问：自己又何尝不如此呢?

与其将奇石攫为己有，不如公之于众，让世人都能欣赏到其奇异之美。这就是欧阳修的赏玩境界，更是他的生活态度和人生选择所能达到的崇高境界，甚至毫不夸张地说，这个“一赏而足”而不必取之，堪称中国生活美学史上的空谷足音。

明清之际的生活美学大家李渔说过一句发人深省的话，恰可作为对赏物之学的绝佳概括——“眼界关乎心境，人欲活泼其心，先宜活泼其眼”！[1]

“活泼”其“心”的目的，就是追求一种有智慧、有毅力摆脱物欲情累，达到心无所系的自由境界——这种自由不是随心所欲、为所欲为，而是一种冲破了欲望束缚、心无挂碍的人生境界——这其实就不仅是“心”之悦，而且也上升为“神”之悦了。

当然，这首先就需要从“养眼”到“养心”延续，也是赏玩之美从具体到普遍、从情感到精神的飞跃，最终达至“养神”的高境。

广义的“养眼”，并不仅指观瞻，而是通过赏玩获得视、听、味、嗅、触等感性层面的愉悦和放松，这是赏玩之美的发轫之始。通常来说，人们常常在眼与心、感官与精神之间划定一条不可逾越的鸿沟，认为感官的、身体知觉的快乐是低级的、消极的，只有纯粹的、精神的愉悦才是真正的快乐。但是，在人的生命知觉、情感和思维、精神活动之间，并不存在这样一种泾渭分明的界限，离开了视、听、嗅、味、触等身体感觉及其满足所带来的舒畅、愉悦，思维和精神的快乐又从何谈起?

如果说，人之审美具有三重境界的话，从“悦耳悦目”“悦心悦意”到“悦志悦神”得以逐层升华，那么，对物的审美就不仅是活泼其“眼”，

---

[1] 李渔:《闲情偶寄》卷 4，浙江古籍出版社 2010 年版，第 232 页。

而且更要活泼其“心”，从而最终活泼其“神”了。当然，把玩物之美，绝不仅仅是耳目感官所能局限了的，还有人手及其身体与物之间的互动，它是建基在生理感触上又超出了生理限制。

当赏物者通过与物之交流、沟通，把握到其内在的意蕴之时，就走向心理上的审美愉悦了，这才是递升到“悦心悦意”的层级。但是，对于追求审美高境的中国人而言，“悦耳悦目”只是初级的入门，“悦心悦意”则是中段的提升，而最终“悦志悦神”才是最高层级的精神满足，这乃是西方人所难以体悟到的一种“高峰体验”。

质言之，赏物之美，可以令中国人经历从“养眼”“养心”到“养神”的各个层级的境界。所谓“齐万物兮超自得，委性命兮任去留”，[1] 这用以言说人与物之间的高级审美关联，真乃千古名言也！

[1] 戴明扬：《嵇康集校注》卷 2，人民文学出版社 1962 年版，第 96 页。

第六讲

幽居雅聚之美

与善人居，如入芝兰之室

——《孔子家语》

闲居之『闲』这个字，在古代本来写作『閒』。这个『閒』，最初指墙壁间的缝隙，是空间维度上的空隙、空白，后来引申到时间层面上，有了空闲、闲暇的意思。《礼记》里面就有『孔子闲居』一章，根据后人的解释，『闲居』是指『退燕避人』，也就是完成公事、公务后剩下来的个人的闲暇、自由的时间。

· 闲居可参于天地

我们从儒生之居开始谈起的话，那么，孔子本人是如何“居”的呢？《论语》就有简单的记载：“子之燕居，申申如也，夭夭如也。”燕，古通晏，晏又通安，燕居就是安闲之居。钱穆在《论语新解》里解释，此是以树作譬：“大树干条直上，申申也；嫩枝轻盈妙婉，夭夭也。”其实，就是在言说孔子闲居时体貌舒畅，有整饬貌，容色愉悦，神色和乐，安和而不失其敬。

所幸《礼记》里面，还有那篇长长的文字——《孔子闲居》。从“燕居”转为“闲居”，直接把闲与居合体，此一个“闲”字，就已经将孔子本具的那种闲情之状和盘托出，但此“闲”实却“不闲”，或者说，它不是“真闲”也。

的确，与实现政治理想相比，与在外谋求功事相较，孔子似乎更喜欢独自居家时的“申申如也，夭夭如也”。换句话来说，有谁不喜欢那种无拘无束、闲适散淡的居家生活呢？又有谁会喜欢为了功名利禄碰得头破血流？然而，孔子的本意，似乎并没有那么简单。

“孔子闲居”的目的，乃在于——以“仁”与天地参！

《孔子闲居》是这样开篇的：子夏问孔子，如何来解答“凯弟君子（和善可亲的君王），民之父母”之仁政问题。孔子回答说，要明白这个问题，首先就“必达于礼乐之原”。

“礼乐之原”何在？在孔子看来，这“原”，实乃指向了文明的“人性化”与“自然化”的本源，实乃在于“仁”矣。“仁”既为礼乐之发，又化形为礼乐，实为礼乐之本。孔子将这种“仁爱”无限外推，直至推广到整个天地之间。所以说，只有回返到“礼乐之原”，才能获得双重的效果：一是“致五至”，二乃“行三无”。

何为“五至”呢？孔子对答说：“志之所至，诗亦至焉；诗之所至，礼亦至焉；礼之所至，乐亦至焉；乐之所至，哀亦至焉。哀乐相生，是故正明目而视之，不可得而见也，倾耳而听之，不可得而闻也，志气塞乎天地。此之谓五至。”

所谓“五至”，就是志至、诗至、礼至、乐至与哀至，而且，这五者是按顺序通贯到底的。作为民之父母，一定要做到“君子以正”。由内心之志出发，志发而为诗，以诗言志。兴于诗进而据于礼，礼又与乐配，回返到哀，最初哀乐相生，使得志满天地。只有达到了此种境地，才能先知四方之败，而免民于水火之虞。

进而，何为“三无”呢？简单地说，就是“无声之乐”“无体之礼”与“无服之丧”。这种“三无”精神，实乃君子要身体力行的。孔子极尽美言，来盛赞这种“三无”的精神：孔子引用《诗经》的三句诗，分别解释这“三无”到底意味何事。

其一，《诗经》云“夙夜其命宥密”，乃“无声之乐”也。这是说，文武二王行安民之政，朝夕谋政既宽又静，百姓由此获得的愉悦心境，犹如充塞天地的美妙音乐。

其二，《诗经》云“威仪逮逮，不可选也”，乃“无体之礼”也。这是说，高尚的道德品质自然外化出来，从而形成了“安和之貌”，达到濡化世间的“闲习”效果。

其三，《诗经》云“凡民有丧，匍匐救之”，乃“无服之丧”也。这是说，奋不顾身地解救人民于苦难之中，从而以“至爱”的品性来救世。

实际上，《孔子闲居》最初落实到君子如何“与天地参”的问题，孔子真是“高者一双无极眼，闲看宇宙万回春”（《陈献章全集》）呀！

既然先王之德是“参于天地”的，那么，效法他们的君子们也要“无私而劳天下”。君子的生命须克服“自私”的有限，而达于宇宙天地的“无私”境界，这也是由于，四时庶物“无非教也”。人若达到“参天地”之境，必要效法天地日月的“无私”之德，奉献出生命的至爱，从而与天地合流。

《易传》有曰“天地之大德曰生”，天行健，君子也当自强不息。后世的心学大师王阳明，亦深得此意：“仁人之心，以天地万物为一体，欣合和畅，原无间隔。”[1] 这便是从孔子那里得以开启的“参赞化育”的生命智慧——彻达宇宙生命之一体性，明天地万物一体。

在日常生活中，孔子倡导起居有度。所以，夫子才会因弟子宰予大白天睡觉而发火，说这位弟子“朽木不可雕也”。至于《论语》当中所描述的“席不正，不居”“是日哭，则不歌”等，并非日常生活状态，那是斋戒祭祀等场合之特定行为举止。

遵循“礼乐相济”的悠久传统，儒家在居家的时候，也做审美之事，而且美善合一。唐代著名道士司马承祯在《素琴传》中曾有记：“孔子穷于陈蔡之间，七日不火食，而弦歌不辍。原宪居环堵之室，蓬户瓮牖褐塞匡坐而弦歌，此君子以琴德而安命也。许由高尚让王，弹琴箕山；荣启期鹿裘带索，携琴而歌，此隐士以琴德而兴逸也……是知琴之为器也，德在其中矣。”[2]

孔子厄陈蔡、原宪居陋巷，是儒家传统圣贤之安贫乐道、不以穷通显达为意的理想人格的象征；而许由、荣启期则代表了道家不慕荣利、自然无为的人格理想。在古人看来，儒家的圣人、道家的至人理想，都是借“弦歌”也就是鼓琴而展现出来的。因此，他们也就认为，或急或徐、或高亢或低沉、或悠扬或短促的琴声中，实际上回荡着鼓琴者的人格和道德境界，所以，不仅“美”在其中，而且“德”在其中！

在孔子赋予闲居以道德内涵之前，古人造园的历史中，最早的“囿”，大概就是古代帝王和贵族专属的狩猎和纵乐的空间。以帝王之尊，自然不需要亲自猎取肉食，举行狩猎活动之目的无非有二：第一，

---

[1] 王阳明：《与黄勉之二》，《王阳明全集》卷 5，上海古籍出版社 2014 年版，第 216 页。

[2] 董浩等编：《全唐文》卷 924，山西教育出版社 2002 年版，第 6 册，第 5687 页。

图 6-1 旧拓米芾《孔圣手植桧赞碑》 台北故宫博物院藏

此碑所刻是米芾所写三言诗《孔圣手植桧赞》:“炜皇道,养白日。御元气,昭道一。动化机,此桧植。矫龙怪,挺雄姿。二千年,敌金石。纠治乱,如一昔。百氏下,荫圭璧。”

展示和炫耀武力，威慑诸侯和被统治者；第二，享受驰骋纵横和猎取野兽的乐趣。从这种意义上说，最早的庭园构成了一个私密的、专属的用以满足人的原始欲求的空间。在这里，拥有者可以暂时搁置世间礼法和道德的约束，尽情释放他的原始冲动。只不过这种欲望在历史上愈来愈被“文化化”了。

实际上，人类文明史就是一部人类不断从自然中独立、剥离出来的历史。作为万物之灵长，人从原始时代的穴居野处、茹毛饮血，到文明开化后日出而作、日入而息、凿井而饮、耕田而食，再到“制天命而用之”

的文化昌明时代，自然渐渐被人利用和改造。但是，不同文明对待自然的方式却大不相同，中华文明走的是“民胞物与”之路。

· 苗圃庭园寄闲情

尧舜时代，曾专设有掌管山泽苑囿田猎之事的官职。夏代帝王的苑囿，并不囿于自然，也重建筑。到了殷末周初时代，就有了“灵囿”“灵沼”。春秋战国，各个诸侯多有园圃，秦有“具圃”，郑有“原圃”，吴则有“梧桐园”“会景园”和“姑苏台”。秦代大兴土木，尤以后来考古发现并未建筑完成的“阿房宫”最为知名。

两汉帝王权贵多建苑庭，其中比较著名的为“未央宫”“上林苑”“甘泉苑”“思贤苑”，以“茂陵园”最为瑰丽。譬如梁孝王刘武“好营宫室苑囿之乐”，所建“兔园”，其“诸宫观相连，延亘数十里，奇果、异树、瑰禽、怪兽毕备”（葛洪《西京杂记》）。

三国时代规模气象多衰，但也有魏之“铜爵园”、东吴之“芳林苑”，多为自然式造园。晋朝则文人造园方兴未艾，谢安、谢灵运纷纷投身其间，社会动乱使得庭园成为隐居之所，大有以天渊池为海、以景阳山为峰之“华林苑”，小有石崇“送者倾都、帐饮于此焉”之“金谷园”，皆如此。

南朝时期，私园假借自然，名士竞相风流，时人“穿池种树，少寄情赏”，“郊际闲旷，终可为宅”，“培塿之山，聚石移果，杂以花卉，以娱休沐，用托性灵”（徐勉《为书戒子崧》），宋之“乐游园”“青林苑”“上林苑”、梁之“兰亭苑”“江潭苑”、齐之“新林苑”“芳乐苑”竞相辉映，后有沈约之“郑园”、庾信之“小园”闪烁余晖。

隋代的“天苑”“西苑”富丽奇巧，唐代官方园林如“禁苑”“翠微宫”日趋扩大，多在山林，而民间文人私园则以王维之“辋川别业”（“地奇胜”）、白居易之“匡庐草堂”（“仰观山，俯听泉，傍睨竹书云石”）

图 6-3（上） 宋人画司马光独乐园图卷（局部） 台北故宫博物院藏
图 6-4（下） 文徵明 独乐园图并书记卷（局部） 台北故宫博物院藏
司马光的《独乐园记》记曰："明月时至，清风自来，行无所牵，止无所柅，耳目肺肠，悉为己有。"后人则根据这种文意不断进行绘制，不同画家笔下的独乐园也各有不同

为最，的确是国富民强的大时代。

五代时期，庭园在江南兴盛，尤以湖、杭、苏、扬四州最为繁荣。宋代则是中国庭园的第一个鼎盛时期，"艮岳"作为浸渍了宋徽宗审美品格的著名宫苑，留在了历史的记忆当中，所谓"括天下之美，藏古今

之胜，于斯尽矣”！

南宋迁都，江南园林大兴，临安就有“南园”“真园”“真珠园”“梅坡园”“水月园”，“杭州苑囿，俯瞰西湖，高挹两峰，亭馆台榭，藏歌贮舞，四时之景不同，而乐亦无穷矣”（吴自牧《梦粱录》）。苏子美的“沧浪亭”和欧阳修的“平山堂”也是这一时期的杰作，文人的个人性情已融汇园中。元金园林亦盛，仍求“营建之盛，游观之美”，“云林堂”“狮子林”“沈氏东园”（今“留园”）更重写意之风。

明代造园之风又盛极一时，职业造园家得以独立分工出来，尽管私家园林皆不以大取胜，但是一批又一批的名园如雨后春笋，如今我们仍可以得见其秀润样貌。苏州的“拙政园”天下皆知，金陵的“徐远园邸”（清代改“瞻园”）、上海的“豫园”、燕京的“勺园”，如今都可窥见当时盛貌，还有绍兴“青藤书屋”（徐文长宅）、太仓“弇山园”（王世贞宅），甚至还有撰写《园冶》的计成亲手设计的“吴又予园”。

清朝民间造园非常普遍，不乏“网师园”“芥子园”“怡园”这样的名园，袁枚的“随园”和李渔的“半亩园”也在其中，而皇家造园达到高潮，“圆明园”“畅春园”“长春园”并称三园，京城之外也有“自天地之生成，归造化之品汇”之“避暑山庄”，如今都是名冠天下。

从自然的山林，到人文的园林。无论后人如何区分出“庭”“庭园”“园”“园林”“别业”“别庄”，都是从自然到人文，最终自然与人文的巧妙结合。

有了闲居，于是乎，便有了闲情。文人雅士常常修筑园林、亭台，借此来抵御外部世界、人事纷扰的侵蚀，这就是这样一种古人的嗜好，以满足他们的生活之欲望。苏舜钦在苏州营造的沧浪亭，至今仍在，留待后人追忆他的闲适与旷达。而白居易也曾建造过多处园林、别墅，修葺完工后，常常得意扬扬地说：“设如宅门外，有事吾不知！”[1]

[1] 白居易：《春葺新居》，《白居易集笺校》卷 8，上海古籍出版社 1988 年版，第 1 册，第 459、460 页。

图6-5　传夏珪　山居留客图　台北故宫博物院藏

此画恐为明人仿夏珪风格而作，描绘宋人在山林间辟出闲居生活之场景：屋在壁松下，溪穿茅桥中，二叟憩饮于林屋，童媪治具，抱琴而来，一场雅聚即将开始

门外是熙熙攘攘、功名利禄；门内是闲情逸致、自得自适。这份闲适自得的生活空间，自然也不是一道门槛就能划定的，而是由琴、棋、书、石环绕点缀起来的。

元代文人陈谟曾筑有“一蓬春雨轩”，在《一蓬春雨轩序》中说：“先生营是轩，杂莳花卉，左右图书，风晨月夕，茶烟香篆，奇古之玩好，绝俗之名流，日相与嬉娱其间。”[1] 陈继儒的《岩幽栖事》说得则非常明确：“不能卜居名山，即于岗阜回复及林水幽翳处辟地数亩，筑室数楹，插槿作篱，编茅为亭，以一亩荫竹树，一亩栽花果，二亩种瓜菜，四壁清旷空诸所有，畜山童灌园薙草，置二三胡床着林下，挟书砚以伴孤寂，携琴弈以迟良友，凌晨杖策，抵暮言旋。此亦可以娱老矣。”[2] 如上这些，才是古人栖居生活之审美理想所在。

在中国园林的实践当中，“借景”乃常用的手法，但其所借之“景”，却是相当综合的，并不仅仅囿于视觉，还与听觉与嗅觉直接关联。与视觉相关的是“光景”，与听觉关联的则是“声景”，那么，与嗅觉联系的就是“香景”了，中国人的五官都用来欣赏“美景”了。

“声景”英文为 soundscape，不同于“风景”的 landscape，如今在欧美已经成为建筑与景观学当中的一门学问——声景学，而这“香景”与中国悠久的香道相关，则是东方独特的景观之一。今人吴硕贤曾描述光、声、香这“三景”，可谓非常全面：

> 行香子（光景）：夕照晨曦，月朗云稀。兼欣赏，雨霁虹霓。夜观天象，斗转星移。察箕星南，斗星北，火星西。 灯火明祠，渔火辉溪，看村野，篝火燃陂。古今光景，百姓痴迷。喜烛光明，灯光灿，激光奇。
>
> 行香子（声景）：汩汩泉鸣，飑飑潮声。协奏起，竹韵松风。自

[1] 李修生主编：《全元文》卷 1446，凤凰出版社 2004 年版，第 47 册，第 134 页。

[2] 陈继儒：《岩幽栖事》，《丛书集成》本，商务印书馆 1936 年版，第 16 页。

然交响，洗耳聆听。爱风声浑，雨声脆，水声清。　蛩唱庭坪，燕雀呼晴。又闻那，鹤唳长汀。故园声景，惹引乡情。悦鹿鸣呦，虫鸣唧，鸟鸣嘤。

行香子（香景）：玫瑰遮廊，金桂荫堂。还寻见，茉莉依窗。荼蘼掩砌，络石镶墙。喜梅花熏，荷花馥，菊花香。　萱草盈厢，松树成行。兼丛植，绿竹修篁。园林香景，添魅增康。嗅草香菲，竹香细，松香芳。

“光景”随着朝暮变化，也随气候而变（冬日爬山虎在墙上已是苍劲线条，但夏日却是郁郁葱葱一片翠绿），如今园林又加入了不少灯光，乃至激光的呈现。最常见的园林设计，就是透过小窗看芭蕉的荣枯，观赏竹影落白墙的动静，还有怪石投影在园林里面，此乃“尺幅窗”“无心画”是也。更怪的如石涛所设计的“片石山房”，其中就让湖面透过假山折射出“月影”，而且随着脚步移动，月圆可以变成月缺，令人啧啧称奇……

“声景”讲求借声为景，那究竟是什么声呢？苏州沧浪亭的翠玲珑联“风篁类长笛，流水当鸣琴”，说得甚佳，大自然当中的一切声音，都是美妙的，试想当年张善孖在网师园豢养老虎，听闻虎啸，也是如此吧？如今该园中还刻了张大千所题的墓铭：“先仲兄所豢虎儿之墓。”中国古人的听觉更为细微，从鸟叫、蛙鸣到鱼噆，万籁皆美……

“香景”，更不会是人为的造香，而更多是来自自然本身的芬芳。所谓风花雪月、鸟语花香，这是园林的标配，色、味、声、光终要一应俱全！红了樱桃、绿了芭蕉，当然是光是色；七月桂花香、冬月梅花香，当然是香是味；雨打芭蕉、蛙鸣一片，当然是声是响。“疏影横斜水清浅，暗香浮动月黄昏”“明月别枝惊鹊，清风半夜鸣蝉”，合在一起便是综合之美了。

园林作为人造的自然空间，追求“造景天然”，就必然要遵循这一审美的规定。清人沈复在《浮生六记》中说：“若夫园亭楼阁，套室回

图 6-6 冷枚 春夜宴桃李园图 台北故宫博物院藏

从图中的假山、竹木、花石与水榭、亭台、楼阁的布置，皆可见造园师精心设计的匠心。尽管院中的石笋静矗，但真正使这桃李芬芳的春夜园庭“活”起来的，乃是才子佳人和妇女儿童共同完成的夜间游宴活动

廊，叠石成山，栽花取势，又在大中见小，小中见大，虚中有实，实中有虚，或藏或露，或浅或深……”[1]这样的道理不难体会，但要诉诸实践，尤其是将原本二维的平面上的虚实——用墨的浓淡、干湿，黑白与线条的粗细，景物的有无等，转换到三维空间中的竹木花石和亭台楼阁的布置上，实在颇费心思，胸中若没有大丘壑，恐怕难以“使大地焕然改观”了。

[1] 沈复:《浮生六记》卷 2，人民文学出版社 2010 年版，第 27 页。

质言之，中国园林的境界追求，形成了造园之道，而人工智巧则是实现自然美境的途径，是造园之艺。道是整体性的、超越的、高深玄妙的；艺则是具体化的、实践性的、朴素实在的。没有道的指引，园林之美就不可能“造景天然”，有浑然天成之美；没有艺的精熟，这浑然天成之美便失去了落脚之处，也就没有了显现的可能。

·同流雅集为交流

魏晋文人之间的交集与交流，自从兰亭修禊之后，那就多得不胜枚举，这是生活美学的兴盛时代。

据说“竹林七贤”中的山涛与阮籍、嵇康萍水相逢，就契若金兰。山涛的妻子韩氏觉得不可思议，这世上好人多的是，凭什么一面之缘就觉得他俩够朋友？说自己也是见过世面的，改天你把他俩叫来让我瞧瞧。于是，山涛设下酒宴，邀请阮籍、嵇康。推杯换盏，灌醉二人，留宿家中。夜深人静之时，主妇韩氏悄悄扒开窗户，就着昏黄的灯光，把醉卧的阮、嵇二人饱看一番。这一看不要紧，丈夫在她心中才华横溢的形象立刻烟消云散了，并回来对丈夫说，你的才华跟人家比起来，简直就是小儿科，要想和他们做朋友，你还是多展示一下自己的见识和气度吧！

魏晋文人通过雅集，围绕着名教与自然、玄学义理、声无哀乐、宅无吉凶等诸多辩题展开辩论，其实如此所做的清谈活动，乃是一种在日常生活中加以升华而“钩深味远”的学术活动，岂可用“空谈误国”来诋毁之？

这种清谈也是走审美化之途的。就容颜气度而言，“王夷甫容貌整丽，妙于谈玄，恒捉白玉柄麈尾，与手都无分别”[1]，后来谈玄之士常拿着拂尘，居然相习成俗，而王衍之手生得之白竟和玉色无异。从语词声

[1] 徐震堮：《世说新语校笺》，中华书局2004年版，第335页。

图6-7　仇英　林亭佳趣图轴　台北故宫博物院藏

此图山林与亭子，相依相映，人处其中，以养高闲；前景柴门半掩，曲径通幽；中景高士倚榻，闲憩幽居；远景云山垂瀑，楼宇参差。这逐步引人入胜的场景，呈现出文士徜徉于园林内外、陶然于山光水色之际的闲远之趣

调而论，裴遐“以辩论为业，善叙名理，辞气清畅，泠然若琴瑟。闻其言者，知与不知，无不叹服”[1]。清谈已然超过了丝竹之声，因为其更近自然。

后人赞曰，“晋宋人清谈，不惟善言名理，其音响轻重疾徐，皆自有一种风韵”[2]，也就是说不仅仅是一场场高级智力活动，其中含有“美”意，最佳的结果乃是大家“拊掌而笑，称美良久”，最终文人们获得的是精神的共振与心灵的提升，从而产生了重要的社会影响力与辐射力！

兰亭修禊之后，中国文化史上另一场激动人心的文人雅集，上演于北宋时期，那就是“西园雅集”。“西园”是东京（今河南开封）的一处园林，园子的主人王诜，是宋英宗的驸马，出身名门，喜欢收藏书画、古董。他与苏轼、苏辙和黄庭坚、米芾等著名文人来往密切，常常在府邸或园林中举办宴会，一起吟诗作赋、鉴赏古董、抚琴挥毫、谈禅论道……

雅集的重兴，有着特定的历史背景。宋代统治阶层推行“偃武修文”的基本国策，重视文人士大夫，加之经济蓬勃发展、政治环境稳定等综合因素，使中国的文明达到了历史上的巅峰之境。

有了这样的自信，北宋文人对于前代文人，自然不甘俯首称臣。就拿文人雅集这事儿来说，兰亭之会的流风余韵到了宋代，渐渐就不再被“追慕不已”“心向往之”了。如北宋徽宗崇宁四年（1105）春，端州（今广东肇庆）郡守张渐和同僚在七星岩雅集，聚会时写下一首律诗，镌刻在七星岩上，其中后两联说：“洪造故教虚待物，良辰赢得乐同民。我来禊有自然兴，岂羡兰亭曲水滨。”[3]“洪造故教虚待物”说的是大自然鬼斧神工，开辟了七星岩敞丽的岩洞，使人们可以在此盘桓游乐；后面一句就是自我赞扬了，说自己不立崖岸、与民同乐。值得注意的是后两句：

---

[1] 余嘉锡：《世说新语笺疏》，上海古籍出版社 1983 年版，第 209 页。

[2] 同上书，第 210 页。

[3] 阮元：《广东通志·金石略》卷 11，广东人民出版社 2011 年版，第 253 页。

图 6-8　仇英　西园雅集图　台北故宫博物院藏

西园雅集成为中国历史上被反复演绎的主题，从仇英到张大千等名家都曾倾心摹写。李公麟的《西园雅集图》出现年代较早，以白描入画，成为后世的范本。仇英这幅人物画作就继承了李公麟的灵气

图 6-9　仇英　修禊图　台北故宫博物院藏

描绘的是王羲之诸人在兰亭溪上修禊、作曲水流觞之会的故事，记述兰亭周围山水之美和雅聚的美妙心情。修禊实乃古时习俗，每逢三月上巳，人们集水边沐浴，以祓除邪气消灾免祸

我们来这里雅集，纯粹是出于回归自然的兴致和审美趣味，哪里是羡慕、效仿王羲之等人的兰亭之会？

在宋代文人士大夫的观念中，诗才文心出众才是真正的“雅”，雅集如果不吟诗作赋，那就是徒有虚名了。这表明宋代文人雅集更讲究形式之“雅”。而最能体现出这种形式之“雅”的，大概就是大画家李公麟的《西园雅集图》中所刻绘的“西园雅集”了。客观地说，此图乃是一种艺术创作，它不是对苏轼等 16 人某次聚会的照相式的如实记录，而是把苏门聚会时常有的或挥毫、或作画、或听弹阮琴、或题石、或讨论佛理的场景艺术地再现出来。[1]《西园雅集图》所表现的，不是某次确切的文人聚会，而是集中表现了以苏轼、黄庭坚、米芾等人为中心的文人交际圈平日里的雅集情形。

李公麟的确画艺高超，图中每个人物的衣着、行动、神态都与其

[1]　王水照：《王水照自选集》，上海教育出版社 2000 年版，第 396 页。

性情、特长、趣味等妙合无间，难怪米芾在文章的结尾处说：后人观赏这幅图时，不仅能从绘画艺术中体验到审美的快乐，更可以由图画的准确、生动的描摹，来追念古人的神采！这就把魏晋名士对于自然的向往，转换成一种活生生的生活现实，书画创作、古董鉴赏、吟诗唱词、谈禅说理、抚琴弹棋等消遣娱乐方式已经内化为文人士大夫日常生活中的一部分。

难怪宋元以后，一直到明清时代，《西园雅集图》不断被临摹、复制，后世的文人士大夫也常常把自身的雅集活动载诸画图，形成了美术史上洋洋大观的《雅集图》艺术传统。这些内容丰富、风格多样的《雅集图》，正是传统中国文人生活理想最集中的表达。这就是最精致的文人共同体之生活美学！

· 文人结社求交游

古代文人结社集会，也是常有的形式，但是，古人所说的“社会”可不是今人所说的“社会”。在现代日常用语里，说一个人更像是“社

图 6–10 仇英 谈禅图 台北故宫博物院藏

图中文人相聚、谈禅论道的场景，显示了文人结社往往具有一种高尚的志趣

会人”，实乃是言说一位有市井江湖气息的人，而古代结社入会的人皆为风雅人士。

在中国古代，所谓“社”就是指信仰相同、志趣相投的人结成的团体；所谓“会”当然是会聚、会合之意，无论是宴饮也好，雅集也罢，都是“会”的一种表现形式。当“会”与“社”得以并称之时，会也就有了“社”的意思，偏重于团体的性质。如今的“社会”一词的含义大致也有两种，一种就是把社会看作众多个人的集合，这些个体则是一群生物人；另一种则是把社会中的个人视为群体内的人，这样的社会成员才是社会人。显然后一种倾向恰恰使人脱离了动物群体，从而成了社会的人。

文人结社，主要是为了寻求交游的快乐，共同消遣闲暇的时光，但也并不完全排斥学问和政治。中国文人之间的雅聚，绝对不是生物人的关联，也不仅是社会人的维系，更多乃是文化人与审美人的自由联合。

古代文人为何如此钟爱结社入会呢？明代人方九叙在《西湖八社诗帖序》中说过：“夫士必有所聚，穷则聚于学，达则聚于朝，及其退也，又聚于社，以托其幽闲之迹，而忘乎阒寂之怀。是盖士之无事而乐焉者也。”[1]“学而优则仕”的中国文人们，无论是“穷”时协力研讨学问，还是“达”时共同参与政事，等到他们隐退之时，总需要打发无聊时光、免去岑寂枯燥之苦的交游行为吧，那就从“聚于学”或“聚于朝”，转化为“聚于社”了。

中国人结会社的历史可以追溯到魏晋之际，相传东晋时代高僧释慧远就曾组织过“白莲社”，其社中同人号称“莲社十八高贤”，并不仅仅是共研佛理，因为其中有六位也是儒生。因东林寺池里种有白莲，所以就以白莲社为其雅称，但考之史实，所参与人员多半为虚构，不过结社一事总还是属实的。结社为何在中唐以后传播开来，这也深有意味。

---

[1] 祝时泰辑：《西湖八社诗帖》，《丛书集成续编》本，上海书店出版社 1994 年影印本，第 154 册，第 475 页。

图6–11 宋人画 洛阳耆英会图 台北故宫博物院藏

描绘了宋代文人相聚时以诗酒唱和、品书论道、赏花对弈为乐事。这是宋人仿照唐人白居易著名的『香山九老会』之形式，所组织的洛中退休官员之雅聚，当时谓之『洛阳耆英会』

唐代也有著名的“香山九老会”，指白居易、胡杲、吉旼、郑据、刘真、卢慎、张浑、狄兼谟、卢贞常聚于洛阳香山处。这九位老者聚在一起隐居远俗，游山清谈，“空门寂静老夫闲，伴鸟随云往复还。家酿满瓶书满架，半移生计入香山”——白居易这首《香山寺二绝》就是对会社雅聚的一种描绘。结社那年白居易都已七十有四了。

历史行至宋元以后，尤其是明清时代，文人结社蔚然成风，于是，社与会就成了宴饮、雅集之外另一种主要的交游形式了。然而，会社活动也常以宴饮和雅集的方式来进行，由此似乎可以肯定的是，会社是宴饮、雅集活动的升级版本了。因为结社之共同体内人与人之间的关联更为紧密了，他们之间的聚集也形成了一定的轮回形式。而且，有了明确的兴趣和话题中心，他们才由此结合起来，所以更加意趣相投。会社有大致固定的成员参与，也不同于那种临时性聚会的雅集，尽管其组织结构相对松散，然而他们举办聚集活动还是有一定规则的，虽然这种规则无须落在文字契约上，而更像是一种普遍赞同的“协约”。

那么，文人会社究竟该如何加以划分呢？毕竟不同的文人共同体，聚集所做之事还是不同的吧。

根据结会社的目的和旨趣，古代的文人会社大致可以分成四种类型：“学问型会社”——以究明学问、交流思想为最终目的；“文艺型会社”——以吟诗作画、切磋艺术为主要旨趣；“娱乐型会社”——以消闲娱乐、颐养身心为主；“政治型会社”——以议论时政、激浊扬清为中心。

这几种不同类型的会社在参与人员、活动形式上竟有许多类似之处，比如，成员间大都有诗歌唱和、宴饮雅集等行为，但它们表现出来的主要样态，还是有很大区别的。“学问型会社”主要有两类：一类是书院，著名的如石鼓、白鹿洞、应天、嵩阳、岳麓、茅山六大书院；另一类则是讲学会了，著名的“鹅湖之会”即为代表，当时吕祖谦为了调和陆九渊与朱熹的心学与理学之争，欲使二者思想“会归于一”，于是出面邀请陆九龄、陆九渊兄弟前来与朱熹到鹅湖寺进行了一场思想史上最著名的论辩。

“文艺型会社”在历史上出场得较晚。“香山九老会”虽然也常常吟诗作画，但他们结社的主要目的在于“怡老”，应归属于“娱乐型会社”。除此之外，这种形式的会社还包括一些以饮食、消夏、避寒、斗鸡、谑谈、弹琴、下棋、旅游等为主题的会社，甚至还有所谓“哭会”与“梦社”：前者是会员一同放声大哭，后者则是相聚解梦。这千奇百怪的兴趣，即使在社会观念和文化形态极为多样的当代，恐怕也会令人耳目一新，如今各种以心理疏导为核心的社团竟也有点类似吧。

“政治型会社”无论是显在的还是隐匿的，其实还是蛮多的，甚至很多会社与雅集的背后，都深藏着某种政治联合的目的，乃至成为政治同乡会抑或同盟会了。比较著名的乃是晚明的东林党、复社和几社等学问型、文艺型会社，它们最初都是以讲学、诗歌酬唱和会文为主旨的，然而随着政局的颓败、社会的沉沦，这些读书人最终选择将结社转变成一种营造社会舆论、抨击黑暗现实的政治团体，他们发出“风声、雨声、读书声，声声入耳；家事、国事、天下事，事事关心”的倡议，在寒宵噩梦一般的晚明社会，为中国知识分子树立了担当正义的铮铮傲骨。

在各种类型的会社当中，无论是学问型的还是政治型的，都有文人审美在其中起沟通与交流作用，因为毕竟中国古代是“文人社会”。当审美生活逐渐从实用生活当中脱胎而出，无论是娱乐型的还是文艺型的会社都成为我们所说的生活美学的主要共同体，改称其为“审美型会社”似乎也是准确的。

“月泉吟社”乃是宋末元初的“文艺型会社”，就以此为例，来说明中国会社的生活美学吧。这个会社是由文人吴渭发起，他在南宋末年官职不高，不过是个县令，宋亡之后隐居无锡。至元二十三年（1286），他与方凤、谢翱、吴思齐等人组织了这个“月泉吟社”，并在同年发起了一场有奖诗歌征稿活动。

在征稿《小启》中，吴渭说：“本社预于小春月望命题，至正月望日收卷，月终结局。诸处吟社用好纸楷书，以便誊副而免于差舛。明书州里姓号，以便供赏而不致浮湛。切望如期差人来向浦江县西地名前吴渭知县位对面交卷，收回标照。应俟评校毕，三月三日揭晓。赏随诗册分送……”[1] 到了十月十五日小春月望那日，月泉吟社公布了这次诗歌征稿活动的主题——“春日田园诗”。

这次征诗乃是全国征文，规模庞大，全国的诗人都可以参加，而且要求各地的诗社统一组织与配合。活动组委会就设在吴渭家中，凡参加者均有正规回执，评选结束后会颁发奖励、结集出版。这次评选活动可谓声势浩大，到了第二年正月底，月泉吟社共收到全国各地的来稿27356卷，评出280名入选者。不过，后来刊刻的《月泉吟社诗》，只收录了前70名的作品。至于奖品，则“第一名赠以公服，罗一缣七，墨五笏；第二名至五十名，赠送有差……”[2] 这些奖品的确耗资不菲，据说全部出于吴渭一己之力，他为何要出资举办征诗活动？活动的主题又缘何定为“春日田园诗”呢？

清代人胡凤丹在刊刻《月泉吟社诗》时，曾为该诗集作序。他在序文中说自己宦游四方，结交的诗人墨客不计其数，他们也曾结成诗社，酬唱赠答、切磋诗艺，并有诗集刊刻问世。不过，比起月泉吟社的诗人们来说，则是“仕隐分途，喧寂异趣，且心与力违，不获人酬一缣，如清翁之豪举”[3]。这里说自己写诗“不获人酬一缣”不过是自我调侃而已，关键的问题在于，吴清翁拿出如此多的奖品，是为了激励“隐”与“寂”的人。宋元之际，出现了大批的遗民，也就是指不仕新朝、拒绝为元政权服务的隐士。吴渭和月泉吟社的骨干力量，都是遗民。他们举办这次有奖征稿，是想以这种文艺的方式遮人耳目，与全国的遗民互通声气，坚定不仕新朝的信念。征诗主题定为“春日田园诗”，也是有深意的。

---

[1] 吴渭：《月泉吟社小启》，《月泉吟社诗》，同治退补斋本。

[2] 高士奇：《天禄识余》卷下，故宫珍本丛刊本，海南出版社2001年影印本。

[3] 胡凤丹：《月泉吟社诗序》，《月泉吟社诗》，同治退补斋本。

其实，田园诗是中国诗史上的一种重要题材，它以田园生活为吟咏对象，描摹田园景物，记叙农事劳作，表现宁静淡泊的人生理想。吴渭的题解中所限定的诗歌创作题材、语言和审美风格要求，都合乎田园诗的艺术标准。问题的关键在于这种宁静淡泊的风格，背后潜藏着古代文人对现实和社会的不满，整个活动都采取了“春秋笔法”之形式。

吴渭反复强调最好的诗歌，应该让人“如游辋川，如遇桃源，如共柴桑墟里”。辋川是王维隐居之地，桃源是陶渊明《桃花源记》所涂绘的隐居乐土，柴桑则是他归隐之处，这分明是要劝说天下的读书人退隐不仕，与元朝政权划清界限。最后一句“与义熙人相尔汝”说得就更直白了。陶渊明在刘宋政权建立后，著书时坚持使用前朝的“义

图 6-12 马麟 秉烛夜游图（纨扇） 台北故宫博物院藏

该图描绘夜游之景：幽暗的夜色之中，短亭与长廊前的海棠花海，强烈触动了屋内主人的心绪，他便让仆人点起蜡烛，倚坐亭内观赏，朦胧的烛火与花香令人迷醉

熙”年号，打心底不认同现实政权，吴渭号召天下人以此为榜样，其意图也就不言自明了。这里仅是元代的一个例证而已。越过元朝，到了明代，这种“文艺型会社”更是遍地开花，其中成就了不少文人生活美学佳话!

· 园林当中活故事

园林乃是“活”的，当人生活于其中的时候，园林就会“活”起来，这才是生活美学当中那个“活”的本义，也就是“活色生香”那种活生生之“活”。如今，我们参观的大多数园林，都是旅游观光之所在，其实那是“死的园林”，因为原本住在园子里的那种诗意生活，终被驱逐了。

依照文震亨《长物志》卷十《位置》所描述的，还只是“静”的园林布置方法：

> 位置之法，繁简不同，寒暑各异，高堂广榭，曲房奥室，各有所宜。即如图书鼎彝之属，亦须安设得所，方如图画。云林清秘，高梧古石中，仅一几一榻，令人想见其风致，真令神骨俱冷。故韵士所居，入门便有一种高雅绝俗之趣。若使堂前养鸡牧豕，而后庭侈言浇花洗石，政不如凝尘满案，环堵四壁，犹有一种萧寂气味耳。[1]

沈复《浮生六记》卷六《养生记道》(此卷实为后人伪作)所描述的，则是“动”的园林生活方式：

> 晨入园林，种植蔬果，芟草，灌花，莳药。归来入室，闭目定神。时读快书，怡悦神气；时吟好诗，畅发幽情。临古帖，抚古琴，

[1] 陈植校注:《长物志校注》，江苏科学技术出版社 1984 年版，第 347 页。

倦即止。知己聚谈，勿及时事，勿及权势，勿臧否人物，勿争辩是非。或约闲行，不衫不履，勿以劳苦徇礼节。小饮勿醉，陶然而已。诚然如是，亦堪乐志。[1]

我们的生活美学认定，只有前者的“静”，那还是只“存有”不“活动”，只有结合后者的“动”，才能动静结合，使得园林真正被盘活起来！

这也是由中国家庭生活的建制带来的。西方人的家庭生活与社会文化生活多为分开的，也就是私域生活与公域生活是分离的，中国则不同，在日常生活中即已包括宗教、娱乐、艺术、社交、教育等功能，在住宅中固然有着各种活动，不论性质为何，这类活动多在家宅旁之庭园或空地上从事；因此，“家居生活也可包括典礼仪式、祭祖拜佛、社交宴饮、诗文集社、读书作画、下棋养鱼、浇花种菜、观戏听曲、赏花邀月、艺术鉴藏等不同性质的活动，而非单纯的饮食起居之日常生活行为。”[2]

事实也是如此，那些美术馆与音乐厅之类，其实都是来自西方的文化建制，中国人的审美方式本然地与生活贯通，从未超绝于生活之外，就像西方宗教国家的人们习惯去拜教堂一样，中国人则习惯拜中堂。

中国式的浪漫故事，曾有一出“游园惊梦”，令世人欣羡不已。说的是佳人杜丽娘读到《诗经》中“窈窕淑女，君子好逑”一句，芳心乱颤，无法静心读书。偶然想起去后花园消遣愁闷。谁知那无限春光，竟惹得她越发烦愁：“原来姹紫嫣红开遍，似这般都付与断井颓垣。良辰美景奈何天，赏心乐事谁家院。……朝飞暮卷，云霞翠轩。雨丝风片，烟波画船，锦屏人忒看的这韶光贱！”[3]花开花谢，本是自然，可怀春的少女却触景生情、顾影自怜：春光易逝、花时苦短，隐没在荒凉之地无人欣赏，不就像自己这花容月貌吗？杜丽娘意乱情迷，靠在书桌上睡了一觉，就

[1] 沈复：《浮生六记》卷 6，人民文学出版社 2010 年版，第 132 页。

[2] 黄长美：《中国庭院与文人思想》，台湾明文书店 1985 年版，第 47 页。

[3] 汤显祖：《牡丹亭》，《汤显祖戏曲集》上册，上海古籍出版社 2010 年版，第 268 页。

看到一个手持一把柳条的俊俏少年翩翩而来……

游园是放松警惕、心扉洞开的闲逛，这样才能捕捉到稍纵即逝的灵感，才能容得下偶然生发的兴致。有谁在心事重重、倍感压力的时候还会留意远处的女子是哭是笑、迎面走来的男子手里拿的是扇子还是柳条？园是特别的空间，是日常生活、凡俗世界的法外之地，只有在这里才会使人忘掉男女授受不亲的清规戒律，忘掉“婚姻大事须谨遵父母之命媒妁之言”的日常约束。

浪漫的故事常常发生在园林中，但园林中的故事，却常常并不浪漫。因为园林其实是一处生活空间，是人们在枯燥、乏味的日常生活中寻求快乐、消遣时光的处所。换言之，园林中的活动，其实是日常生活的延伸。虽然洋溢着传奇色彩的浪漫故事只是园林中的故事中少之又少的一小撮异数。不过园林为人们强化生活的乐趣和美感体验、补偿日常生活的快乐提供了一处集中的、高浓度的空间。

宋元以后，文人的雅集活动大都集中在园林中，不断涌现的雅集图，也大都是以园林为基本的空间背景。园林中的故事主角，可以说，主体还是文人士大夫，他们在这一人造的自然空间中宴饮雅集、闲赏闲吟、临池作画，既为自己的生活增添了丰富的乐趣，也为中国审美史贡献了大量的诗文、艺术珍品。他们在诗文和艺术作品中表现着自己审美化的生活方式，也推动了诗文艺术的世俗和日常生活化。生活本身的艺术、审美品质与快乐的提升，以及艺术走向生活，这些才是园林中故事的主线。

明清时期，兴造私家园林在江南一带蔚然成风。许多文人士大夫都不惜巨资，大兴土木，为自己营造一方暂离世俗世界的清净空间。江南著名的儿科大夫钱同爱就是其中尤为豪奢的一位。钱同爱是长洲人，字孔周，别号野亭，出身著名的医学世家，以儿科见长，家资富厚。据文徵明说，钱同爱有“高明踔绝之才”，“负凌轹奋迅之气”，为人“感慨激昂，以豪俊自命”[1]。文徵明曾说，他和钱同爱、唐寅、徐祯卿等在同

[1] 文徵明:《钱孔周墓志铭》,《文徵明集》卷 33，上海古籍出版社 1987 年版，第 756 页。

图 6–13 唐寅 层岩策杖图 台北故宫博物院藏

中国山水画家寄兴于山水的高雅情致，但是在烟霄拔嶂、悬泉直泻之下，往往还绘有层台水榭、林中野亭。画中只见一位高士策杖山径闲步，远山山脚皆云气迷漫，一派『心事已超尘外』之意韵

学辈中“意独亲”，常常在钱同爱的园林“野亭”中雅集。钱氏野亭落成之日，唐寅还专门绘制了一幅《野亭霭瑞图》表示祝贺。

这幅名画现藏于美国乐艺斋，是唐寅山水画的代表作。从画作来看，野亭地处深谷幽涧，背靠苍山翠柏，前临飞瀑流泉。钱同爱身着道袍，头戴锦帕，神情散淡，静坐在亭中。他面前的天然石几上摆放着笔砚，膝前摊开一卷白绢，似乎在构思一幅艺术作品。远方密林深处，一个肩荷药锄、背负药篓的童子正欣欣然归来……

如果相信了这幅画作的内容，那我们大概会以为园林中的闲适生活是不食人间烟火、脱离了低级趣味的纯粹的审美和艺术生活。不过，从钱同爱、文徵明二人交游的小故事来看，他们似乎也并非时时刻刻都飘然轻举，高雅脱俗。况且，文徵明自己还说过，他们在野亭中，吟诗啸歌固然是不可或缺的风雅之举，但也常常饮酒大醉、下棋斗智，甚至还经常兴高采烈地赌博。[1]

显而易见，唐寅的画作中，凸显了园林生活闲适恬淡、超凡脱俗的一面，有意隐去了园林生活的日常性、世俗性，而这些被遮蔽的生活方式、行为，恰恰是在世俗生活空间中不被认可，却可以在园林这一封闭的、与世俗隔绝的人造自然中肆意发泄、排遣。

园林中的故事，在吴宽、钱同爱的时代，早就成为山水画家们最喜好的题材之一，也成了文人雅客所钟情的栖居之所在。文徵明就有许多以园林雅集为题材的画作。可以说，这是生活经验本身在艺术领域内大肆开疆拓土的一个时代，也是艺术走向生活、走向世俗人生的一个时代——这就是中国人住居之生活美学的路径，它涵泳文化、回归自然并烛照人生的理想……

[1] 文徵明:《钱孔周墓志铭》,《文徵明集》卷 33，上海古籍出版社 1987 年版，第 757 页。

第七讲

山水悠游之美

知者乐水，仁者乐山

——《论语》

中国人是最早欣赏自然之美的多元民族，而且对于自然欣赏的传统源远流长，其山水画与山水诗丰厚广博、蔚为大观。《论语》讲『知者乐水，仁者乐山』，《庄子》说『逍遥于天地之间而心意自得』，《祖堂集》则记『青青翠竹，尽是真如；郁郁黄花，无非般若』，无论是儒家生活美学、道家生活美学，还是佛禅生活美学，都注重自然之美。

• 山水方滋大发现

在魏晋时代，中国有了对自然美的大发现，大自然成了中国古人的审美追求对象。峰、麓、崖、嶂，有静态美；水、泉、湖、瀑，有动态美；霞、雨、云、雾，则有立体美，但一切自然实乃都是“动”的，都随着自然的改变而变化。

《晋书》里面早就有记载，如羊祜“乐山水，每风景，必造岘山，置酒言咏，终日不倦”；又载更有名的阮籍“登临山水，经日忘归”；嵇康也是“游山泽，观鱼鸟，心甚乐之”。更重要的是，关于阮籍与嵇康的历史记载里面，说前者“博览群籍，尤好老庄”，后者则自谓“老子、庄周，吾之师也”。

玄学的兴起，成了中国古人热爱山水的哲学语境，《庄子》那里就寻求一种“逍遥于天地之间而心意自得”之境。所谓“庄老告退，而山水方滋”（《文心雕龙·明诗》），玄学思潮风靡之后，山水在诗坛当中也蔚然成风，但必须要知道，在玄学诗勃兴之前，起码这些诗人都要首先成为爱山爱水之人，否则山水文学只能闭门造车了。

古人很久之前就从天地自然当中求“方外之美”了，《全晋文》卷一百三十七中就录有戴逵的《闲游赞》一篇，采撷出来并摘录如下：

> 昔神人在上，辅其天理，知溟海之禽，不以笼樊服养，栎散之质，不以斧斤致用，故能树之于广汉，栖之于江湖，载之以大猷，覆之以玄风，使夫淳朴之心，静一之性，咸得就山泽，乐闲旷，自

> 此而箕岭之下，始有闲游之人焉……然如山林之客，非徒逃人患避争门，谅所以翼顺资和，涤除机心，容养淳淑，而自适者尔。况物莫不以适为得，以足为至，彼闲游者，奚往而不适，奚待而不足？故荫映岩流之际，偃息琴书之侧，寄心松竹，取乐鱼鸟，则澹泊之愿，于是毕矣。[1]

在这种乐山乐水成为潮流之际，魏晋文人恰恰还在放达任诞，抑或探药求仙，抑或清谈玄论，所以说，仰慕山水与希冀隐逸恰是可以合一的。

所谓“君子有逸志，栖迟于一丘。仰荫高林茂，俯临渌水流。恬淡养玄虚，沉精研圣猷”（张华《赠挚仲治》），大概就是这个意思吧。其中，“一丘”加“一壑”的说法，本来自《汉书·叙传上》“渔钓于一壑，则万物不奸其志；栖迟于一丘，则天下不易其乐”。此后的“一丘一壑”就意指归隐山林并怡情山水，所谓“一丘一壑，同阮籍于西山；一啸一歌，列嵇康于北面”（王勃《上明员外启》）。

难怪到了明末之际，那些山人野客，出游还要穿着道服，不仅披雪御寒，更可以来坐禅，到了近代游山玩水就已风靡社会各界，直至今日，仍是如此。

在中国古人看来，人的嗜好可以分为三六九等，而山水诗的鼻祖谢灵运的爱好还真算得上是“上上之选”：

> 人之嗜好，故自迥异，如谢康乐好游涉山水，李卫公喜未闻见新书，此自天性，不足为病。右军好蓄鹅，子敬好作驴鸣，崔安潜好有斗牛，米元章好石，近于癖矣，而未害也。王思微好洁，陈伯敬好忌讳，宋明帝好鬼，以之处世，大觉妨碍。至于海上之逐臭，

[1] 戴逵：《闲游赞》，《全上古三代秦汉三国六朝文·全晋文》卷 137，中华书局 1958 年版，第 2249—2250 页。

图 7–1　赵孟頫　春山闲眺图（局部）　台北故宫博物院藏
此图可配上赵孟頫之《蝶恋花》："侬是江南游冶子，乌帽青鞋，行乐东风里。落尽杨花春满地，萋萋芳草愁千里。"

之嗜足纨也，甚矣！[1]

这意味着，好涉山水、喜见新书，乃为最上乘的嗜好，它们是来自"天性"的，当然都是好事；好蓄鹅、好作驴鸣、好有斗牛则就近于病态了，或者就像"石痴"米芾一般见美石就拜，这都成了特殊化的癖好，这些都是等而下之的；而好洁、好忌讳、好鬼则不是无害于世的了，而是妨碍与人相处了；当然，最低级的趣味就不足道也。

如此看来，在所有的特殊爱好当中，好山乐水倒是最高级的享受了，也许就发自人要与自然亲和的天性。从"跋山涉水"到"游山玩水"，它们是不同的，属于不同的境地。要游山玩水就要跋山涉水，如果不能亲临山水之家，中国古文人还可在山水画中"饱游卧看"。然而，并不是跋山涉水就能游山玩水，能游能玩那还是需要一番心灵境界的。

谢灵运之"好游涉山水"真的是达到了更好境界，但是，从生活基础的角度出发，有趣的是，为了完成自己的旅游愿望，谢灵运还当了一回发明家。历史上著名的"谢公屐"就是指谢灵运发明的木屐，这种木

[1]　谢肇淛：《五杂俎》卷 7，上海书店 2001 年版，第 140 页。

屐是一种创新的“旅游鞋”，屐底安有木齿，上山去其前齿，下山支其后齿，不仅便于行走山路，而且不惧泥泞。

如果说，“谢公屐”还是出于实用的目的而造的，那么，到了晚明时期，出于实用加审美之目的而设的所谓“游具”就已经蔚为大观了，或者说，简直就成了系统化的设计，它们用以“包装”晚明文人的全方位的旅游，后面再详述。

在山水诗兴起之后，我们发现一个有趣的事实，中土许多名胜古迹因为名诗名篇而声名大噪，后世的人们去赏玩山林泉石的时候，有时并不是为美景所诱，反倒是为诗情所迷。

举个更确切的例子，唐代的边塞诗非常发达，背后自有其军事与政治的原因，但恰恰由于从事事功的诗人到西北戍边了，所以才能将雄壮的美景留在诗中，才会开拓出唐诗的另一番气壮的高境。如果没有王昌龄、高适、岑参、王翰、崔颢、李颀，我们就不会有“青海长云暗雪山，孤城遥望玉门关”的荒凉，也不会有“野营万里无城郭，雨雪纷纷连大漠”的寒寂，更不会有“忽如一夜春风来，千树万树梨花开”的奇绝。

更有甚者，还有一种“山景无有空留诗”的极端现象。随着历史变迁、人为破坏与自然风化，许多曾经有过的奇景美致却不复存在了，或者改变了原本的面貌。黄山的笔架峰位于北海散花坞中，有景名为“梦笔生花”，有奇石耸立，下圆上尖，正如斗笔，在峰尖石缝间长有一株奇松。然而这株古松却死掉了，当代人只能做了个假的置于其上，否则梦笔如何生“花”？

中国山水画也面临同样的问题，到底是描绘实景，还是虚景？一般而言，中国传统文人所描绘的都是胸中丘壑，就像石涛《搜尽奇峰打草稿》一样，山水情景在华夏文化当中被符号化了，变成了可以为笔墨所表达的抒情对象。

问题并不那么简单，当代许多论者发现，中国山水的皴法其实恰恰是与中国的山山水水相对应的，所以就有研究者拍下真山真水与皴法笔力相比照，结果发现，二者之间竟是如此的契合。米家那种点状山水，

图 7-2　倪瓒　万壑秋亭图　台北故宫博物院藏

中国山水画并非写实，也非虚构，更像是遍览山山水水之后虚实结合之绘画记忆，构成所写『胸中丘壑』与所见『实景山水』之间的内在关联

也并不是完全写意的，在烟雨蒙蒙之际，你所见到的金山焦山完全可能是一排“米家山水”的模样。

关键在于画与山之间的关系，元代的倪瓒在《为方厓画山就题》里面说得妙：

> 摩诘画山时，见山不见画。松雪自缠络，飞鸟亦闲暇。我初学挥染，见物皆画似。郊行及城游，物物归画笥。为问方厓师，孰假孰为真。墨池挹涓滴，寓我无边春。

倪瓒称颂王维的画，让观者观之时“见山不见画”，看山水画并不是让人看画，而是要见其中的山山水水。倪瓒承认，自己在刚刚学画的时候，觉得处处都可以入画，因为它们与画均是相似的。

山中有画，还是画中有山？这就提出了一个孰真孰假的问题。但这个问题其实并不重要，关键是以“墨池挹涓滴”的耕耘，达到“寓我无边春”的化界，也就是一种出神入化的审美高境！

为了这种审美境界的营造，像黄公望这样的名家，就让自己徜徉在山水之间，不断完善自己的画作。著名的《富春山居图》上面的题跋，就已经展露这个秘密。

这个题跋说的是至正七年，也就是公元 1347 年，是年七十有九的黄公望从松江回到富春山居，与无用师一同前往，在某个闲暇日子，于南楼援笔写成此卷《富春山居图》，当时感觉“兴之所至，不觉亹亹”。但是，这种不觉勤勉的孜孜不倦，往往是集中时间完成的，并不是创作的常态。在“布置如许”之后，黄公望大概将山水的间架结构初步完成，然后“逐旋填札”，逐步地勾勒、点墨、着色，经历了三四年却尚未完成，而且也由此琢磨了三四年。黄公望自己解释，原因在于他将画留在山中，常常外出去云游，所以未能及时完成。但事实并不像黄公望所解释的那样，其实，他出去云游也是艺术的一种准备。他每次出行都在皮袋中放着画笔，见到美景都勾勒速写下来，从而为《富春山居图》的创作积累

图7-3 黄公望 天池石壁图 台北故宫博物院藏

此图以高远与深远的构图法描绘天池山，天池居于右上，石壁两侧对峙，池中水阁数椽，近景丘陵溪涧，长松茂树，中间山峦叠嶂，山径迂曲，通向主峰，远景高峰耸立，云烟流润

了丰富的素材。

生活在富春山，云游在富春山，而后才有《富春山居图》的伟大。画作的伟岸称奇，其实乃是生活的结晶、云游的结果，不是先有画而后有景，而是先有生活而后有自然流露，在逻辑上这个顺序是不可倒转的。

一方面画家对于山水往往是“游而爱之”，爱此山此水所以才能不断为之而作画；另一方面，恰恰由于画家的创作，也就是让山水更加著名了。这恰恰是由于，并不是山水林泉本身就有诗情画意，而是诗人赋予了山水以诗情，画家点拨了林泉的画意！

• 游具齐备出游来

在高濂的《遵生八笺》里面，就有“起居安乐笺”，其下特设“溪山逸游条”，该条目里面不仅陈列与说明了“游具”的形制与用法，而且还专门配图加以具体说明。这些“游具”包括竹冠、披云巾、道服、文履、道扇、拂尘、云舄、竹杖、瘿杯、瘿瓢、斗笠、葫芦、药篮、棋篮、诗筒葵笺、韵牌、叶笺、坐毡、衣匣、便轿、轻舟、叠桌、提盒、提炉、备具匣、酒尊，共二十六件之多！

在《遵生八笺》的“游具”基本布局里面，高濂就从“戴”的如何风雅谈起，竹冠的设计就是要追寻“风神”的。如果要戴上汉巾唐巾，不仅复古，而且上面还可簪花，更增加美感。在汉巾唐巾上宜有“五岳真形图”，在当时的人们看来，如此佩戴入山则可以抵御虎狼、远离魑魅，审美需求之外实用目的也要兼顾。

审美之物与实用之物混杂在一起，以“备具匣”所藏的物什为例，就可见一斑：

备具匣

余制以轻木为之，外加皮包厚漆如拜匣，高七寸，阔八寸，长

> 一尺四寸。中作一替，上浅下深，置小梳匣一，茶盏四，骰盆一，香炉一，香盒一，茶盒一，匙箸瓶一。上替内小砚一，墨一，笔二，小水注一，水洗一，图书小匣一，骨牌匣一，骰子枚马盒一，香炭饼盒一，途利文具匣一，内藏裁刀、锥子、挖耳、挑牙、消息肉叉、修指甲刀锉、发刡等件，酒牌一，诗韵牌一，诗筒一，内藏红叶各笺以录诗，下藏梳具匣者，以便山宿。外用关锁以启闭，携之山游，似亦甚备。[1]

这就更面面俱到与精益求精了。出行所用的“备具匣”一般上浅下深，使得其稳固耐用。除了放置茶盏、茶盒、香炉、香盒之类的更小的物品之外，内置“小梳具匣”，用于梳妆理容，挖耳、挑牙、修指甲等物也是为了打理身体，这些大都置于“途利文具匣”之内。但千万别忘记，这个匣子更要放置文房用具，诗筒里放红叶笺等物则是为了随手录诗，实用与审美竟如此杂融与统合起来。

再举个例子，叠桌就好似今天便于携带的折叠桌，展开就是桌子，折叠起来就是匣子，真是为了旅行便携的实用性；然而，用于列炉焚香，用于置瓶插花，这就是“清赏之乐”了：

叠 桌

> 二张，一张高一尺六寸，长三尺二寸，阔二尺四寸，作二面折脚活法，展则成桌，叠则成匣，以便携带，席地用此抬合，以供酬酢。其小几一张，同上叠式，高一尺四寸，长一尺二寸，阔八寸，以水磨楠木为之，置之坐外，列炉焚香，置瓶插花，以供清赏。[2]

有趣的是，屠隆的《游具雅编》的许多部分，居然与高濂的记载高

[1] 高濂：《遵生八笺》，浙江古籍出版社 2017 年版，第 373 页。

[2] 同上书，第 372 页。

度雷同。尽管原创性欠佳，但屠隆的分类却更为全面，其中分为“笠”（具体分云笠、叶笠、羽笠）、“杖”（可用方竹，也可用棕竹）、“鱼竿”、“舟”（宾主六人加童仆四人）、“叶笺”（用于偶得佳句用）、“葫芦”（小葫缀衣纽，亦可盛药）、“瓢”（用来饮泉水）、“药篮”、“衣匣”、“叠桌”（用以席地）、“提盒”（其中可置酒壶、酒杯、四叠菜）、“提炉”（可煮茶、煮酒、温粥）和备具匣（放置助兴的酒牌、诗韵牌、诗筒、文具组及其他杂物）。这种游具的完备化，说明了当时的旅游生活美学愈加完善，但同时，也有显得繁复沉重与面面俱到的缺陷。

质言之，晚明时期的文人出游，那可真是费尽心思，对于“游具”考虑可谓一应俱全，但它们同时又必须是美器美具。从头到脚有穿戴之美，从陆地行走到舟船游览有出行之美，从装置酒食器皿到烹煮食物的器具有膳饮之美，从弈棋到写诗还有游艺之美。

先是穿戴之美。从汉唐形制的竹冠到颇具仙道之风的斗笠，那是戴的；再有从上到下穿的，白色为上选的道服，穿着道服，不仅可以披雪御寒，更可以坐禅；踏雪时用来御寒的披云巾是披在上身的，白布做成的文履与衰草做成的“云舄”（仙道穿的鞋子）是蹬在脚上的，云舄的关键在于不像是“尘土中着脚行用，当为山人济胜之具”。[1] 当然，季节对履也有规定，《长物志·器具》就说冬月秧履最适，夏月棕鞋最佳。道扇与拂尘既为了扇风驱虫，亦为了美观的装饰。

再是出行之美。竹杖是陆用的，最好是用之字竹、方竹与老竹鞭来做。入山的时候要用便轿，下水的时候要用轻舟。这舟可最有讲究了：

轻 舟

用以泛湖棹溪，形如划船，长可二丈有余，头阔四尺，内容宾主六人，僮仆四人。中仓四柱结顶，幔以篷簟，更用布幕走檐罩之。两旁朱栏，栏内以布绢作帐，用蔽东西日色，无日则悬钩高卷。中

[1] 高濂：《遵生八笺》，浙江古籍出版社 2017 年版，第 367 页。

置桌凳。后仓以蓝布作一长幔，两边走檐，前缚中仓柱头，后缚船尾钉两圈处，以蔽僮仆风日，更着茶炉，烟起恍若图画中一孤航也。舟惟底平，用二画桨，更佳。[1]

这就像如今荷兰航空用凡·高绘画“包装”整架飞机内外，这艘游船在中国古代就被高度审美化了。

相传唐人陶岘曾“置三舟，一载宾客、一载粮粮、一载妓乐”，那可真是有钱人，不仅把酒肉准备充足可把酒言欢，而且一路都有舞乐相伴，人生至乐竟会如此！这引得后世文人无比艳羡，“千金买一舟，舟中置鼓吹一部，妓妾数人，游闲数人，泛家浮宅，不知老之将至”，甚至为明人袁宏道视为世间五种“真乐”之一。

然后还有膳饮之美。饮水之器，有“瘿杯”有“瘿瓢”，后者是山里人家携带用以饮泉的。从“提盒”“提炉”“备具匣”到“酒尊”，都有非常精美而细致的设计。

在提盒设计当中，上设提手，轻便可携是基本功能；侧可通风，那是便于食物存贮，因为侧门上面凿有棱条。“多格”设计则是为了容纳更多，有的可装四大碟，有的可纳六小碟，同时也为了分类放置，筷子与茶杯可以专放，还有菜蔬果鱼之类可以分置。

最后则是游艺之美。中国文人出行，与西方人一样要从事娱乐活动，“棋篮”“诗筒葵笺”“韵牌”“叶笺”都是用于此道。然而，在中国文人那里，诗歌就是生活的日常艺术，可以自娱自乐，文人写诗就像今日的人们网络上发微博微信一般，在当下却是写给自己的。

“竹筒”是用来贮诗的，“葵笺”是用来吟笺的，“叶笺”的用处最特殊，直接用以审美目的，“若山游偶得绝句，书叶投空，随风飞扬，泛舟付之中流，逐水浮沉，自有许多幽趣”[2]，好个文人雅趣！

---

[1] 高濂：《遵生八笺》，浙江古籍出版社 2017 年版，第 372 页。

[2] 同上书，第 370 页。

再来看看韵牌之用、之美，原来也是把吟诗当作一场文字游戏，只不过因为旅游的原因，而采取一种具有游戏性质的简易作诗游戏：

韵　牌

余刻诗韵上下二平声为纸牌式，名曰韵牌。每韵一叶，总三十叶。山游分韵，人取一叶，吟以用韵，似甚便览。近有四韵，刻已备矣。恐山游水泛，无暇作长篇仄韵，此余始作意也。[1]

通过《遵生八笺》的描述，我们终于从器物的角度，看到了中国古人游山玩水的品位之高蹈，同时，也是趣味之细密，真可谓“美在细节”！

为何到了明代游具如此丰富起来？这是由于，明代文人极喜出游，到了明末更是出游成风，既然成为一种社会风气，那么，与之匹配的那种行旅生活美学就逐渐成熟起来。

• 游山玩水真情景

在古代文人逛山赏水之际，他们的审美体验其实是最全面的，自然的鸟语花香、人文的休养生息，都参与其中。

鲜为人知的是，有一卷名为《山居代膺》的古书，并不著撰人名氏，其中列出了“居”的诸种类型，有“山居”“园居”“舟居”“游居”“瓢居”“独居”“酣居”“宵居”“睡居”“病居”等十目。每目之下，尽引前人闲适之语以应之，意以示客，故名“代膺”。其中，起码“舟居”“游居”直接与旅行相关，而“山居”“园居”则都关系到山水，只不过前者是真山真水、大山大水，后者则为假山假水、小山小水。

如果从文人郊游的角度观之，上面的许多人工物件、自然对象与交

[1] 高濂:《遵生八笺》，浙江古籍出版社 2017 年版，第 370 页。

图 7-4 戴进 春游晚归图 台北故宫博物院藏

古人游览会带上各种『游具』上场，这就是游览的生活美学被『物化』的结果

往人物，在旅游当中都是增加美感的选项。文人出游，总是会携香带酒、观石抚琴、饮茶看竹、赏月弈棋、倚仗舞剑、观澜赏雪，并与诸如高僧之类的人士相交游。

高濂的《遵生八笺》曾列举出二十六件游具，似乎太过烦琐了。与之非常近似，屠隆在《考槃余事》里面，也列出了各种游具，只不过被精简为如下的十四件：笠、杖、渔竿、舟、叶笺、葫芦、瓢、药篮、衣匣、叠桌、提盒、提炉、备具匣、酒尊。[1]

为什么少了十二件呢？那是由于，屠隆更善于“归纳法”，似乎他认为，既将竹冠、披云巾、道服、文履等服饰装入衣匣之内，又把诗筒葵笺、韵牌置于备具匣之中，才是更合适的，然而，可惜的是，这种归纳却少了些许风流的意味，似乎更多有了“出行必备”之嫌。

屠隆的《考槃余事》较之高濂的《遵生八笺》，唯独多了一件物什，那就是渔竿，并极富钓鱼翁“独钓寒江雪”的味道：“江上一蓑，钓为乐事。钓用轮竿，竿用紫竹，轮不欲大，竿不宜长，但丝长则可钓耳。豫章有丛竹，其节长而直，为竿最佳。竿长七八尺，敲针作钩，所谓‘一钩掣动沧浪月，钓出千秋万古心’，是乐志也。意不在鱼。或于红蓼滩头，或在青林古岸，或值西风扑面，或教飞雪打头，于是披蓑顶笠，执竿烟水，俨在米芾《寒江独钓图》中，比之严陵渭水，不亦高哉？”[2]

有趣的是，高濂在《遵生八笺》中也全文引用了这一段，他还明确表示这是“臞仙”所说的，也就是屠隆的话。然而，高濂却将这“钓鱼之乐”转移到了游具之外，这就让他的更全面的旅游规划里面，独独少了钓鱼这一行当。

实际上，游本身就是一种生活，它本来就是活生生的过程，有去有回，有玩有赏，有行有驻。无论是《遵生八笺》的二十六件，还是《考槃余事》的十四件，其实都是旅游当中既必备又提升品位的物品，文房

[1] 屠隆:《考槃余事》,《丛书集成》本，上海商务印书馆 1937 年版，第 86—90 页。

[2] 同上书，第 87 页。

器具是文人出行必带的，当然本身就为了审美，但是无论是交通工具、饮食器皿，还是家具备具，都已经被赋予了审美的品格。

更关键的是，尽管今人无法实地看到当时的情境，但是，通过这些静态的物具，却可以大致还原出当时的文人在出游的时候，究竟从事了那些审美的活动。他们“游”的审美生活姿态到底是什么样态。

这还真需要一点想象力，如果当时能有视频记录就好了，好在还有许多古代绘画记录了游的生活形态。根据今人的归纳，明人在旅行的时候进行了如下的活动：一是置一小船如叶，系于柳根阴处，把竿垂钓，但意不在鱼，意在钓出千秋万古心。二是于雪霁、月明、桃红、柳媚之时放舟，吹紫箫、铁笛以动天籁，使孤鹤乘风唳空。或扣弦而歌，饱食风月，回舟返棹，归卧松窗，逍遥一世之情，何其乐也。三是山游时偶得绝句，书叶投空，随风飞扬，泛舟付之中流，逐水浮沉，自多幽趣。四是带上小几列炉焚香，置瓶插花，尽享清雅之趣。五是果酒菜肴，临流泛觞，诗酒斗茶，不醉不归。[1]

总之，从这些活动看，文人士子游不在“游”，而是要借旅游极尽风雅的生活，或者说旅游是晚明文人借此显示自己品位的一种生活方式，在“天游”“神游”和“人游”这三种境界中，凸显自己游于天地之间的“游道”！

除了第一条为高濂所无，其余诸项活动，都是为高濂与屠隆所共享的，其实也是为明代文人所喜爱的。而且，这其中没有一条不是“审美之游”，这就与现代化之后的《旅游手册》之类的指南南辕北辙，它并不是告诉你要去哪里，而是告诉你：无论去哪里，重要的是如何去游……

张岱的《游山小启》就力图将中国古人悠游的全貌与过程描摹出来：

幸生胜地，鞋靸下饶有山川；喜作闲人，酒席间只谈风月。野

[1] 陈芳：《晚明的游具设计研究——以〈考槃余事〉为例》，《装饰》2011 年第 4 期。

船恰受，不逾两三；便榼随行，各携一二。僧上凫下，觞止茗生。谈笑杂以诙谐，陶写赖此丝竹。兴来即出，可趁樵风；日暮辄归，不因剡雪。愿邀同志，用续前游。凡游以一人司会，备小船、坐毡、茶点、盏箸、香炉、薪米之属。每人携一簋、一壶、二小菜。游无定所，出无常期，客无限数。过六人则分坐二舟，有大量则自携多酿。约 × 日游 × 舟次 × 右启。某老先生有道。司会某具。[1]

据张岱在《游山小启》里的介绍，既然“喜作闲人”，那么，酒席之间便“只谈风月”，问题是风月无边乃是建基在现实有界的基础上的。游“无”定所、出“无”常期、客“无”限数，这三个“无”说得无非是自由的状态，去哪里？什么时候去？和谁去？都不重要，重要的是有游兴。

凡是旅游，就需要有位主持人（司会）来召集，准备好小船、坐毡、茶点、杯盏、筷子、香炉、柴火和米饭之类，然后，每个人都要自带一个簋、一个壶、两样小菜之类，多过六个人就可以乘坐两条船，切不可因为拥挤而丧失了兴致。

这些都只是出行的最基本配置而已，士大夫的出游当然会更加讲究，起兴的好酒自然是不会少的，那相关的配备更少不了。那么，有了这么多衍生出来之专门化游具，就需奴仆携带。如要远行，就需要雇轿夫或肩舆者，坐船还要有船夫。为了尽兴，还会邀约一些女伎或童子献乐，如此一来，但凡户外出游，其规模都不小。

明代文人出游还真不是小事情，一次要随身带着一两百个随从，浩浩荡荡，并不少见，这其实就走偏了。明人邹迪光就此批判道，“逐冠盖，赴宴饮，乏济胜，喜博弈，群粉黛”乃为“游病”，而“不惜杖头，不计时日，不较远近，不萦家室”才为“游助”，该如何取舍之？人便自知！尽管这种明代“出游”奢华至极，却把好一番“游之乐”的真情实景，呈现在今人眼前！

---

[1] 张岱：《游山小启》，《琅嬛文集》，浙江古籍出版社 2015 年版，第 305 页。

图 7-5 周臣 水亭清兴图 台北故宫博物院藏

此图描绘远山高耸、水波荡漾、河边树岸、一亭一舟。茅亭中一位士人凭榻而坐，放卷而思，似在聆听。坡石之下，有人坐于船头，双足浸水，横笛慢吹。还有一位书童挟琴而至，树梢柔枝轻摇，夏日水滨，凉由心生，确有徜徉悠游之乐

· 三教眼中三重山

中国人自古以来就开始出游了。早在神话传说里面，我们的祖先黄帝就曾游历名山大川，并且封禅五岳，就已经将名山政治化了。这种出游可能还有政治目的。但黄帝还曾张《咸池》《九韶》之乐，游于洞庭之野，这种出游恐怕就是“审美之游”了。

那么，何为古人求适之真游？明人陈第有云：

> 余游有数乐焉，自裹粮，寡疾病，不怕死，不恋家。凡世人之游，非真游，若吾乃真游耳。仕宦所至，车马之所淹，登陟眺听矣，而仕宦也；商旅所经，或时有焉，则商旅矣；江南北人有进香梵宫禅刹之居，则祈福也；山人词客时时至焉，要以谒贵人，啖名利耳。[1]

在陈第看来，所谓“宦游”“商游”“祈福游”“拜谒游”之类，都不算“真游”。首先动机成问题，不是为了纵游山水而是另有功利目的，也就不能忘情于势利；同时，游览方式也往往耽于安乐，不可能得到真正的山水之趣也。

追溯本源，儒家圣人孔子早就有“知者乐水，仁者乐山”的高论，很早就区分出“仁智（知）”的乐趣，拥有不同人格的人，喜爱不同类型的自然。在这高论之后，又马上说：“知者动，仁者静。”由此可见，动者乐山，静者乐水，反倒是山是常驻的，水是长流的，动者爱静，静者爱动。后又补充说，“知者乐，仁者寿”，这就涉及爱山乐水的人生效果问题了。

宋明理学兴盛之后，儒学出现了某种宗教化趋势，往往被树为“儒教”。实际上，儒家恰不成其为宗教，但在世俗生活当中却充当了宗教

---

[1] 何远乔：《吴楚游草序》，见夏咸淳编著《明清闲情小品（二）》，东方出版中心 1997 年版，第 67 页。

图 7–6 马远 山水人物图轴 台北故宫博物院藏

被称为“马一角”的南宋宫廷画家马远，不取整幅山水，取景偏置一角，常作山水人物。此画中有二人，朝向悬崖对岸，做仰俯动作，似正练吐纳之术

化的功能，或者说，儒家更多是在现世当中充当了宗教的传统，但儒家的审美方式的确对后代儒生乃至今天的人们产生了深刻影响。

我们以明代大儒湛若水为例，他有一篇著名的《游西樵记》：

> 吾以是知天下之山水，胜者不必名，名者不必胜，高者不必高，而深者不必深也。惟吾耳目之所得，精神之所通，而未始有穷焉。由是以往，殆将与夫造物者游于无极，则夫天地之间，高深上下之妙，莫非吾之所有，而与之相为无穷也，又岂但如西樵而已耶！[1]

关键就在于，观者从“游观”当中“观”到了什么？湛若水先是回

[1] 湛若水：《游西樵记》，《湛甘泉先生文集》卷 18，《四库全书存目丛书》本，齐鲁书社 1997 年影印本，集部第 57 册，第 24 页。

忆年少之时，就早已听闻罗浮山与西樵山两座名山，然而，大家独谈罗浮山如何如何，“对奇伟怪诞之称”，令人缅思其境就好比在天上一般，却忽略了西樵山之美丽。

这两座粤中名山湛若水都曾经攀爬过，对于罗浮山之盛早有领略，而今再登西樵山，却发现“西樵之景”要远高于罗浮山多少倍！这究竟是为什么呢？湛若水由此发出议论，天下的山水，有名声的未必有胜景，有胜景的未必有名声。更关键的是，湛若水要让自然天地成为“随处体认天理”之处，真正无穷的乃在于“吾耳目之所得，精神之所通”——《游西樵记》最终似乎又成了湛若水的另一篇《心性图说》。

湛若水承继理学正统，认为“观天地间只是一气，只是一理”（《明儒学案》）[1]，而这天理“即吾心本体之自然者也”[2]，这就又皈依了心学的理念。所以从心出发，“心无所不包”，从自然天地来看，“万事万物莫非

[1] 黄宗羲:《明儒学案 · 甘泉学案一》，中华书局 1985 年版，第 905 页。

[2] 湛若水:《圣学格物通》卷 27，《影印文渊阁四库全书》，台北商务印书馆 1983 年版，第 716 册，第 244 页。

图 7-7 文徵明 仿赵伯骕后赤壁图 台北故宫博物院藏

此图描绘苏轼与二友人复游赤壁的情景，表现出一番苍茫孤寂的气象

心”，所以即使是游山赏水，这位心学继承者仍从审美体验当中体认了“本心”所在，因为“夫天地之间，高深上下之妙，莫非吾之所有”！

说完儒再言道，道家从庄子始，更青睐天地自然之美。所谓“逍遥于天地之间而心意自得”更致力于一种生活境界的营造，但后来者更强调“逍遥天地”，而相对忽视了“心意自得”，其实道家自然之美最终皆要得之于“心”，复归自然而然之心。

追溯到庄子，《逍遥游》当中的和天倪、游太虚的思想，到后来被阐释为“养其天倪”“与太虚同游”，从而强调“含道应物”而“澄怀味象”的审美观照。有趣的是，老庄道家的一番“以玄对山水”的天构，在后世的道教那里演化为一种养生的理论与实践的一体化，其中天地自然更是养生最佳的寓所，天地自然之气更是人生生不息的源泉。

天地自然果然能让人“羽化成仙”吗？您还真别不信，起码这种经由自然成仙的观念，早就积淀在文人墨客的无意识的深层，一旦有机缘游得盛景，这种想法就从诸如睡梦当中展露出来。不管你相信与否，苏轼都产生了“鹤化道士”那般幻觉与幻境!

那是著名的《后赤壁赋》所铭记下来的。所以日游所见，夜有所梦，苏轼在复游“江流有声，断岸千尺;山高月小，水落石出”的赤壁之后，“时夜将半，四顾寂寥。适有孤鹤，横江东来。翅如车轮，玄裳缟衣，戛然长鸣，掠予舟而西也”[1]。在看到如此奇景之后，苏轼在客人离开之后，居然做了一个千古闻名的“道化”之梦!

在梦中，苏轼见一位道士，身着成仙道士的羽衣，清扬飘飞起来，走过临皋亭之下，拱手向苏轼作揖问:“赤壁之游乐乎?”苏轼问其姓名，他低头不语。苏轼惊叹道:“呜呼!噫嘻!我知之矣。畴昔之夜，飞鸣而过我者，非子也耶?”

原来，苏轼把梦中人当成了夜色中边鸣边飞过其船的那只仙鹤。梦就这样继续下去:这位道士回首而笑，苏轼遂被惊醒，然而“开户视之，不见其处”——真乃道化的高境也!

在天地之间，或者看到“天理流行”，或者观到“天倪道化”，这都是中国古文人的修为所得。这一儒一道之间，形成了同体互补之势，从而又整合了印度传来的佛教。佛教徒向来喜爱名山大川，太多的庙宇道观都抢占了山水胜地，佛教徒都善于从山水当中感悟佛性。

玄觉禅师早已悟透了“识道”与“居山”孰先孰后的关系:

> 夫欲采妙探玄。实非容易。决择之次。如履轻冰。必须侧耳目而奉玄音。肃情尘而赏幽致。忘言宴旨。濯累餐微。夕惕朝询。不滥丝发。如是则乃可潜形山谷。……是以先须识道后乃居山。若未识道而先居山者。但见其山。必忘其道。若未居山而先识道者。但见其道。必忘其山。忘山则道性怡神。忘道则山形炫目。是以见道忘山者。人间亦寂也。见山忘道者。山中乃喧也。必能了阴无我。

[1] 苏轼:《后赤壁赋》,《苏轼文集》卷1，中华书局1986年版，第1册，第8页。

图 7-8 传米芾 云山烟树图（局部） 台北故宫博物院藏

唐寅《题云山烟树图》写："云山烟树霭苍茫，渔唱菱歌互短长。灯火一村鸡犬静，越来溪北近横塘。"实际上，中国的儒道禅三家皆求这种与天地合一的审美高境

无我谁住人间。[1]

答案就是：对于修禅之人，必须先识道，而后方能居山。若尚未识道而居山，那么只能见山而已，而必定忘了道。但玄觉禅师并没有忽略山的作用；反过来说，如果未居山而先识道了，这样的人只能见道，而必定忘了山。

所以说，关键还在于清静无为的"禅之道"要领悟到，由此才能既识道，又乐山，山与道两不忘。忘了山，倒还可以，因为内"道之性"尚可颐养心性，然而，忘了道，那可不行，由此所见"山之形"只会眩惑眼目。

[1] 玄觉：《永嘉集·大师答朗禅师书》，佛光大藏经编修委员会：《佛光大藏经·禅藏·宗论部》之《人天眼目外十一部》，台北佛光出版社 1994 年版，第 190 页。

因此，在玄觉禅师看来，存在两类修禅之人：一类人见道而忘山，这类人即使身处茫茫人海，内心仍是清寂的；另一类人则是见山而忘道，大概儒生们都可以归入此类，因为他们纵然隐居山林深处，内心仍喧闹不已，最终不过是“见山忘道”，依然见山是山，见水是水，毫无长进，徒有“山行炫目”而已。“但见其道。必忘其山”，进而“识道忘山”，则可能见山不是山，见水不是水。然而这两层境界都不够究竟，禅宗最终所寻的乃为“见山仍是山，见水仍是水”之境界。

禅宗所“乐”之山水，就是“仍是山”之山、“仍是水”之水。这在禅宗兴起之后的文人审美生活当中比比皆是，他们所求的，就在于“妙得禅家三昧”。

“儒家”“道家”“禅家”之三家，抑或“儒教”“道教”“佛教”之三教，愈到中国古典文化的后期就愈融合起来，形成了“三家融合”抑或“三教并流”之势。这三家或者三教都钟情山水，道教的“仙游”与佛教的“行脚”，更将自然审美提升到了宗教化的境地。

• 取境冥心心冥境

在中国古人所寻的山林意境里面，无论是儒家体天道、道家法天地，还是禅家悟清净，其实都在追求物我冥一的化境。然而，我们还要问个形而上的问题：在这种物我两忘之际，究竟是“取境冥心”，还是“取心冥境”呢?

“取境冥心”与“取心冥境”之辨，是明代屠隆提出的。屠隆就是这样的典型文人，曾官至吏部主事，罢官还乡后更好游历，始终有山林志趣，也是一方怪才。他曾著文劝友人李惟寅：

> 足下住秦淮渡口，烟销月出，水绿霞红，距风沙之地万里，而书来忳憭，殊不自得，何也？大都士贵取心冥境，不贵取境冥心，

> 此中萧然，则尘埃自寓清虚；内境烦嚣，则幽居亦有庞杂，足下以为然否？[1]

按照屠隆的理解，李惟寅志于“取境冥心”，因他仅仅逃逸山林之间，享用烟云供养，因而沉溺其间，只得其“入”而难得其“出”。然而，“士贵取心冥境”，关键是“心境”的营造，即使是你找到了一片安静之所在，“内境”仍然烦嚣的话，那么，即使幽居于“外境”，却仍难以安顿身心。这其实就将归隐山林的问题，从“安于境”提升到了“安于心”的更高层级：并非“境”让心幽，而是“心”使境幽，就好似我们俗语所讲的“心静自然凉”。

当然，这“内境”与“外境”关联的探求，背后隐约内嵌着中国传统社会的结构，那就是“外儒而内道”的架构，入而为儒家，出而为禅道，出入之间，方为妙道。对于山水审美而言，中国文人大都采取了“身穿朝衣，心在烟壑”的“心居”方式，而往往在失意罢黜之后，才彻底归隐山林，甚至与世隔绝。这就是郭象在注庄子的《逍遥游》时所说的“夫圣人虽在庙堂之上，然其心无异于山林之中”。

实际上，这种出入之间的架构，一方面是就出仕与隐退而言的，这是就社会结构而言；另一方面则是就城居与山居来说的，这是就地理方位而论。实际上，古代的文人墨客更多是居于城市的，山林泉石对于农业时代的古人来说，更像一种自本生根的家园，或者说是土生土长的土壤，即使为官做事身在城郭，但天地自然却始终凝聚于文人们的乡愁。

只要看一看梁元帝在《全德志论》中对于朝隐之士的赞美，就可得到这种城乡之间的进退：

> 物我俱忘，无贬廊庙之器；动寂同遣，何累经纶之才。虽坐三槐，不妨家有三径；接五侯，不妨门垂五柳。但使良园广宅，面水

[1] 屠隆：《答李惟寅》，《晚明小品选注》卷 7，台湾商务印书馆 1969 年版，第 272 页。

图 7-9 黄公望 龙湫真境图 台北故宫博物院藏

黄公望这位千古画师，多次描绘雁荡山最胜处大龙湫一带的景致。唐僧贯休诗句云："雁荡经行云漠漠，龙湫宴坐雨蒙蒙。"此真境图说明，画家所求的，不仅是如今尚安在乐清境内的"外境"，而且更是在索求超以象外的"内境"

带山，饶甘果而足花卉，葆筠篁而玩鱼鸟。九月肃霜，时飨田畯；三春捧茧，乍酬蚕妾。酌升酒而歌南山，烹羔豚而击西缶。或出或处，并以全身为贵；优之游之，咸以忘怀自逸。若此众君子，可谓得之矣。[1]

由此可见，中国文人主流的意见是推重"虽坐三槐"而"不妨家有

[1] 欧阳询：《艺文类聚》卷 21，上海古籍出版社 1985 年版，第 377—378 页。

三径”。所谓“三槐”就是位居三公之意，高官俸禄要拿着，事功基业要做着，但与此同时，不妨家里设有“三径”。这“三径”后来成为归隐者的家园代称，乃是由于汉代蒋诩“归乡里，荆棘塞门，舍中有三径，不出，唯求仲、羊仲从之游”[1]。所以说，兼具“三槐”之功与“三径”之乐，就成了古代文人所想象的乌托邦。

在农业文明当中，中国古人所感的自然就是人文化的自然。中国文化在尊重自然的同时，也“化掉”了自然，这可以说是一种中国人应对大自然的智慧。

根据中国环境史的研究，“自从三千多年前以来，中国人便改造着中国。他们消灭森林与原始植被，他们把山坡变作梯田，他们将山谷变成田地。中国人构筑堤坝使得河流改道。中国人打猎或驯养……破坏了动物的栖居地。经过了这种开发性的改造，直到晚清时期，已经很少有可以被称为‘自然的’而没有被干预的地方了”。[2] 但问题还可以从另一个角度来理解，中国人又将自然当作“其最高的精神力量的一部分。智慧要求每个人将自身置身于自然的规律当中，并意识到自身无法去重塑自然。但另一方面却驾驭、改造自然到如此这般的程度，以至于难以找到它与前现代世界的类似之处”[3]，由此可见中国人内心对待自然的自我矛盾态度。

中国人具有一套独特的栖居审美化的传统，这隶属中国人的“大生活美学”的传统。在《林泉高致》这本专著当中，宋朝大画家郭熙提出了一套中国人独特的栖居美学。实际上，“审美性地反思栖居，对从广度和深度上理解审美价值是最卓有成效的。审美维度不仅包括环境给人

---

[1] 赵岐：《三辅决录·逃名》，《魏晋百家短篇小说》，北京图书馆出版社 1998 年影印版，第 506 页。

[2] Mark Elvin, *The Retreat of the Elephants: An Environmental History of China*, New Haven: Yale University Press, 2004, p. 321.

[3] Mark Elvin, *The Retreat of the Elephants: An Environmental History of China*, New Haven: Yale University Press, 2004, p. 323.

图 7-10　传郭熙　雪景山水图　台北故宫博物院藏
描绘的是白雪覆盖的深山大壑中屋宇可居的场面，从而构成一派雪景山居的图景，这其实就接近于大画家郭熙所认定的“可行”“可望”“可游”与“可居”之地

的感官愉悦：它的景深、光线和色彩，它的声音和气味，以及这些如何与行动着感受着的人的身体相关联，还包括特定的环境通常对人和自然生命有何启示，以及对于个体的生命来说，我们每个人又意味着什么。”[1]这段话表述了栖居潜在的审美价值和一种审美的栖居美学：栖居既是艺术——有意识的和表现的，又是环境——自然的和给予性的。

北宋著名画家郭熙在《林泉高致·山水训》中特别强调，我们不仅要有“林泉之心”，而且要有“林泉之志”，要做“烟霞之侣”，而不能以“娇侈之目”看轻泉壑，此乃一种“高情”也：

世之笃论，谓山水有可行者，有可望者，有可游者，有可居者。画凡至此，皆入妙品。但可行、可望，不如可居、可游之为得。何

[1] Arnold Berleant ed., *Environment and the Arts: Perspectives on Environmental Aesthetics*, London: Ashgate Publishing Company, 2002, p. 95.

者？观今山川地占数百里，可游、可居之处十无三四，而必取可居、可游之品。君子之所以渴慕林泉者，正为此佳处故也。故画者当以此意造，而鉴者又当以此意穷之。此之谓不失其本意。

郭熙指明了山水丘壑的四重功用，首先是“可行”，其次是“可望”，再次是“可游”，最后是“可居”。“行”，是短暂的穿越。“望”，是旁观的远眺。“游”，是移动的旅行。“居”，是长久的玩味。真山水成为“可行”与“可望”的还不够，最好是能成为“可游”与“可居”的。中国园林这种假山水，则是中国古人缩小自然后，希望为自己提供的“可居”的人化环境，同时可以在其中游览。中国古代绘画中的山水画面，其实也是为古代欣赏者提供一个“心灵的游览”与“心灵的居住”的场域。

“行”与“游”是相关的，“行”只是将山水作为行旅的背景，而“游”则必带有审美化的心态。“望”与“游”是相连的，“望”只是将山水作为静观的对象，而“游”则强调审美化的参与。“望”与“居”是相对的，“望”只是浅度的纯视觉体验，而“居”则是全身心投入的深度经验。

所以说，大画家郭熙真正向往的，乃是一种“不下堂筵坐穷泉壑”的境界，也就是一种“可居可游之为得”的境界，既然“居”是位于最顶层的，那么，这种高境界其实也就是一种回归到生活的境界。

在中国传统当中，无论是哪种自然之美，都必须是能够进入中国人生活世界的美。从主体的方面说，这是中国古人悠游的生活美学；从对象的方面而言，是中国古代自然的生活美学，如此，人与自然之间方可臻于天人合和的境界！

第八讲

文人雅趣之美

文果载心，余心有寄

——《文心雕龙》

中国文人，乃是『妙笔生花』之人，常因其生前对美的创生，而在其身后获得了『不朽』之名声。他们之所以不是『速朽』之人，关键就在于『文』，在于他们是『文』人，在于他们是书写『美文』之人！

• 好个光焰万丈长

“李杜文章在，光焰万丈长”，这是对中国文人的最高褒奖。

“诗仙”李太白居然成了“仙”！李白在中唐宝应元年，浪游到当涂境内病死，葬在龙山脚下，后来又迁葬青山南麓。半个多世纪后，时任江州司马的白居易写了首《李白墓》：“采石江边李白坟，绕田无限草连云。可怜荒垄穷泉骨，曾有惊天动地文。但是诗人多薄命，就中沦落不过君。”[1] 这是一位文人对另一位大文人的崇敬之词。

那李白究竟是怎么死的呢？这是个众说纷纭又常谈及的有趣话题。

正史《旧唐书》持“醉死说”，说“饮酒过度，死于宣城”，今人更喜考证，有说诗人死于酒精中毒或酒杯材质之毒；唐末五代时期王定保笔记《唐摭言》之说法更有诗意，这就是更著名的“捉月说”：“李白着宫锦袍，游采石江中，傲然自得，旁若无人，因醉入水中，捉月而死。”[2] 哈哈，好个“捉月而死”，还旁若无人地赴死，死时仍有傲然自得的风流！

这倒说明，后世人以诗化的眼光来看待“诗仙之亡”，直到现代文学家闻一多所写现代诗《李白之死》，仍从李白诗句“醉月频中圣，迷花不事君”发挥开来说此事。但在该诗小序里却声明：“世俗流传太白以捉月骑鲸而终，本属荒诞。此诗所述亦凭臆造，无非欲借以描画诗人的

---

[1] 朱金城：《白居易集笺校》第 2 册，卷 17，上海古籍出版社 1988 年版，第 1099—1100 页。

[2] 王锜：《李太白年谱》，《李太白全集》下册，卷 35，中华书局 2003 年版，第 1622 页。

人格罢了。读者不要当作历史看就对了。”[1] 但无论如何，李白死后，的确成了“谪仙人”。

大概文人自己也明白，传说不是历史。历史是如实地记录已经发生的事，而传说则按照人们的想象来编故事——李白如此风流倜傥、飘逸不群之人，怎能像普通人那样病死床榻之上呢？捉月而死，才更符合他的潇洒人格和不羁风格——“仰天大笑出门去”“明朝散发弄扁舟”，才能满足人们对于文人的浪漫期待——“举杯邀明月”“我歌月徘徊”，足见中国文人在历史上的地位之高远。

中国自古就讲所谓“三不朽”，也就是春秋时鲁国大夫叔孙豹所称的“立德”“立功”与“立言”之不朽。曾国藩曾比较这三者：立德最难，自周汉以后，罕见德传者。立功如萧、曹、房、杜、郭、李、韩、岳，立言如马、班、韩、欧、李、杜、苏、黄，古今曾有几人？与“立德”的标举道德不同，与“立功”的建功立业亦不同，文人的不朽，大概主要就属于“立言”这一脉，关键是文人所立的是“美”之言。

中国文人，在历史上独居高位，正如苏辙在《贺欧阳（修）副枢启》当中所言：“位在枢府，才为文师。兼古人之所未全，尽天力之所难致。文人之美，夫复何加？”由此，将文人与美之言结合起来，那就形成了文人之美。

追溯源头，“文人”这个整体称呼，却是从元代开始的。日本汉学家吉川幸次郎认为，元代末年以前，也有被称作“文人”的，但用“文人”来称呼这样一类人物，恐怕是始于这个时期。那是积极地要求专心于文学或者艺术，与政治无缘的人物，因此要求不当官僚，只当纯粹的市民；还有，要具有成为艺术家的资格，他们的生活中，要多少带有点奇矫性，也就是要脱逸于常识……

此乃汉学家给“中国文人”所下的定义。文人常常超出惯常，甚至有点怪、异、奇、独之处，但在今天的文学传统当中却变“正”了。但

[1] 闻一多：《闻一多全集》第 1 册，湖北人民出版社 1993 年版，第 10 页。

他所说的与政治无缘，大概是把元代文人不在元朝政权中任职这一特定历史现象，看成了普遍现象，这本不足为凭，元四家之首赵孟頫出仕其实就是个反例，中国历史上的文人往往与政治深有瓜葛。事实恰恰是，在仕途上屡遭坎坷的文人，往往可能成为大文人；仕途平坦的人，却常因政坛得意而葬送了文学上的发展，这似乎成了某种历史定律。

在儒教主导的年代，文人出仕做官，乃是文人阶层的主要现实出路，但从历史实情观之，越是禀赋文曲、文采出众之人，往往在从政的道路上走得异常崎岖，要么难以展露身手、施展抱负，要么屡遭贬谪等不顺。唐代文人韩愈就有著名的所谓“不平则鸣”论：“大凡物不得其平则鸣……乐也者，郁于中而泄于外者也，择其善鸣者而假之鸣。”[1]

春秋战国时代，百家争鸣，来自民间的各家各派或以“道”鸣或以“术”鸣，秦代李斯还曾高居丞相之位。到了汉代的大赋兴盛时代，文章便越来越有文采，但文人阶层却逐渐下移。到了韩愈身处的唐代，政治失意、人生落寞、怀才不遇、命运多舛，又推动文人们将智巧与心思铺陈在文之上，这才成就了中国古代那么多独创的文人以及跟风的骚客。

不过，日本人说文人与艺术家有共同之处，这种说法既对又不对。不对在于，中国过去没有艺术的观念，从“美术”到“艺术”这类词，对于华夏文明来说，乃是经过“日本桥”之舶来品。但是，说文人为中国人创作出“美的艺术”，那也不错：一方面，他们是美的创生者；另一方面，他们也创作出美之“文字”，用现代的话来说是“作品”。

所谓“文人”，就是创文字之美的人，也就是带给枯燥、冰冷、生硬的人世间以润饰的“挥翰敷采”之人，这是一种具有“高格”的规定。

追本溯源，在历史上，“文人”最初特指有“文德”之人，也就是用“礼乐文明”来教化百姓的伟大人物——“礼乐文明”讲究的是日常

[1] 韩愈：《送孟东野序》，《韩昌黎全集》，世界书局 1935 年版，第 276—277 页。

图 8-1 赵令穰 陶潜赏菊图卷 台北故宫博物院藏
陶渊明的诗句“采菊东篱下，悠然见南山”，表达出中国文人自在独立的心境

行为的形式之美与善，后来才特指写文章、著书立说的读书人，文章与著作讲究的就是辞藻、行文的形式之美。这种“文形之美”抽象出来，就成为“文人”的核心之形式内涵，进而又将书画等诸多艺术形式涵盖到“文人”概念中。最终，文人也就成了中国传统意义上所谓“艺术家”之魁首。

文人之所以称为“文人”，不仅仅指他们在文学上的天分、造诣和成就，因为在华夏本土，一切文字形态的书籍文献都归属“文学”，甚至汉唐时代“文学”还成为一种官职之称，但是如今的文学则是狭义的了。两汉时代，文与学各有其义，有文采的文本被称为“文章”之文，而一般论说著作则被叫作“文学”之文，与如今的理解似乎刚好相反。

魏晋时代，如今被视为所谓“文的自觉”的时代，那时文学与文章几乎在同一意义上使用了。鲁迅先生之说几成定论：“用近代的文学的眼光来看，曹丕的一个时代可以说是‘文学的自觉时代’，或如近代所说是为艺术而艺术（Art for Art’s Sake）的一派。”[1]

这个 Art for Art’s Sake，如果套用到文学的话，就是“为文学而文学”自身，而不是为了文学之外的任何东西而存在。文学并不是经世致用的工具，“厚人伦，美教化”那是汉代文论的主流意见。然而，在曹丕看来，文学自身的力量也许更大，“盖文章，经国之大业，不朽之盛事”（《典论》），相反，在曹植看来文章仍为“小道”，鲁迅猜测：曹植或者文章本已做得甚好而敢于视之为小道，或者本志于政治却不得志就说文章无用了，但曹魏开国皇帝曹丕自上而下倡导的观念，无疑成了时代的主流。

其实，为艺术而艺术，乃是近代欧洲唯美主义的核心主张，鲁迅则从近代狭义文学观出发，凸显了魏晋时代的转换，曹丕所言“是以古之作者，寄身于翰墨，见意于篇籍，不假良史之辞，不托飞驰之势，而声名自传于后”（《典文·论文》），其实是以古说今，言说“文”之重大意义，文本身就有“自律”的价值。

所以说，对“文的自觉”，可以给出狭义与广义两种解读。从狭义的文学观之，文学自然是千古之事，从政论等非文学中脱离出来而具有了审美价值，这的确是魏晋文学转变的自觉结果。从广义的文章角度看，文章毕竟还是“经国之大业，不朽之盛事”，仍没有脱离与实用功用和现实生活的关联。

从文人生活美学来看，后世的文学更成了文人日常生活的必需品，不仅具有抒发日常生活情感的功用，而且具有寄托现世情怀的功能，“文之本”与奏章驳议、书信论理、铭文诔文、诗歌赋体四种生活中不同的文体科目关联，文学始终没有脱离生活而存在，或者说，文学就是中国古人生活美学之集中呈现。

---

[1] 鲁迅：《鲁迅全集》第三卷，人民文学出版社 1980 年版，第 526 页。

图 8–2 王翚画孟浩然诗意图 台北故宫博物院藏

唐人诗意经常入画，那是让中国真正成为『诗国』的时代。孟浩然诗『移舟泊烟渚，日暮客愁新。野旷天低树，江清月近人』就被如此描绘出来，画者『觉指腕间冲和自在』，由此『赏识者应能静会』

· 文人文采植道根

从中国人的生活美学观之，文学既是生活的又是审美的。文学既是一种生活形式，也是一种审美方式，这两个层面终是合一的。

说文学仅仅是一种生活，还是远远不够的，那就无法区分文学与非文学。与此同时，文学也是给人审美的，文学皆与日常生活形成了延续性关联，但又因其审美品质而拥有了非日常的性质，在日常与非日常之间恰恰形成了必要的张力。

文人必有文采。“文”最初的意思，本是指事物纵横交错所呈现出来的纹理、形象。《说文解字》中解“文，错画也，象交文”[1]（意思是说笔画交错形成的整体感官印象就是“文”），已经是后来偏重于人工层面上的延伸义了。“采”与“文”其实是同义词，都是用来表述事物的形式之美的。如果说“文”偏重于纹理的纵横交错，那“采”则主要针对色彩、光泽而言。“文”与“采”的结合——“文采”一词，就成了中国古人用来言说一切形式之美的核心概念。

在中国文化里，“文采”以文学为核心，辐射到了各个生活美学的领域：说服饰的华丽，人们会称之为“锦绣文采”；说音乐旋律的绚丽变化，人们会称之为“文采节奏”；说文章、书画的辞藻之美，人们也会使用“文采”一词。直到今天，我们在日常生活中还经常用到这一概念，提到某人语言生动、活泼、优美，或者音乐、绘画天分突出的时候，常常会笼统地说他“有文采”“文采斐然”“文采飞扬”，如此等等，都是很常见的。

按照这种“底限”的规定，这“有文采”“文采斐然”的人，其实也属于文人吧。因为“文采”主要是指形式之美，所以，文人也就是指那些能够创造出具有美之形式的文字，或者言行举止体现出浓郁的艺术气息的人。这些人或是给人提供美的艺术品，或是让人领略到人物的风

[1] 段玉裁：《说文解字注》，浙江古籍出版社 2004 年影印版，第 425 页。

姿之美，自然是备受欢迎的。

“华”就是华丽的文采，隋文帝要革除天下文采，首先从朝廷公文和宴饮集会上所用的音乐入手，各级官吏的表文严禁使用奇巧的形式、艳丽的辞藻，宴饮集会也不准欣赏靡靡之音，如泗州刺史司马幼向朝廷提交文表时依然发挥文采，竟被交付御史台治罪而处死。不过，青山遮不住，毕竟东流去，文人与文采的厄运也阻滞不了文人的壮大、文采的飞扬，否则也不会拥有蔚然大观、源远流长的中国文学史了。

中国传统文人对文采，抱有相当坚定的信仰。刘勰在《文心雕龙》中开宗明义讲了数种“文”的概念，并将它们合并在一起，从“自然之文”“文化之文”“文饰之文”终落归到“文字之文”：

首先，“文”即自然。“文”是自然天地现象之图样、形象或图景，作为“宇宙之道”的显示——从宇宙混沌未开，到天地的分判，于是便有了“天圆地方”之文。从天来说，日月交相辉映，展现着天的绚烂之文；就地而论，绵延纵横、高低起伏的壮丽山河，构成了大地的纹理。这些都可以称为大自然本身的韵律和纹理，也就是“自然之文”。

其次，“文”即文化。人文制度的形式，与“自然之文”平行——位居天地之间的人，仰观天象，俯察地理，确定了人类社会的高低、尊卑秩序，这就是所谓的“人文”，亦即“文化之文”。

再次，“文”即文饰。人与天、地并称“三才”——只有人才具有领悟天地之道、效法自然之文的能力，所以人就成了万物之灵长，使得“形立”而“章成”，于是才有了自然的人化，亦即“文饰之文”。

最后，“文”即文字。“文”代表语言，而语言又表达人心，人心与宇宙终而合一——人既然是万物之长，参透了天地之心，就必然要心有所思、口有所言，把这些思想和观念用语言表达出来，这就把“文”的奥妙给说尽了吧。

这四“文”的观念，合并在一起的结果——“文学”即宇宙原理之显现与文饰之言的表象，便构成了中国人独特的文学概念。中国人的“文”不是囿于语言文学本身，而是肇源于天地，来源于人文，最终才

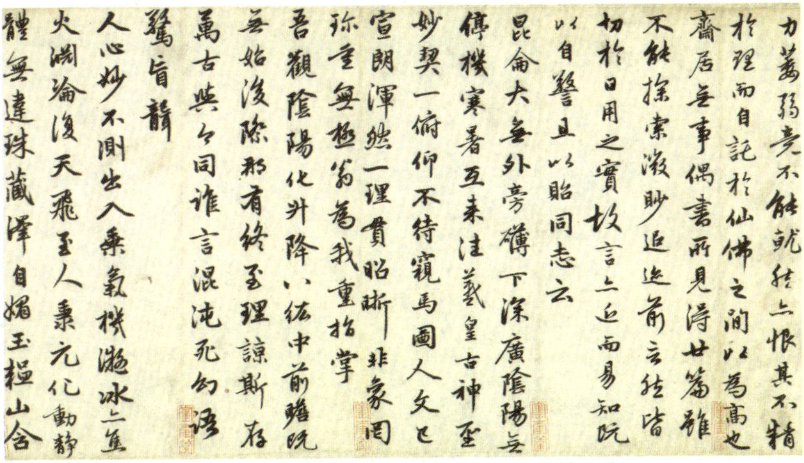

图 8–3 赵孟頫书朱子感兴诗卷 台北故宫博物院藏

朱熹乃“文以载道”倡导者，却深爱陈子昂的《感遇诗三十八首》，受陈子昂的启发，他在这组“感兴诗”中结合了理学的思考与诗人的激情，上及天文、下及地理，论自然玄思，谈人生喜乐，使这组诗成为一组非凡的作品

成就出“文”之自身。

唐宋之际，文以载道，重道轻文，文章与文学之区分再度被模糊了。所谓“文以载道”，就是一种视文学为载道之器的观念，这继承了儒家通过道统的濡染，来继续垄断政统的历史传统。韩愈说，“思古人而不得见，学古道则欲兼通其辞，通其辞者，本志乎古道者也”[1]，这“道”无疑就是从尧舜禹到孔孟的儒家道统。

据韩愈门生李汉在《昌黎先生集序》之归纳：“文者，贯道之器也。”这是从韩愈“文以明道”那里延伸出来的“文以贯道”论，直到宋明理学开山人物周敦颐明确提出“文以载道”说，他甚至把“文辞之艺”比为大车，“道德之实”则喻为车上所载之货，的确以儒家之“道”倾轧了“文”。

综合起来，所谓文以“明”道，不仅要“载”，而且要“贯”，要自

---

[1] 韩愈：《题哀辞后》，《韩昌黎全集》，世界书局 1935 年版，第 311 页。

图 8-4 唐寅 秋墅联吟卷 台北故宫博物院藏

所谓“联吟”，就是指两人或多人共作一诗，此画“白描二人，后一人仿李伯时法，前一人仿梁楷法”，描绘了文人痴迷于内心世界的状态

上而下地将“温柔敦厚”之类的理念贯彻到士文化与民文化当中去，这似乎又回归到了两汉“发乎情止乎礼义”的文学主流传统。

于是乎，到了宋明理学位居主宰时代，“道根文枝”的观念更被广为接受，朱熹所谓“道者，文之根本；文者，道之枝叶。惟其根本乎道，所以发之于文，皆道也”（《朱子语类》）的观念，一时成为时代的主旋律，最高的文乃是道统之显现，而那些重文采之文则被视为末事。这种以道统文的思路一直影响到后代，到了清代，“文学”一词成为一切学术的总称。近代以后，文学才成为我们今天所用的专指语言艺术之美学术语，但中国文学与本土生活之间，从来就是息息相通的。

宋元明清，文人由此形成了一个稳定的阶层，“文学作为一种价值，却已成为社会共同的意志，对于文学的崇拜，形成了这个社会，成为一种文学的精神共同体”，“因为他们根本就活在一个文学化的社会。无所不在的（文人作的）楹联、每个人都用的（文人趣味的）印章、姓名之外取的（文人式的）字号、口中随时会讲到的（由诗文摘录出来的）格言、生活中游赏的（文人）戏文酒令、居家墙壁上挂的字画（画就叫文人画）、学习文人生活的文化生活方式……”[1]

实际上，这里文学化的社会，所言说的就是生活美学之曾经的盛况，文学由此满溢出文学本身，而介入从文人到庶民的日常生活方方面面，由此形成了生活文学化与文学生活化的社会景观。

· 以诗缘情重酬答

我曾有个有趣的比喻，也许并不恰当：中国古诗，就好比今人的微信，它就深植在生活当中，而从未超出生活之外。普通人以诗意的语言写微博，那就是在作诗。从古至今，诗就植根于国人的生活中，并从中生长出来。

如今的中国人在微博和微信上进行日常写作，也好似传统文人进行书法日课，融入了许许多多“微公民”的日常生活程序之中。你会发现，圈内的女性微用户更能敏感地感受到冬去春来的季节变化，那一幅幅花开花落的图像与所配的心情文字，也好似传统水墨画里面的书画合一。

做个日常诗人，日日更新微博与微信，这大概也是向本土传统的回归。写微博、晒心情如采取了文学的“春秋”笔法，实际上更接近古代文人撰写日常性的诗歌来抒怀，不是小聚离别，就是乐山乐水，不是悲秋叹春，就是情感故事，这也都是古诗中最常见的题材。真实呀，中国人的生活审美化的传统其实始终未曾断裂呢。

[1] 龚鹏程：《中国文人阶层史论》，台湾佛光人文社会学院 2002 年版，第 26—27 页。

所以说，如今文学的日趋生活化，并不是一种新的事物。追本溯源，你会发现，中国人早就开启了这种把文学作为生活艺术的悠久传统。有一定文字与文化修养的古人，几乎把写诗当作一种日课。即使是如朱熹这样拒绝感性的理学大师也有大量诗作遗世，这些诗歌并不是阐释他的理学的，而是来自生活并表达生活的。

中国文人，上到接近于哲学的理学家，下到接近于日用的普通文人，他们的诗文都与生活衔通。历代文人的全集都是全面覆盖的，以《韩昌黎全集》为例，从赋、古诗、联句、律诗编起，再到杂著、书、序，还有祭文、碑志、杂文、行状、表状，各式各样，不一而足，哪一类脱离了文人生活呢？它们如今往往被视为实用性文体，但是在古代生活当中其重要程度远超那些以审美娱情为主的文字，反倒因其生活与审美的联姻，从而成为“文”之主流。

就以祭文为例，它在西方文字当中顶多属于文学的类型而已，在中文当中却被当作一种独特的文体：“在其祭祝告中，永远留下的是对于天地鬼神的未知，但又不愿人类的生活仅限于现实或自然的表象，于是遂有通往超自然以及死后世界的种种诉求和告白。……由于出自仪式，因而祭文往往有不同的形式规范，以及由此而生的形式美感。而事涉生死、天人之际，往往更有哀乐虔敬之情，足以感动人心”。[1] 大多数的文，还是与生活实用性联系起来，但是祭文却指向了死后的世界，尽管如此，它的落脚点仍在现实的“一个世界”当中。

真正的审美的生活，不仅要让生活的细节和局部停留在诗词歌赋当中，还要把原本投射到诗文中的情感、想象灌注到日常生活中，把日常生活看作艺术品，在庸常平凡的生活日用之物中极深研几，曲尽其妙，体味生活日用本身的情趣和格调。诗文这样的文学生活方式，经过儒家诗教而扎根于民众的内心里，并可能在一生的生活中贯穿始终，就像弘一法师临死前那句“悲欣交集”，不正是人生诗篇的终句吗？

---

[1] 柯庆明：《古典中国实用文类美学》，台湾大学出版中心 2016 年版，第 297 页。

人生总是聚少离多。为何从《全唐诗》到《全清诗》中有那么多的送别诗？就是因为：送别是一种激发起亲人友朋之间情感的特殊时刻，为了表达这种情谊，古人往往用诗歌的形式来进行情感交流。

诗仙与诗圣之间还有一个故事。“诗圣”杜甫听闻李白被朝廷流放夜郎，写下了《天末怀李白》诗：“凉风起天末，君子意如何？鸿雁几时到？江湖秋水多。文章憎命达，魑魅喜人过。应共冤魂语，投诗赠汨罗。”李白虽只是被贬，但夜郎却传为魑魅魍魉出没之地，见人经过就会“吞人以益其心”，杜甫尽管在千里之外却忧心忡忡……清人仇兆鳌评此诗曰：“说到流离生死，千里关情，真堪声泪交下，此怀人最惨怛者。”[1]好个“千里关情”！

形式上是以诗作来酬答，内蕴上则表达深厚的友谊。海外汉学家曾概括道，“若说中国诗有半数是描写别离之情，当不为过”[2]；而中国古人在评价唐诗时则说过，“唐人好诗，多是征戍、迁谪、行旅、离别之作”[3]。前者偏重于“量”，后者侧重于“质”，将这两种说法综合起来，就能对怀远、赠答诗作所寄托的款款深情有一个大概的印象了。

无独有偶，元稹与白居易之间，也曾心有戚戚，他们的相互唱和，成为千古美谈。有趣的是，这著名的“元白唱和”，还喜欢“和韵”，也就是依照对方诗作所押的韵来唱和。这可就达到创作诗歌的高难度层级了：既要真挚深切的情感含量，又重形式技巧的匹配。对于元、白这样的大诗人而言，这自然不成问题，但后来仰慕“元白之风”的文人骚客们，想把这种交游之美呈现出来，可就困难重重了，往往画虎不成反类犬。

宋人严羽就曾抱怨说“和韵最害人诗”，或者说人、诗两害。原因就在于酬唱赠答本来是情感交流行为，古人唱和也不曾依韵作诗，自从

---

[1] 《杜诗译注》第2册，仇兆鳌注，中华书局1999年版，第590、591页。

[2] 程章灿：《魏理眼中的中国诗歌史：一个英国汉学家与他的中国诗史研究》，《鲁迅研究月刊》2005年第3期。

[3] 严羽：《沧浪诗话·诗评》，郭绍虞：《沧浪诗话校释》，人民文学出版社1983年版，第198页。

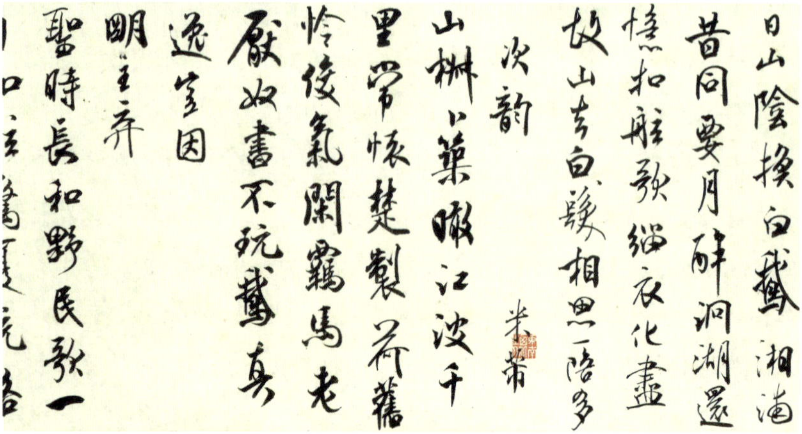

图 8-5　米芾与魏泰唱和诗（局部）　台北故宫博物院藏

这是古代文人与友人酬答唱和、叙旧感怀之作。上面写着："湘浦昔同要月醉，洞湖还忆扣舷歌。缁衣化尽故山去，白发相思一陪多。"此札写得心手双畅，可谓诗书俱佳

元稹、白居易开了这个先例，后来的模仿者就往往只顾着求形而害神了。也就是说，酬唱赠答成了一种文字游戏，文人只专注于在诗歌形式上的相互竞技，反而忘记了诗的本来面目。

《随园诗话》曾记录过袁枚与尹继善以诗歌相谑的事。某年八月，袁枚路过尹府，宴饮后与尹氏诸子彻夜长谈。尹继善差人从后堂送来一封短札，上书："山人在外初回，家姬必多相忆。盍早归乎？"这显然又在调侃袁枚之好色。袁枚自不甘居后，在短札背面题诗一首道："夜深手札出深闺，劝我新归应早回。自笑公门懒桃李，五更结子要风催。"

这一回敬，把尹继善比作深闺中的怨妇，戏谑而隐晦！不过尹氏并不见怪。这年除夕，他派人给袁枚送去珍馐美馔，袁枚在答谢的诗中又风趣地说："知公得韵便传笺，倚马才高不让先。今日教公输一着，新诗和到是明年。"这是说，我知道您在作诗上不甘人后，每赋成一首就派人送来，常弄得对方才尽词穷，不过今天是除夕，您恐怕得让我略胜一

筹了——待到您的和诗送来，就已经是明年了！[1]

公允地说，诗歌酬唱只是朋辈交游的一种形式，朋友间不可撼动的深情厚谊，没有必要非得体现在每一首唱和诗中，要求篇篇皆有洞达内心深处、震颤灵魂的情感力量。文字游戏本身就是一种乐趣，朋辈交游中做些文字游戏不也是分享文学创作的快乐吗？这就关系到“以诗缘情”之情感交流了。

实际上，诗能达“贞情”即可，和韵之类的形倒是次要的。在《郭店楚墓竹简》当中就有“凡声，其出于情也信，然后其入拨人之心也厚”的说法，说明起码在思孟学派那里早就认定，只要出自真“情”那就是可“信”的，才能更为动人。这还是要归于情之真挚，“凡人情为可悦也。苟以其情，唯（虽）过不恶；不以其情，唯（虽）难不贵”（《郭店楚墓竹简·性自命出》），可见情真的可贵。

质言之，诗歌是吟咏情性的事物，它所能抒发的正是内在的“情”“情性”亦或“性灵”，但这种“情”，并不是西方浪漫主义那种试图与外物决裂的诗情，而是一种物我合一语境的情感性能。

• 飞鸿传书情意重

文之美，还体现在“飞鸿传书”当中，自有其“鱼雁之乐”。

古人写信，常用一尺左右的木牍竹简或绢帛。书信在古代，又被称为尺牍、尺素、尺书、书简，就是这个原因。汉代乐府民歌有首《饮马长城窟行》：“客从远方来，遗我双鲤鱼。呼儿烹鲤鱼，中有尺素书。长跪读素书，书中竟何如？上言加餐食，下言长相忆。”诗里说的“双鲤鱼”，其实是藏书信的木函，就是“两块木板，一底一盖，把书信夹

[1] 袁枚：《随园诗话》，人民文学出版社 1982 年版，第 6 页。

在里面。这两块木板刻作鱼形”[1]，由此，古人又常把书信称作“鱼书”或“鱼素”，就连信本身也被审美化了。

书信还另有一类雅称：雁书、雁信、雁帛、雁音，这是何故？据《汉书·苏武传》所记，苏武被困于匈奴，在北海苦寒之地牧羊，这就是“苏武牧羊”的故事。等匈奴请求和亲时，汉朝要求归还苏武，对方却诈称苏武早已亡去。幸运的是，苏武同伴常惠买通看守，偷见汉朝使者，让其告诉单于，说天子于上林苑射猎，得大雁一只，雁足系有帛书，说苏武尚在人间。于是，匈奴不得已，只好把苏武放还。由于有了这个传说，再加上前面说的乐府民谣的典故，古人就把书信称作“鱼雁”，把寄信说成“鱼雁传书”“鱼来雁去”“剖鲤传鸿”，还把书信断绝、音信不通说成“雁杳鱼沉”……

单从这些名称上来看，书信中就寄托着无限的情思，涵盖了审美的特质。古人对于生活与人生，是如此的多情，以至于把内心的情感、创造力灌注到生活的每一个细节、人生的每一处角落，以至于在今天看来，他们人际交往中自然而然产生的书信，都是不可多得的文学作品。在我们这个通信技术高度发达的时代，即时通话、通信都已不成问题，文学早已被数字化，书信却日益萎缩，逐渐淡出了我们的生活。现代技术进步带来的会面的便利、距离的缩短、时间的压缩，会冲淡人与人之间多少情感与才思？

汉代书信中，司马迁《报任安书》、李陵《答苏武书》、杨恽《报孙会宗书》，大都洋溢着壮怀激烈的抒情色彩。那时的文人在交游中，也大都襟怀坦荡，深信自己的情志，能在对方那里获得强烈的共鸣。他们在书信中谈论人生、横议时政，对自我的历史价值有着令我们惊诧的自信，这在后来的历史中也得到了充分验证。

魏晋时代，文人间的书信来往，出现了新动向，形制趋于短小，内容更贴近日常生活和世俗人生，就连行文的风格，也变得清丽飘逸起来。

---

[1] 余冠英：《乐府诗选》，人民文学出版社 1957 年版，第 32 页。

这大概是名士风范的一种显现方式。曹丕的《与吴质书》、曹植的《与杨德祖书》、刘琨的《答卢谌书》、鲍照的《登大雷岸与妹书》、吴均的《与朱元思书》等，或表达友人相思的一往情深，或追念昔日同游的美好时光，或记述秀丽可人的山川景物，都是精美雅致的文章典范。

现藏于台北故宫博物院的王羲之的传世名作《快雪时晴帖》，真实就是一封信札，只有四行二十八字："羲之顿首，快雪时晴，佳想安善。未果为结，力不次，王羲之顿首。山阴张侯。"这是一封写给山阴张侯（侯是对收信人的敬称）的短札，大意为：王羲之拜上，快雪过后，天日放晴，想必您一切安好！（咱们的约定）未能达到目的，心中郁结，精力所限，不一一详述了。这封信不仅语言清丽凝练，而且书写布局疏朗、墨色浓

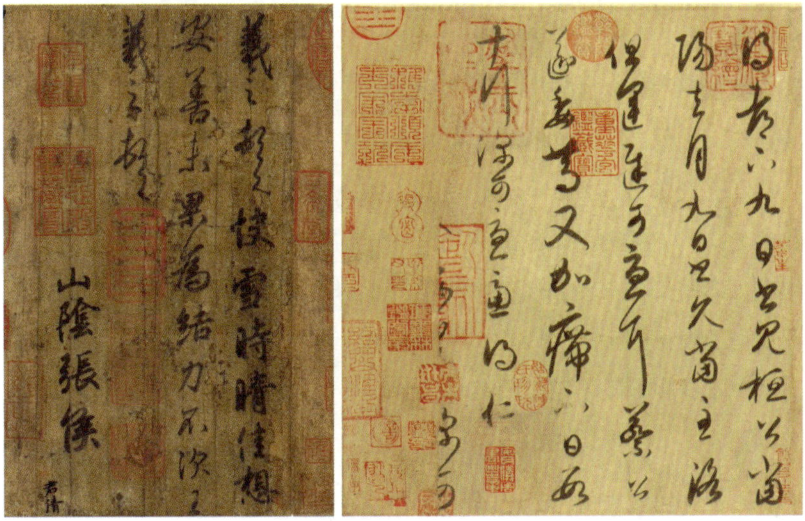

图 8-6、图 8-7　王羲之　快雪时晴帖（左）、七月都下二帖（右）　台北故宫博物院藏

在书法史上彪炳千古的王羲之《快雪时晴帖》实乃一封短札而已。书圣绝不是正襟危坐地在写书法作品，反倒在信札便帖当中书写自如，这是一种植根生活的"日常书写"，在这种书写中往往心灵自由挥洒而无执无碍

淡相宜、笔势起伏跌宕，具有收放自如、刚健流畅的节奏美感，是中国

艺术史上不可多得的神品，历来为研习书法者所推重。“快雪时晴”的表现力是惊人的，把舒畅的心情与明媚的景色凝结在四个字中，闪烁着诗性的格调。

唐宋以来，随着雅集、结社等交游形式日趋多样，文人间的书信来往内容也愈加丰富多彩。他们或是以书信干谒求仕，毛遂自荐，如李白的《与韩荆州书》、苏辙的《上枢密韩太尉书》；或是议论时政，如欧阳修的《与高司谏书》、王安石的《答司马谏议书》；或是探讨学理，如韩愈的《答李翱书》、李贽的《与焦弱侯》；或是评点诗文，如白居易的《与元九书》、元稹的《叙诗寄乐天书》；或是抒发人生感慨，如苏轼的《与王敏仲书》、钱谦益的《与长安诸公书》；或是交流生活经验，如袁宏道的《寄散木》、屠隆的《在京与友人书》……在世界文学史上，从来就没有出现过这么多的书信大量成为文学作品的独特现象。

其中，尤其能体现出文人交游之新特点的，是那些记述点滴生活经验、与友人分享日常感悟的短札。笔者曾在日本新潟参加国际书法美学会议，在美术馆的相配东亚书法展当中得见苏轼真迹，其“起居佳胜”几字给我印象深刻，书信本来就有保平安的功能吧。苏轼于元符三年冬给友人谢民师的一封信《答谢民师书》，如今也留下尺牍残阕，信中不仅言说了自己的生活（如有人求字但不善大书且乘舟终难写就），而且，对行文本身也提出了自然而然（常行于所当行，常止于所不可不止）的美学要求，录部分原文如下：

> 所示书教及诗赋杂文，观之熟矣。大略如行云流水，初无定质，但常行于所当行，常止于所不可不止，文理自然，姿态横生。
>
> ……
>
> 所须惠力法雨堂字，轼本不善作大字，强作终不佳，又舟中局迫难写，未能如教。然轼方过临江，当往游焉。

俞和曾评苏轼尺牍说：“东坡先生在当时诸公间第一品人也，余每于

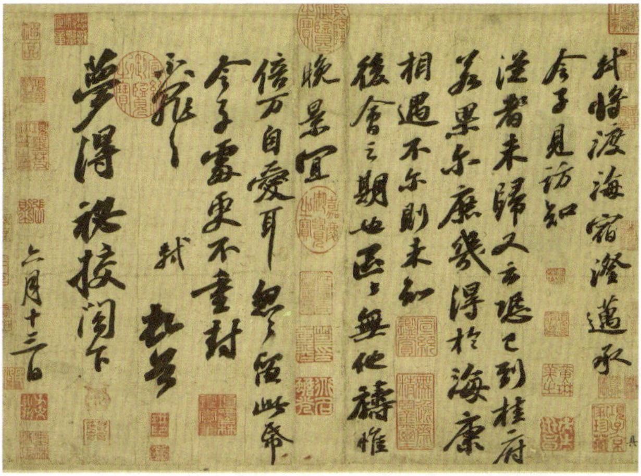

图 8-8　苏轼尺牍　渡海帖　台北故宫博物院藏

此作就是著名的《渡海帖》，乃苏轼诏徙廉州途中写给挚友赵梦得的。渡海前夕想与故人谋面，不巧错失机缘，并预感到“未知后会之期也”。苏轼虽已年逾花甲，但笔力雄浑潇洒、沉着痛快，一抒胸臆

人家见尺牍片纸，未尝不爱赏，得其遗迹犹可想其风度，况笔精墨妙耶。”苏轼在密州时还曾写信给秦观，最后一句是：“无事时寄一字，甚慰寂寥。不宣。”[1]

正如这位作为中国人文典范的大文人苏仙自己所说的那样，“无事时”方“寄一字”，闲来无聊，把这百无聊赖的感受分享给知己，不也是消磨时光、破除岑寂的一种方式吗？这便是一种超脱、旷达的生活观念——“人生到处知何似，应似飞鸿踏雪泥”！

在古人那里，写信，完全能成为一门生活的艺术，但这个传统如今已经被数字化和网络化冲击得七零八碎，也会有人重新拿起了毛笔与钢笔，来延承这个快要断线的生活美学传统吧。

[1]　苏轼：《与秦少游书》，《苏轼文集》卷 52，中华书局 1986 年版，第 1535 页。

· 文房四士独相依

文人的生活，自然离不开文房，离不开文房四宝。欧阳修在《实笔》当中所记苏舜钦语："明窗净几，笔砚纸墨，皆极精良，亦自是人生一乐！"

笔、砚、纸、墨的历史，就是它们在保持日常实用功能的同时不断艺术化、审美化的历史，也是中国文人的笔墨生涯不断艺术化、审美化的历史。这一历史，滥觞于汉魏时代，到南朝初具规模，至唐宋终于境界大开、声色并陈，由此也形成了独具中国色彩的文房之美。

毛笔，早在晋代就进入了普通人的日常生活中，成为一种时尚元素，这种时尚背后激荡着的审美趣味和文化意蕴却源远流长，一直延续到当下的生活中。何人造笔，其实已无可考。清代书法家梁同书曾写过一卷《笔史》，开卷就是"笔之始"，汇聚了许多"造笔"传说，上古历史和传说中的诸多伟大人物，竟然都成了造笔的始祖。其中，就有"虞舜造笔"的说法，说伏羲初以木刻字，轩辕易以刀书，"虞舜造笔，以漆书于方简"（罗颀《物原》），这都传达出古人对于笔的文化价值的确认与认同。

在过去，保留着传统韵味的文具店，常常悬挂一副文辞雅致的楹联——"五色艳争江令梦，一枝春暖管城花"！

上联所用的是"江郎梦笔"的典故。据称，南朝知名诗人江淹，少时曾经梦见神人以五色笔相赠，所以文采俊发、辞章绝世；后来，又梦到神人将五色笔讨还，故而文采顿减、辞章失色，这便是"江郎才尽"典故的由来。此后，据说李白也曾经梦到"笔头生花"，所以诗赋俊逸超群。

下联"管城"所用则是《毛颖传》的典故，这可谓是韩愈"不平则鸣"的一篇游戏奇文，用拟人化的手笔给毛颖（毛笔）树碑立传，说秦始皇赐予毛颖的封地为"管城"，毛颖也深受人们爱戴而官封"中书令"。所谓"中书"就是合乎书写之用的意思，这唤起了后人对毛笔的无穷审美想象。

在东汉时期，毛笔的制作工艺变得考究、精致，在实用功能之外，外在的形式之美和装饰性功能愈加凸显。东汉蔡邕《笔赋》中就说："削文竹以为管，加漆丝之缠束，形调博以直端，染玄墨以定色……上刚下柔，乾坤位也。新故代谢，四时次也。圆和正直，规矩极也。玄首黄管，天地色也。"[1]这说明，汉代毛笔制作在选用原料的质地、形制和颜色搭配上均形成了固定的审美趣味。

南北朝时期，许多与笔相关的文房用具开始艺术化，引起了文人墨客的兴趣，传为王羲之所作的《笔经》当中对笔提出了"丽饰"的审美要求。梁简文帝萧纲有一首《咏笔格》诗："英华表玉笈，佳丽称珠网。无如兹制奇，雕饰杂众象。仰出写含花，横抽学仙掌。幸因提拾用，遂厕璇台赏。"

唐宋时期，中国文人对文房用具的喜好与崇尚被极大地激发出来。韩愈的《毛颖传》自然是最典型的例子。而同时或其后，还有大量的吟咏毛笔的诗、词、歌、赋、铭、记等文学作品，逐步形成了一个以毛笔为中心环绕起来的实用和审美体系，笔海、笔洗、笔挂、笔屏、笔枕、笔插、笔帘、笔舔纷纷出场，这形成了中国文化史上第二次文房审美的

图 8-9　南宋至元时期墨玉笔山　台北故宫博物院藏

唐宋时期，文人对文房四宝愈加重视，涌现出许多精品。这款宋代极其鲜见的玉质山形笔架，最具特色之处就在于玉工巧妙地运用了玉料所含石墨的深灰乃至墨黑之色，来表现山阴与山影的效果，青玉被琢成叠嶂山状，凹下山谷恰可置笔

[1]　费振刚等辑校：《全汉赋》，北京大学出版社 1997 年版，第 579 页。

高潮。

明代文人陈继儒《妮古录》和屠隆《考槃余事》等书当中都曾说过："笔有四德：锐、齐、圆、健。"[1]这种美学观无疑是对蔡邕"上刚下柔""圆和正直"和"玄首黄管"观念之继承和发挥，可见中国人对笔的审美一脉相承。

关于墨，它的来源，可没被赋予那么多的文化色彩。因为古人相信仓颉造字，而仓颉相传是黄帝时史官，所以就有了"墨始造于黄帝之时"的说法。还有人认为发明者是周宣王时期的邢夷，甚至是更晚的汉代田真，但传说毕竟是传说，墨也不像笔的发明那样被渲染得事关重大。相传为北宋晁季一所作《墨经》一书，说得更为实在与可信，其中曾简要概括过古人制墨史："古人用松烟、石墨二种。石墨自魏晋以后无闻，松烟之制尚矣。"

墨也如同笔一样，越来越深地契入了文人的日常生活，成为他们欣赏、把玩、吟咏的审美对象，为他们的生活提供了无限乐趣。根据元代陆友《墨史》的考证，魏晋时期，赏墨、玩墨已经蔚然成风，人们不仅以墨为用，留下了中国书法史上的诸多神品，而且墨也成为独立的审美对象，积淀了丰厚的审美经验。这些宝贵的经验包括"样""色""声""轻重""新故""养蓄"等，下面一一道来。

"样"是指墨体的形式，包括大小、样式等。发明了"合墨法"的三国魏人韦诞曾主张墨"宁小不大""宁薄不厚"，"小"不仅易于携带、便于使用，而且轻巧优美，置于案头，错落在砚台、书籍、纸张中，方寸之间，形成大小、薄厚的对比，因而更加美观；此外，在具体的形式塑造中，"墨样法古"，也就是追求古朴、典雅之美，也成为人们自觉的追求。

"色"是就色彩、光泽而言，墨的"光与色不可废一"，也就是说，上品之墨不仅要墨色醇正，还要流光溢彩、清丽明艳，在光的映射下熠

---

[1] 梁同书：《笔史》，《丛书集成》本，商务印书馆 1939 年版，第 5 页。

图 8–10　明“笔余可饮”龙凤纹墨　台北故宫博物院藏

雕有上凤下龙的明人所制之古墨，足见其在“样”之审美方面的质朴与典雅。一块完美的墨，却可以求得“样”之美、“色”之美、“声”之美、“轻重”之美、“新故”之美、“养蓄”之美的一应俱全

熠生辉。那么，什么样的墨光才是上品？——“紫光为上，墨光次之，青光又次之，白光为下。”鉴别“紫光”的办法，就是看它是否“黯而不浮，明而有艳，泽而无渍”。墨色要醇厚典重，光泽要明艳但不轻浮，留在纸面上的墨迹要丰腴、饱满、清晰、界限分明而无杂质、无水渍。并且，只有“久而不渝”，也就是字迹历久弥新，不污不滥的，才是紫光墨中的上乘。

“声”有两种，一种是敲击墨锭时发出的声音，另一种是研磨时的声音。上乘好墨敲击时发声清亮悦耳，研磨时声音细腻悠长；粗劣之墨敲击时声音滞重迟缓，研磨时发声粗涩刺耳。这种细致入微的听觉差异，只有那些真正能够寄情于此，心无旁骛，摆脱了世俗功利心的超迈之士才能用心、用时去欣赏和体会。

“轻重”是指墨的成色、质地和分量。古代俗语云，“煤贵轻，墨贵重”。煤是燃料，质地疏松多隙易于燃烧，所以贵轻；而墨则讲究经久耐用，合墨时用的胶掺水过多，就容易黏合力不足，自然导致墨的分量变轻。韦诞所谓“墨之大诀”中对原料的精心择取，以及时间和季节的考量等，被后人总结为八个字：“醇烟”“法胶”“善药”“良时”，只有四者兼具，制出的墨才能“重而有体”，历久弥坚。

“新故”说的是墨之制作年代的远近。古语说，茶贵新，墨贵陈。《笔阵图》曾说临池用墨要“取十年以上、强之如石者”。《墨经》的作者曾分析说，这样做的原因是年代越久远，墨块就越坚固，墨色和墨光就会由黑而紫，大放异彩。

“养蓄”就是收藏和把玩的学问了。然而古人不说藏与鉴，而说“养蓄”，后天的存养更加重要。对于新墨，要用上好的纸张包裹起来，悬置在中空、干燥通风的器皿中；对于旧墨，则常常置于掌上、放在衣袖中，让墨能浸润在人的呼吸、动静举止里，仿佛这样，墨就融入了人的日常生活，人的品行高洁、气质优雅，墨也能随之变换气质，富于生命的气息和活力。[1]

“样”“色”“声”等，就像笔之“四德”（锐、齐、圆、健），是中国古人将内在的、主观的生命情调和品格追求，投射到外化的、客观的笔墨等日常用品之上，涵泳蕴藉，塑造一种气韵生动、活泼自由的艺术化生活情境的感性显现。这种直观的、感性的生活之美，在魏晋时期达到了历史上的第一个高峰，又经过数百年的沉潜积淀，终于在唐宋时发扬光大，形成了最精雅、纯粹的文人生活。

再说砚。砚又称“墨海”，据说是黄帝的发明。东汉李尤在《墨研铭》里说“书契既造，研（砚）墨乃陈”[2]：既然有了文字，就应该有砚和墨了，否则如何书写记录？因为有黄帝史官仓颉造字的传说契刻在人们的记忆中，所以砚和墨，自然也要归功于黄帝了。不过，从考古发现来看，砚

[1] 《墨经》，《丛书集成》本，商务印书馆 1936 年版，第 15—21 页。

[2] 高似孙：《砚笺》卷 4，《影印文渊阁四库全书》本，台湾商务印书馆 1983 年影印本，第 843 册，第 130 页。

图8-11至图8-16，自上而下，由左至右，分别是：（传）苏轼铭端石东井砚，（传）苏轼从星砚，宋、金澄泥圆砚，唐石渠砚，（传）汉未央宫东阁瓦砚，（传）米芾兰亭端砚　台北故宫博物院藏

古人赋予了砚台以一种深蕴“文人文化”的历史意蕴，这从不同砚台的人工结合自然的制式当中就可感受得出，也能通过砚台上所镌刻的文字体会得到

出现的时间，确实相当于传说中的黄帝时代。

直到春秋时期，人们也并未把太多的心思倾注在文房用具上。据说唐代孔庙里尚保存着一方孔子用过的石砚，许多人亲眼见过，它“邈观器用”。孔砚大概不过是一块方方正正、规规矩矩，没有任何雕饰的石砚罢了。按照儒家这种质朴标格，后世材质各异、造型精美、雕饰繁缛的砚台，就是人心不古、世道沦丧的文化末世的象征了。

魏晋到南朝，老庄哲学和玄学皆尚自然，务求清虚玄远，折射到文房用具上，自然就体现出求自然、简约、清雅且风韵悠长之审美情趣。从材质上看，除了传统的石砚、木砚外，瓷砚和陶砚也特别流行。瓷和陶两种材质因其更依赖于人工，因而其简约、清雅的风格，尤能体现出一时流行的趣味和风尚。

唐宋才是中国砚文化真正大放异彩的时代。端砚、歙砚、鲁砚和澄泥砚——这著名的四大名砚横空出世，吟咏、摹状砚的诗文也随之泉涌，赏砚、藏砚蔚然成风，大量的砚史、砚谱、砚笺著作破茧而出。相对于笔、墨而言，砚的尺幅显然阔绰富裕，这就为文人才子们施展其艺术才能提供了更为广阔的空间。苏轼在《端砚铭》中就这样写道：“千夫挽绠，百夫运斤。篝火下缒，以出斯珍。一嘘而泫，岁久愈新。谁其似之？我怀斯人。”

传统时代的文人士子们以笔墨为生涯，因此，砚与他们的生活和人生就有了更为紧密的关联。所以说，砚真是一种古人甚爱的“文化尤物”！

纸，在文房四宝的历史上出场最晚，但它却后来居上，跃居中国古代“四大发明”之列，影响遍及世界。从世界史的角度看，纸的出现，可谓解放了人心！这振聋发聩的说法，让人不能不对平日夷然不屑的纸肃然起敬。纸虽然只是一种书写的媒介，但若没有它，文化的传承必然大打折扣，更何谈大规模的传播和普及？

东汉元兴五年，蔡伦把他造出的纸献给皇帝，获得认可，风行天下。因此，纸也被称为“蔡伦纸”或“蔡侯纸”。从这一年起，中国文化传承就翻开了崭新一页。

遗憾的是，“蔡侯纸”没有遗物流传下来，不知它是否像《纸赋》里说的那般“体洁性真”“含章蕴藻”？但在东汉末年，人们已经造出了光

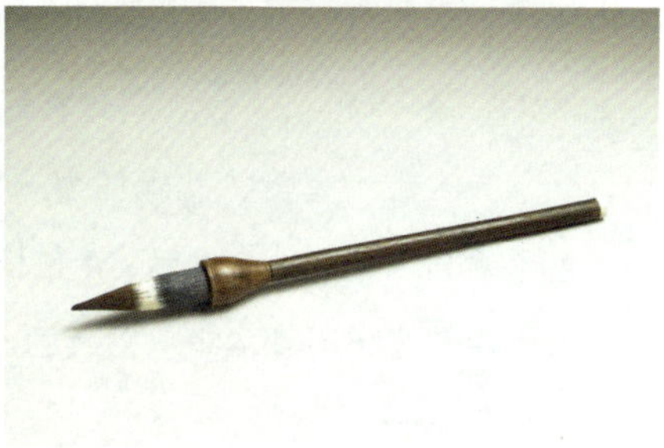

图 8-17（上左） 明白玉叶式笔觇 台北故宫博物院藏

笔觇的功能，是在笔毫含墨饱满时，可在其上觇试，调节墨的干湿，并匀整笔头形状。这种叶形的笔觇在当时十分普遍

图 8-18（上右） 明晚期至清玉环形笔洗 台北故宫博物院藏

整体观之，似为新石器时代晚期龙山—齐家系素琮之一截改制。在《长物志》中记“玉者有钵盂洗、长方洗、玉环洗，古铜者有古鎏金小洗，有青绿小盂，有小釜、小卮匜，此五件原非笔洗，今用作洗最佳”

图 8-19（下左） 清壶卢文字笔筒 台北故宫博物院藏

全器略呈正方形，直壁深腹，器底浅凹，口缘粘饰玳瑁。随着笔筒附有一张黄纸，其上清高宗亲笔墨书御制诗文和诗序，由诗序可知：这件笔筒是清高宗尚未登基之前，清圣祖赏赐给清高宗之物，是清高宗书几上的日用文具之一

图 8-20（下右） 清紫檀木杆小斗笔 台北故宫博物院藏

羊毫斗笔，紫檀木质细长笔管，笔管作上窄下阔的斗状，顶端饰象牙片，笔毫作红、白、棕三色

洁流丽、妙曼可人的纸。东汉时期，人们所推崇的文房用具有三种："张芝笔""左伯纸"和"韦诞墨"。其中左伯纸，是汉末东莱人左伯所造，南朝书法家王僧虔曾赞其纸"研染辉光"，这"研染辉光"说的是左伯纸着墨后墨色发散匀细、熠熠生辉之视觉效果。

中国名纸非常多，笔者曾在四川深山中考察过一处非物质文化遗产造纸之处，那是用竹来造纸的夹江。在这古蜀之地，孕育出有其独特审美趣味的"蜀笺"：

> 蜀人造十色笺，凡十幅为一榻，每幅之尾，必以竹夹夹，和十色水逐榻以染。当染之际，弃置椎埋，堆盈左右，不胜其委顿；逮干，则光彩相宣，不可名也。然逐幅于方版之上砑之，则隐起花木麟鸾，千状万态……[1]

从这段记述来看，蜀笺的制作工序极为复杂，但人们更看重的是纸张后期的颜色晕染、纹理压制和图案绘制，这种"繁缛可爱"的笺纸，对制作环境和工艺的要求极高。

这样精美绝伦的笺纸，由于广受文人士子追捧，自然成就了许多以制笺著称的名人，其中就包括谢师厚和薛涛。据说，谢师厚所制笺纸有深红、粉红、杏红、明黄、深青、浅青、深绿、浅绿、铜绿、浅云等十种，被称为"谢公笺"[2]，为世人所珍爱。佳纸当然要有文人来书写，元代文人白仁甫在《阳春曲题情》中所言"轻拈斑管书心事，细折银笺写恨词"，就写出了从"心"到"笔"再到"纸"之关联。

在蜀笺风行天下的同时，大尺幅的精制纸张也流行起来，为才气纵横、不可局促于方寸之间的大情怀、大境界提供了施展拳脚的空间——这就是宣纸了。

---

[1] 苏易简:《文房四谱》卷 4,《丛书集成》本，商务印书馆 1939 年版，第 52 页。

[2] 费著:《笺纸谱》,《丛书集成》本，商务印书馆 1937 年版，第 2 页。

宣纸的出现，大大促进了中国艺术的流传与发展，在某种程度上，也提升了中国人的生活品质，拓展了审美生活的境界。

文房之美的传统，从古至今，生生不息。那些炫人耳目、数不胜数的文房用具，有的至今仍活跃在收藏家和文雅人士的案头、掌中，它们能给当代人的生活增添什么样的美感和艺术气息，尚依赖于中国人自身的品鉴和欣赏，这是个活的生活美学传统。

对今人所说的“文房四宝”，《题笔阵图后》曾做过精妙的譬喻：“夫纸者阵也，笔者刀矟也，墨者鍪甲也，水砚者城池也。”[1] 这大概是历史上首次把笔、墨、纸、砚合为一体、相提并论的时刻了。王羲之把这“文房四士”比喻成冲锋陷阵、攻守御敌的利器，可谓再恰当不过了。也正因为此，笔、墨、纸、砚依然是“器”，是工具；战阵、刀矟、鍪甲、城池等雅称，也不过是一笔带过不甚留心的妙语。俗语说，“工欲善其事，必先利其器”，想必利其器不会占用书圣太多精力，但他最享受的，还是书写所带来的驰骋挥洒、畅快淋漓的体验吧，而器则终归于道——日常书写之道。

所谓“文房四士独相依”，笔、墨、纸、砚成了对中国文人日常生活美学最纯粹，也最精致优雅的概括，文房之美其实就是一种综合之美！

[1] 张彦远：《法书要录》卷 1，人民美术出版社 2003 年版，第 7 页。

第九讲

修身养德之美

仁，内也；礼，外也。礼乐，共也

——《郭店楚墓竹简》

本讲所论的乃是修身养性的伦理美学，也就是中国人独具一格的『修养美学』。必须注意的是，这种生活美学并不仅仅是修『心』的，而且亦要修『身』，可谓是身心合一的，而且终为一种践行之道。

· 尽善尽美美善乐

古人云："夫人事必将与天地相参，然后乃可以成功。"（《国语·越语下》）人从事各种活动而与天地参，必然形成人与人之间的"伦理关联"，而这种关联，也被中国人纳入审美关系当中，这是西方古典美学的主流所缺失的维度。

这就是中国人修德的生活美学传统，从社会方面讲就是一种礼俗之美，从人伦方面说则是一种伦常之美，前者是伦理的审美化，后者则是道德的审美化。伦理与道德，二者并不是同一的，具有社会性的伦理是由外而内的，而归属于个体的道德则是由内而外的。

中华生活美学的核心流派乃儒家，而儒家的审美理想，就在于善与美的高度和谐统一，即我们如今也常说的"尽善尽美"。这个"尽善尽美"可不是如今所理解的完美的意思，那么，究竟何为儒家原本意义上的"尽善尽美"？

"尽善尽美"，首先强调的就是美与善虽然不同，但二者需要得以统一，这是对遥远的"礼乐相济"传统的积极回应。

"尽善尽美"，这个中国独具的美学概念语出《论语·八佾》："子谓《韶》：'尽美矣，又尽善也。'谓《武》：'尽美矣，未尽善也。'"由孔子的仁学看来，《韶》舞由于表现了尧、舜以德受禅，是"尽美"又"尽善"的，善与美达到了合一的程度；而《武》舞表现武王以征伐而取天下，乐、舞虽然形式上达到了美的完善，但在道德内涵上却是"未尽善"的，因而它的善与美是内、外割裂的。这样，原始儒家思想就较早将美与善区分开来。在此之前，无论是历史记载的“季札观乐”还是“伍举论美”，都将善与美的关系视为混糅的，这也是当时历史境遇中美善融合观念之折射。

在孔子看来，他所生活的时代已经礼崩乐坏，也就是说，周公所创建的礼乐相济的传统被破坏了。乐，游离出礼制和礼法的内容之规约，从而“下降”为能为君王奢侈之用的单纯审美形式；礼，也起不到应起的典礼和教化的作用，从而仅“上升”为纯粹的思想观念。孔子就是要应对这一历史窘境，提出要恢复礼与乐和谐为一的历史传统，进而提出了善与美相统一的思想。

“尽善尽美”，还强调美与善的合一是内在的和谐关系，所谓“美善相乐”之“乐”，正是表明这种泛审美化的关系。

这一思想，在《荀子·乐论》中最初表述为：

> 故乐行而志清，礼修而行成，耳目聪明，血气和平，移风易俗，天下皆宁，美善相乐。

还是根基于礼乐相济的传统，荀子进而提出了善与美之间正是一种互动的“乐”的关系，你以我为“乐”，我亦以你为“乐”。尽管“美善相乐”里的“美”作赞美、推崇的动词用，但美与善的关系还是明确的。这种和谐的内在关系继续表述为：“故乐者，所以道乐也。金石丝竹，所以道德也。”可见，作为美善相统一的礼乐，必然具有“道乐”与“道德”的双重作用。

关键是，如何理解美善相“乐”这个“乐”？“乐者，乐也，人情之所必不免也”，这正是一种来自人情的审美愉悦，由此，善与美就被置于一种泛审美的关系之中，其中包孕着情感的交流与协同。但毕竟，儒家美学思想中的“导乐”与“导德”，还都是从上而下的要移风易俗的，所以在肯定了美的价值的前提之下，儒家又要求音乐能“感动人之善心”，“其化人也速”（《荀子·乐论》）。可见，在儒家所推举的审美理想中，

图 9-1 孔庙礼器图 台北故宫博物院藏

在孔子复归“礼乐相济”的宏大理想中，不仅蕴含对善的追求，而且包孕着对美的向往，从而建立起了“尽善尽美”的儒家生活美学原则。在各式孔庙所使用的礼器当中，这种善美合一的原则得以蕴藏其中

只有在这种“相乐”的关系里，善与美双方才能被充分展现出来，所谓尽善又尽美之“尽”就是这个意思。

“尽善尽美”，尽管其基本诉求是“寓美于善”，但在最终强调善要在“美之境界”中得以完善，所谓“成于乐”和“游于艺”都表露这同一意蕴。

表面看来，在善与美之间，儒家似乎是绝对以“善”做思想主导的，甚至直接将道德不遗余力地作为审美的对象。从孟子的“仁义为美”一直到宋明理学的“孔颜乐处”，究其实质，都是在追寻以礼包容乐、以善整合美之道德理想境界的，或者说在儒家的道德至境内必然包孕着审美的要素。然而，孔子本人却有着与后代阐释不同的理解，“兴于诗，立于礼，成于乐”（《论语·泰伯》）。这正是表明，不仅诗之“兴”是达于礼的前导，而且礼与仁最终要在乐中得以完成和完善，诗与乐将礼前后合围在中心。

如徐复观在《中国艺术精神》中所言，礼乐并重，并把乐安放在礼的上位，认定乐才是一个人格完成的境界，这是孔子立教的宗旨[1]。孔子正是意识到了这种“最高艺术价值的自觉”！

孔子还谈道：“志以道，据于德，依于仁，游于艺。”（《论语·述而》）在这里，无论是“志”“据”还是“依”，都是一种符合于道、德、仁的“他律”，而只有“游”，在“艺中游”，才是遵循审美自由规律的“自律”存在。因而，儒家的审美理想的极致处，并不仅仅是寓美于善，而是在至高自由和完美的人格境界里浸渍和弥漫着美的风度。

然而，这种“尽善尽美”，不是一种抽象美与抽象善的结合，而是建基在孔子的生活哲学基础之上的，它不仅要被感与知，而且要被践与行。孔子的一生不断做事：习礼作乐、郁郁从周，积极出仕、堕三都，周游列国、四处行道，编纂六经、杏坛教学，却只给后世留下一部记载言行的《论语》，而不像后世诸子那般著书立说以求不朽，这究竟为什么？

答案也许在于孔圣人并不是要立言的不朽，就像西方哲人那样去追寻真理（为了真理而服务于真理的目的），而是要为人们的生活道理指引方向（生活本身即是目的）。假如孔子本人就是位哲学家的话（回归到哲学的本意“希求智慧”），那么，他关注的乃是生活智慧的哲学，他本人就是一位生活哲学家的活生生的典范！

孔子的哲学，就是真正要回归生活践履的哲学。他的观点始终是要践行与经验的，不仅是知，而且要行，所谓“孔子之学全在乎身体力行。孔子之学是实践乎人生大道之学”。[2]

事实也是如此，“孔子的观点是实实在在地在日常生活中被感觉、

[1] 徐复观：《中国艺术精神》，广西师范大学出版社 2007 年版，第 4 页。

[2] 梁漱溟：《梁漱溟全集》第 8 卷，山东人民出版社 2005 年版，第 34 页。

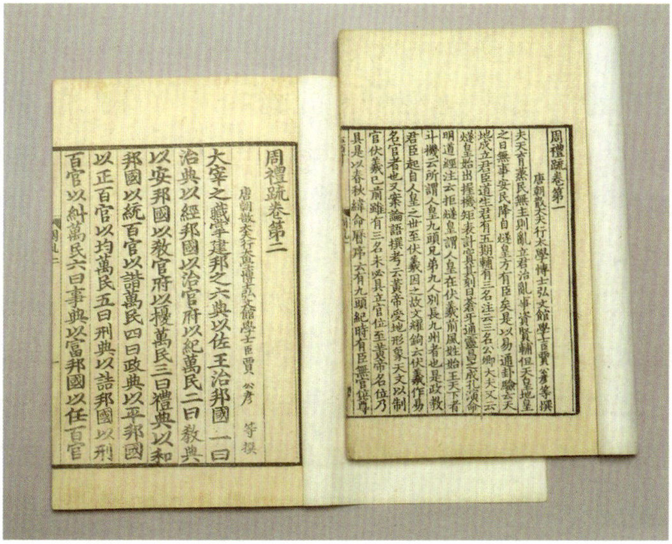

图 9-2 《周礼疏》 宋刻八行本（石印本） 台北故宫博物院藏

《周礼》与《仪礼》《礼记》合称“三礼”，“八行本群经注疏合刻”的《周礼疏》非常稀少而珍贵

被体验、被实践、被践履的。孔子关注于如何安排个人的生活道路，而不是发现‘真理’”[1]。比照而言，中国智慧在于照亮生活之路，而西方哲学则重于真理的发现。所以说，释礼归仁的孔子才是知行合一的鼻祖。

所谓“仁生于人”（《郭店楚墓竹简·语丛一》），郭店楚墓竹简的这四字似乎只说对了一半，另一半则是“仁濡化人”。

中国古人常常以“体与用”关系论之，仁为“礼之体”，礼为“仁之用”，礼乐与共，所以乐也是“仁之用”。郭店楚墓竹简又记：“礼，交之行述也；乐，或生或教者也。”（《郭店楚墓竹简·语丛一》）礼是交往行为的次序，乐则是生出人心或用作教化的。孔子关注的乃是：外在的礼，如何伴着乐，成为人人内在自觉的人心，也就是秉承了仁心的人心。

---

[1] ［美］安乐哲、罗哲文：《〈论语〉的哲学诠释》，余瑾译，中国社会科学出版社 2003 年版，第 5 页。

• 文质彬彬方君子

"君子之美"，为数千年来的人物品藻提供了一个醇厚、雅正的典范和标准。

直到今天，"君子"依然是我们日常生活、社会交际中使用频率极高的一个概念，诸如"谦谦君子""君子成人之美""先小人后君子""以小人之心度君子之腹"等妇孺皆知的话，时常左右着我们对他人的评价和判断。这是几千年来绵延不绝、于斯为盛的中国人格理想之显现。

在《论语》20篇中，"君子"一词出现过近100次，集中呈现了孔子心目中的理想人物形象。孔子始终在告诉我们：应该要成为什么样的人。君子，就是这样一种理想人物或人物理想。

本来，君子与小人，都是当时社会的阶层称谓，君子是治人者，是劳心者、统治者；小人治于人，是劳力者、被统治者。在古代，小人概念首先是指普通百姓，如《尚书·无逸》："生则逸，不知稼穑之艰难，不闻小人之劳，惟耽乐之从。"不过，在孔子的言论中，君子竟转化为一种人格理想："知者不惑，仁者不忧，勇者不惧"（《论语·子罕》），这是西方文明所没有的文化建构。

君子往往与小人相对，那么，二者区分何在？《论语》说得简直太多了，大都说的是道德高下之不同：

> "君子周而不比，小人比而不周。"（《论语·为政》）
>
> 子曰："君子怀德，小人怀土。"（《论语·里仁》）
>
> 子谓子夏曰："女为君子儒，无为小人儒。"（《论语·雍也》）
>
> 子曰："君子成人之美，不成人之恶。小人反是。"（《论语·颜渊》）
>
> 子曰："君子而不仁者有矣夫，未有小人而仁者也。"（《论语·宪问》）
>
> 子曰："君子固穷，小人穷斯滥矣。"（《论语·卫灵公》）
>
> 子曰："君子有三畏：畏天命，畏大人，畏圣人之言。小人不知天命而不畏也，狎大人，侮圣人之言。"（《论语·季氏》）

君子与小人常相对，君子如何不是小人呢？所谓“君子坦荡荡，小人长戚戚”（《论语·述而》），这恐怕是大家最熟知的一句了。这是从心理的角度出发，来论说“为人”的生活境界。梁皇侃《论语义疏》引江熙说得很到位：“君子，坦而夷任，荡然无私。小人，驰竞于荣利，耿介于得失，故长为愁府也。”[1]

实际上，孔子由此区分出两种“生”：君子生活与小人生存，终归落在心理状态上。那么，这个“长戚戚”之“长”到底是什么意思？君子是否也会偶尔戚戚，小人是否也会偶尔坦荡荡吗？对此，后学荀子也接着讲，但说得更为绝对，君子“有终身之乐，无一日之忧”（《荀子·子道》）。反过来，难道小人有终身之忧，无一日之乐吗？这就说得太绝对了。

一般情况是君子常乐，小人常忧！但君子也忧，否则忧患意识何以出？人本是复杂的，道德境界上更不是一蹴而就的。如是彻底的小人，那么想必他做坏事也“坦荡荡”了，从而毫无善端可言。当然，德需要礼的规约，外在为礼，内在为仁，仁内礼外也。

所谓“子之燕居，申申如也，夭夭如也”（《论语·述而》），自然是坦荡荡的；而斤斤计较、患得患失之人自然是长戚戚的。荡荡与戚戚，皆所感于心；荡荡是宽广、无私、无畏的，戚戚则是局促、愁烦、有惧的，因为受苦于物，所以戚戚于心。

实际上，君子与小人之分，孔子是从两个层面来加以定位的：一个是就道德层面来分殊，高尚之人与人格卑下之人；另一个则是就文化层面，指有文化修养之人和见识狭小之人。孔子也批评过樊迟是“小人”，并不是说这个弟子道德不行，而是就知识层面上谈的。

孔子还说过：“君子义以为上。”（《论语·阳货》）仁是指仁爱之心，义是道义、责任的担当，知是智慧、见识，勇则是刚毅、果敢的精神。仁、义、知、勇构成了君子人格的四个维度。在孔子看来，只有同时具备了仁、义、知、勇的品格，才能够称得上君子，才是值得追求的、完整

[1] 何晏集解、皇侃义疏：《论语集解义疏》卷 4，商务印书馆 1937 年版，第 101 页。

的人——比起商周以来就流行的以力与美为尚的人物评价标准，“君子”无疑是充满道德含义的一种人格之美。这种人格之美不体现在姣好的容貌、华丽的衣饰和巧舌如簧的口才上，而是体现在动静出处、日常言行均发乎至诚的道德热忱，并合乎外在礼义规范上。

深得孔子真传的卜商曾说：“贤贤易色，事父母能竭其力，事君能致其身，与朋友交言而有信。虽曰未学，吾必谓之学矣。”（《论语·学而》）由此可见，仁、义、知、勇的品格，转化为现实生活中的一言一行，不就是要见贤思齐，以及忠、孝、友、悌吗？这不就是普通人之所以虚心向学所追求的君子境界吗？既然从精神风貌、道德涵养和日常品行上具备了君子的品格，又何必拘泥于是否学习过呢？

当然，人非生来就是圣贤，没有后天的学习、培养和塑造，很难养成君子的品格。所以孔子主张后生小子要在日常生活中遵循孝顺父母、敬爱兄长、诚实可信、博爱大众、亲近仁者的原则，如果有剩余的精力，还要孜孜不倦地学习。那么学习什么、如何学习方能成为君子？

孔子的答案是“文”。“文”本来的意思是花纹、纹样，是指事物所呈现出来的美好的外在形式，后来引申为符合社会礼义规范和道德准则的言谈举止、行为方式等。孔子生平非常推崇“文”，曾说过“郁郁乎文哉，吾从周”（《论语·八佾》）这样的话。这里的“文”，就是指周代在借鉴夏、商制度的基础上所建立起来的礼乐制度及其在现实社会生活中的表现形式——礼仪。

所谓“子以四教：文、行、忠、信”（《论语·述而》）。这“四教”可以区分为两个层级：文与行是一层，忠与信是一层，六艺大概属于“文”。文与行为一，如知行合一，贯之以内在之忠与外在之信，此乃“道”一以贯之也。孔子始终志于学，后世所编的《论语》以学为始；更加依于仁，《论语》通篇都在“释礼归仁”抑或“复礼归仁”；最终游于道，那就是一种礼乐境界了，所以才有自由之意！

这就要回到那句著名的话——“质胜文则野，文胜质则史。文质彬彬，然后君子”（《论语·雍也》）。在孔子看来，人只有朴实的内在品德，

图 9-3 旧拓汉鲁相谒孔庙残碑 台北故宫博物院藏

汉代独尊儒术之后，形成了历代尊孔的传统。汉代即有官吏拜谒孔庙之举，宋元以来更蔚然成风

而没有经过礼仪的润饰，其言行未免失之粗俗、鄙陋；而如果只是依赖于外在礼仪的修饰和装点，内心并无向善的动机，那就会失之轻浮。只有内外合一，内心之仁、义、知、勇与外在恰当的礼仪相协调，才能称得上是君子。

“文质彬彬，然后君子”的说法，是针对礼崩乐坏的社会现实所提出的一种人格理想。在那个人伦失序、道德沦丧，人性的贪婪、自私、好色、急功近利等阴暗面充分暴露出来的动荡时代里，孔子针对人性的弱点，把人物品评、欣赏的标准从外在的力与美，转向了内外兼修的美与善的统一，由此也奠定了几千年来中国士人的人格理想和境界追求。

再以君子的品格为例，子曰：“恭而无礼则劳；慎而无礼则葸；勇而无礼则乱；直而无礼则绞。君子笃于亲，则民兴于仁。”（《论语·泰伯》）实际上，“恭”“慎”“勇”“直”，皆发之于人之情，而有礼没礼是区别人类社会和禽兽社会的分水岭。但前四者都不可无礼，否则就是“劳”“葸”“乱”“绞”。而这里的所谓君子，也不必一定指当政者，一个有君子之德、君子之风的人，也会对民风、民情的改变有巨大影响。

那么，情与礼到底是何种关系呢？一方面，如《郭店楚墓竹简》言“礼作于情”或“礼生于情”；另一方面，则是以礼节情。情是自为的，如果上升到礼的层面，就是自觉的。孔子不否定且相当肯定自发之情，不若宋明有天理人欲之辨，以天理来灭人欲。但是，情若不以礼节之，也是不行的，所谓发乎情止乎礼义，就是这个意思。《毛诗大序》中的“发乎情，止乎礼义。发乎情，民之性也；止乎礼义，先王之泽也”，也具有一定参照意义。

质言之，内心情感是人性的内在尺度，外在礼义则是人文的外在规约，孔子既融情入礼，又化理入情。

• 从体养气再升神

在儒家亚圣孟子那里，“君子之美”是从“气”与“体”的角度做出的，这就走向了一种经由身体的生活美学。

孟子相信，人的体内充盈、激荡着意志和情感的力量，外在的容貌、言语、动静举止等是内在意志和情感的最佳表征，正所谓“有诸内必形诸外”（《孟子·告子下》）。他举例子说：“存乎人者，莫良于眸子。眸子不能掩其恶。胸中正，则眸子了焉；胸中不正，则眸子眊焉。听其言也，观其眸子，人焉廋哉？”（《孟子·离娄上》）

孟子认为，观察一个人品性的善恶，最好的方式是看他的眼睛。眼睛最能呈现一个人的品质，心气坦荡中正，眼睛就明亮；反之就昏暗无光。在某人夸夸其谈的时候，看他的眼神，是了解其内心最好的方式——俗语说，“眼睛是心灵的窗户”，孟子在两千多年前就洞察到了这一朴素的真理。

那么，“气”也就是人的情感、思虑和意志，是如何通过身体、言语、动作表现出来的呢？孟子认定，气乃是身体与意识的“中间者”，其实这世上没有无意识的身体，也没有无身体的意识。“所以身体一活动，即有气的流行，也就有潜藏的意识作用。意识一活动，也即有气的流行，也就有潜藏的身体作用。”[1] 这就是“体”与“气”的一体两面，由此“践形”与“养气”，就成了孟子“尽心”功夫的导出项，在儒家“功夫论”当中身体也扮演了重要的角色。

孟子说：“君子所性，仁义礼智根于心。其生色也，睟然见于面，盎于背，施于四体，四体不言而喻。”（《孟子·尽心上》）据朱熹的解释，“睟然”是说人的面目、表情“清和润泽”；“盎”是说人的身体“丰厚盈溢”——君子因为内心有仁、义、礼、智等“善”的道德本性，因此他的表情、神色就是温润、平和的，他身体的一动一静也会宽厚、正直而又威仪。

在《宋元学案》当中有一段记载，同样谈到孟子这段话，说明了现实生活当中自有儒风体证：“予有一事，可实其说。游定夫访龟山，龟山曰：‘公适从何来？’定夫曰：‘某在春风和气中坐三月而来。’龟山问其所之，乃自明道处来也。试涵泳‘春风和气’之言，则仁义礼智之人，其发达于声容色理者，如在吾目中矣。”

回到孟子，虽然孟子举出的例子是“君子”，但在他心中，“君子”已然不是孔子所勾画出的那种文质彬彬、进退有节的儒雅形象了，而是“富贵不能淫，贫贱不能移，威武不能屈”的形象，周身上下洋溢着一种刚毅、果敢、英气逼人的阳刚之美。孟子有一句描述理想中的人物之美的话：“充实之谓美，充实而有光辉之谓大，大而化之之谓圣，圣而不可知之之谓神。”（《孟子·尽心下》）

---

[1] 杨儒宾：《儒家身体观》，台湾“中研院”2003 年版，第 49 页。

图 9-4 《孟子注疏解经》 台北故宫博物院藏

孟子作为亚圣的地位赫然耸立，所谓“夫总群圣之道者，莫大乎六经。绍六经之教者，莫尚乎《孟子》”

在孟子这里，“美”从纯粹的声色愉悦，变成了一种道德感染力。只有仁、义、礼、智等“善”的道德本性——“气”充盈漫溢的人，才能称得上“美”；有了这种美的素质，并将其发扬光大、表现在日常生活和事业上，就是“大”；“大而化之”，就是依靠道德力量在潜移默化中感染他人、教化民众，这样的境界，就只有“圣人”能达到了；至于“神”，那就是超越了具体的言行、事业、人格之上的与天同德、与道偕行的神妙境界了——这自然是凡人绝难企及的，就连“圣人”这一境界，后来人都说这是“非人力之所能为矣”，更何况“神人”？

不过孟子自信，既然“美”“大”“圣”“神”的人格之美之关键，在于“气”是否充盈漫溢，那只要善于“养气”，就能让“体”变得美、变得大，甚至超凡入圣，进入最高的境界。这就是他那气势磅礴的“浩然之气”的学说：“其为气也，至大至刚，以直养则无害，则塞于天地之间。其为气也，配义与道；无是，馁也。是集义所生者，非义袭而取之也。行有不慊于心，则馁矣……”（《孟子·公孙丑上》）

孟子所倡导的“浩然之气”是一种至大至刚、富于冲击力和感染力的精神品格，它充塞于天地四方，无远弗届——这就更令凡夫俗子气馁了：如此伟大、高妙的气，又如何养得？

孟子却说，要养这“浩然之气”也不难，关键在于坚持。坚持在日常生活和社会活动中遵循道德和正义的要求，在点滴小事的积累中，慢慢将这外在的道德律令和正义规范内化为人的精神品质，这样就能一往无前，所向披靡了！

然而，儒家所谓的“君子”或“圣人”，却不被道家所认可，道家更重形神之辨。庄子把世俗社会所认可的价值、快乐置于虚无之地，在他看来，“圣人”或“君子”本身可能不坏，但都免不了被人利用，从而成为权势者的工具，而不是目的。日常生活中的感官愉悦、声色之美，不过是短暂的、缥缈难留的，它们来的时候固然可以给人带来快乐，而离开之后，人又会陷入悲伤，如此说来，这种愉悦和美感体验，又怎么是真实的、永恒的呢？有了这种透彻的体悟，庄子既不愿成为君子，当然也不会沦为贪财好色的势利小人，他在世俗世界之外，开辟了一方纯粹的、摆脱名利和欲望束缚的绝对自由的精神空间。

所谓“藐姑射之山，有神人居焉，肌肤若冰雪，绰约若处子，不食五谷，吸风饮露；乘云气，御飞龙，而游乎四海之外。其神凝使物不疵疠而年谷熟……”（《庄子·逍遥游》）这样的柔美、细腻、冰清玉洁的容貌和体态，就像屈原、宋玉的辞赋里所刻画的那样，体现的是南方楚地的人物审美标准。不过，与屈原、宋玉笔下的美人不同，庄子眼中的美人，不是人间烟火所滋养出来的，他吸风饮露，遥居世外，可以臆想而不可近观亵玩——这样超世绝俗的美，是如何形成的呢？且看这最后一句“其神凝使物不疵疠而年谷熟”，也就是说，他的精神凝聚，能使物远离灾难和侵害，能使五谷丰登！不管你是否相信，庄子总归是相信“神”（也就是精神的力量）的。

在庄子那里，形与神的完美结合，成了他评价人物的最高标准。形是人的形体和形象，神则是人的精神和观念、思想。在庄子看来，人的形和神都来自道，形是神的载体，是神的寓所；神则是形的主宰，是形的归宿。

因此，按照庄子的思路，只有形神合一、神存乎形、形顺乎神，才能拥有像姑射山上的神人那样至美的容貌、体态和不为时空、祸福所局限的自由。庄子说：

> 达生之情者，不务生之所无以为；达命之情者，不务知之所无奈何。养形必先之以物，物有余而形不养者有之矣；有生必先无离形，形不离而生亡者有之矣。生之来不能却，其去不能止。悲夫！世之人以为养形足以存生，而养形果不足以存生，则世奚足为哉！虽不足为而不可不为者，其为不免矣！（《庄子·达生》）

这是说，洞达生命之本真道理的人，不会去追求生命以外的无用之物；彻悟命运之真相的人，也不会去勉强追求命运无可奈何的事情。人人皆知保养生命必须有物质基础，可是有多少物质充裕的人，形体却怎么也保养不好；生命和精神必然要依赖于形体，可是我们也经常见到那些形体完好的人，陡然死掉。这样说来，生命竟是来去无常！

庄子在污浊不堪的现实世界之外，建立了一个可以精骛八极、神游万仞的“理想国”。在这个自由王国里，人的形体构成也仅成了生命存在的物质基础，形体之妍媸，并不取决于其给人的感官印象，所以在庄子的寓言中，有许多形体残缺，却在精神上自足、自由的人。

干脆说，精神上的自足和自由，才是美的决定性因素。庄子认为，真正的“圣人”通达人情物理、顺应自然，耳目愉悦不足以动其心，而只能作为他感知自然之道的外在凭借（《庄子·天运》），这是一种绝对的、超越了世俗功利的生活观念和人生态度。从现代美学观念来说，它是与欲望绝缘的，也是超功利的，因而经常被视为中国真正的艺术精神的源头。[1]

---

[1] 徐复观：《中国艺术精神》，广西师范大学出版社 2007 年版，第 103—104 页。

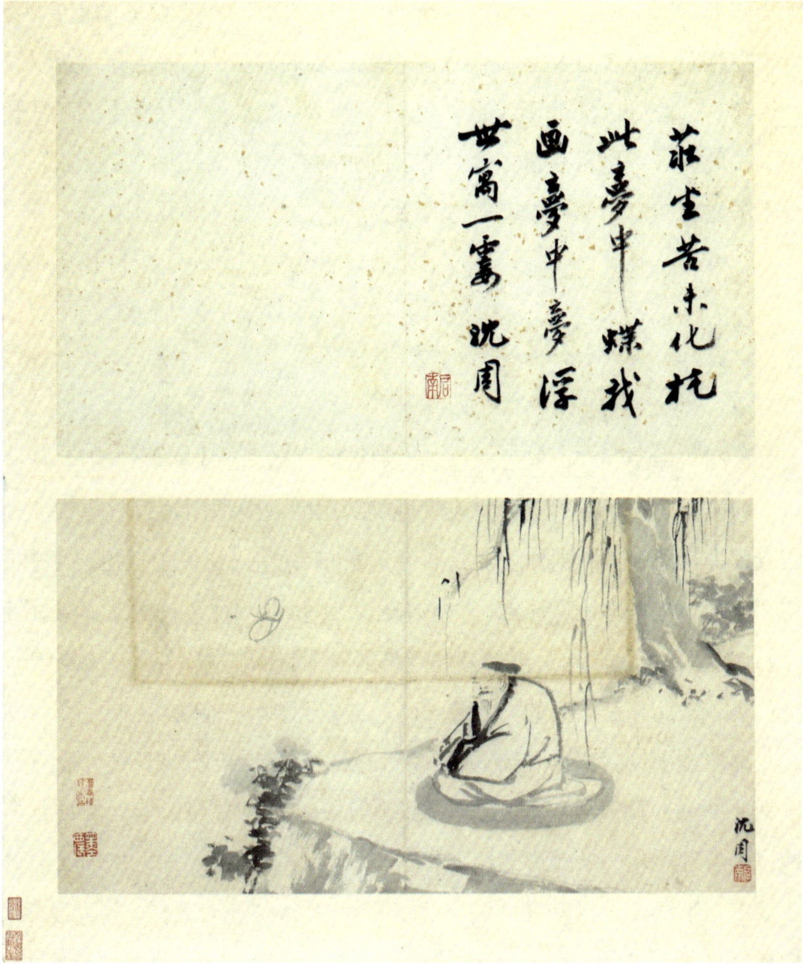

图 9-5 沈周 庄周梦蝶 台北故宫博物院藏

《庄子·齐物论》有载著名的“庄周梦蝶”之事：“昔者庄周梦为胡蝶，栩栩然胡蝶也，自喻适志与！不知周也。俄然觉，则蘧蘧然周也。不知周之梦为胡蝶与，胡蝶之梦为周与？周与胡蝶，则必有分矣。此之谓物化。”

孟子的“体气”论和庄子的“形神”论，虽然旨趣不同、境界追求各异，但是他们不约而同地把人物品鉴从对外在感官之美的欣赏引领到对内在情感、意志和精神之美的洞察上来，并且认为，只有具有“浩然之气”的人才会有体貌的“美”与“大”，只有精神契合“道妙”的人才会“形全”，这就进一步突出了精神、意志、情感和道德修养的重要性。

在绝对人格美建构上，儒家以积极进取的“圣人”“君子”“贤人”为极致，道家则以清静无为的“至人”“真人”“神人”为极致，表现出不同的风貌。他们都注重主体对宇宙创化的参赞，而宇宙的“生生”本身就洋溢着诗意的孳化和审美的情调。

· 由履礼归于践仁

再回头单说儒家，君子人格之美乃是践“礼”当中实现“德”。

“礼”，这个词原本是何意？《说文》里面说得很清楚：“礼，履也；所以事神致福也。”“礼”，一义是履行，履而行之；二义关乎祭祀，“事神”与“致福”是也。这意味着，从原本之义上来说，“礼”首先是“践履”。“履，足所依也”，“礼”当然就如走路那般而有所依循，“凡有所依皆曰履”也。但这只是字义的一个方面。

另一方面的含义为，“礼”脱胎于“祭”，从历史形成来看，中国的宗教为礼教，同样也是源于“巫史”，但较之其他文明，华夏文明更早地将巫“理性化”从而形成礼制。

古文字学家段玉裁在《说文解字注》中说：“礼有五经，莫重于祭，故礼字从示。”“示”是礼字的左半部。这个偏旁，它大概所显露的是，对神所“示”的敬意行为。礼字里面所包孕的“敬神”之义，显示出礼的历史根源。

再来看右半部。作为繁体字的“禮”，它的右部，上“曲”下“豆”，形似盛放食物的器皿，实乃“行礼之器也”。如此看来，“礼器”更是要“行履”的，是在行礼过程当中被使用的。这很有可能是造字的古人，眼睛里看到了这些祭器而萌生了这个字。

礼的英文，一般译作 rite 抑或 ritual，意思类似于西方宗教的那种仪式、典礼与惯例。中国的“古礼”——升、降、斋、筵、朝、觐、盥、馈，冠、婚、丧、祭、朝、聘、乡、射——无疑都是有一定成规的礼仪活动，甚至被看作繁文缛节。

然而，“礼”只是中规中矩的规约吗？为何中国人总是礼与乐并提？在所谓的“克己复礼”当中，行礼者当然要规范自己并符合于礼，这是没问题的。与此同时，《礼记》理念所记载的那种“言语之美，穆穆皇皇”“朝廷之美，济济翔翔”“祭祀之美，齐齐皇皇”，却显露出行礼过程当中充沛的“美”意。

礼，就是一门生活的艺术；“行礼”，就是在践履这种生活的艺术。孔子的生活本身，就充满了生生之“美”意。

孔子小时候，就“为儿嬉戏，常陈俎豆，设礼容”（司马迁《史记·孔子世家》），到他开始广收门徒时则“教之六艺”，晚年则有“西狩获麟”而感叹“吾道穷矣”的故事。可见，孔老夫子毕生都在实践着“礼”的生活艺术，孔子本人也达到了“通五经”而“贯六艺”的境地。正是这位至圣先师，“习礼于树下，言志于农山，游于舞雩，叹于川上，使门弟子言志，独与曾点。……由此观之，则平日所以涵养其审美之情者可知矣”[1]。

从孔子的一生中，王国维发现圣人在日常生活中始终不离于审美之情，其常行之事有五种：

第一是“树下习礼”。说的是，孔子率弟子周游列国的时候，途经宋国的东门外，在一棵巨大的檀树下习礼作乐。孔子师徒之所以过宋国而不入，乃是因之前宋国大司马桓魋做了一个石椁，孔子说，像你这样的人，不如“速朽”。于是桓魋为报复孔子而“拔其树”，且“欲杀孔子”。（司马迁《史记·孔子世家》）即使在如此艰难的情况下，孔子仍不忘演习礼仪，可能主要是祭祀殷人的始祖商汤（因商丘一代乃商汤发祥之地）。这说明，孔子毕生都在践履礼仪，乐始终也是与礼并行的，这就是所谓的“礼乐相济”。

---

[1] 王国维：《孔子之美育主义》，《教育世界》1904年第1期，总第69期。

第二是“农山言志”。孔子与子路、子贡、颜回东游于农山，让三人各言其志。子路说要在国难时，奋长戟率三军，在钟鼓隆隆、旌旗猎猎的战场上力战却敌，为国解难。孔子赞：勇士哉！子贡说要在两军对垒之地，身着缟衣白冠，陈说白刃之间，解两国之患。孔子又赞：辩哉士乎！颜回笑而不语，孔子也让其言志，颜回说愿得明主相之，广施德政，家给人足，永无战事。孔子当然最心仪的乃是施“礼乐之治”的颜回。

第三是“游于舞雩”。这就是下一章要说的“舞雩咏归”，但“游”这个字，却点明了祭礼过程确实是令人愉悦的。这与第五“吾与曾点”说的其实是同一个故事，通常称为“吾与点也”。

第四是“叹于川上”，无疑就是那句“子在川上曰：逝者如斯夫，不舍昼夜！”这是孔夫子对于时间发出的感叹，生命流逝就如流水，令人思绪万千，但真义仍在于，以水喻君子之德：

> 以其不息，且遍与诸生而不为也，夫水有似乎德；其流也则卑下倨邑，必循其理，此似义；浩浩乎无屈尽之期，此似道；流行赴百仞之嵠而不惧，此似勇；至量必平之，此似法；盛而不求概，此似正；绰约微达，此似察；发源必东，此似志；以出以入，万物就以化絜，此似善化也。水之德有若此，是故君子见必观焉。[1]

老子似乎站在天上说“上善若水”，孔子脚踏实地在说“逝者如斯”，天地大道，气化流行，生生不息。孔子并不因水逝而消极，他仍执着于践行自己的“礼乐之志”。

孔子始终在“践仁履礼”——这四个字是笔者在山西古院所见的匾额所书，它言说了孔子要“做”的两件事：一个是行“礼”，另一个是践“仁”。“习礼于树下”，是行“礼”；“言志于农山”，是赞“礼”；“游于舞雩”与“独与曾点”，同是崇“礼”，似乎孔子的生活都是不离于“礼”的，

[1] 《孔子家语疏证》第四册，陈士珂辑，《丛书集成初编》本，商务印书馆 1939 年版，第 56 页。

但孔子只是以自己为表率遵循并规约了自古即有的“礼”，而他自己更重要的贡献，乃是开启了为“仁”之学。

“仁”，是孔子独特的发现。这个字，大家总以为是“两个人”的意思，儒家本来就关注人与人之间，所以“人与人之间情同一体是为仁”。[1]

在孔子的生活那里，行“礼”与践“仁”，究竟是什么关系呢？

孔子没有直接说出的东西，我们在《郭店楚墓竹简》里面可以读到：“仁，内也；义，外也。礼乐，共也。”（《郭店楚墓竹简·六德》）一句话，仁是内在的，礼是外在的，礼与乐是共在的！

这就同《论语·八佾》所谓“人而不仁，如礼何？”“人而不仁，如乐何？”又是何等的近似？孔老夫子又曾说“礼云礼云，玉帛云乎哉？乐云乐云，钟鼓云乎哉？”（《论语·阳货》）礼不仅指玉帛而言，乐也不仅指钟鼓而言，礼与乐都不能流于形式罢了。

礼，乃是孔子“外在”所行的；仁，那是孔子“内在”所养的。即使祭祀于庙堂之高，那也是外在地“施礼”，即使是隆隆乐舞如此之盛，那也是外在地“作乐”，而非内在地履“仁”，孔子将自己门派的开端，就定位在“仁”的情理合一基石之上。

中国古人常常以“体与用”关系论之，仁为“礼之体”，礼为“仁之用”，礼乐与共，所以乐也是“仁之用”。礼是交往行为的次序，乐则是生出人心或用作教化的。孔子关注的乃是，外在的礼，如何伴着乐，成为人人内在自觉的人心，也就是秉承了仁心的人心。

实际上，中国的人生观是人心本位的，“孔子讲人生，常是直指人心而言。由人心显而为世道，这是中国传统的人生哲学，亦可说是中国人的宗教。”[2]然而，儒家却并不是宗教，此乃由于“礼乐使人处于诗与艺术之中，无所谓迷信不迷信，而迷信自不生。……有宗教之用而无宗

---

[1] 梁漱溟：《梁漱溟全集》第8卷，山东人民出版社2005年版，第36页。

[2] 钱穆：《孔子与心教》，《钱宾四先生全集》第46册，台湾联经出版事业公司1998年版，第31—32页。

教之弊；亦正唯其极邻近宗教，乃排斥了宗教”[1]。这其实才是“以审美代宗教”的中国人的传统，由此出发，孔子的一生，都在行之于礼、践之以仁。

中国的生活美学的主流，就是建基在孔子的生活哲学的根基之上的，由此，孔门儒学才造就了中国古典美学的主体架构。

·融入情深而文明

孔子的一生，都在行之于“礼”、践之以“仁”，同时，也在不断地习乐与演乐。

那么，“乐”的功能何在呢？“乐”如何与礼相配？

乐的基本功能，在于“情”，乐发乎情，又陶冶情。

所谓“夫乐者，乐也，人情之所不能免也”，这是说，乐关乎情，无情则无乐，有情必有乐。只有在汉语里面，乐既是音乐之“乐”，又是愉悦之“乐”，二者在古人所撰的儒家《礼记·乐记》那里，就被通用与贯通起来。

乐也是“情”的外化形式，“情动”发而为音：“凡音者，生人心者也，情动于中，故形于声：声成文，谓之音。”这便是中国人独特的“主情”的音乐起源论，人心生音，情动而发，声而成文，音乐遂成。乐音的初起，皆因人心感物而动，感而遂通，故而成声。更有趣的是，“声—音—乐”，在中国传统乐论那里，早已被界分分明：“哀乐之情，发见于言语之声，于时虽言哀乐之事，未有宫商之调，惟是声耳。……次序清浊，节奏高下，使五声为曲，似五色成文，即是为音。此音被诸旋管，乃名为乐。”[2]

---

[1] 梁漱溟：《儒佛异同论》，《中国文化与中国哲学》，东方出版社 1986 年版，第 443 页。

[2] 陈澔：《礼记集说》，中国书店 1994 年版，第 318 页。

无论怎样说，“情”才是真正的感动者，才是直接的感动者，无论是“情发于声”所指的“情”要被动地以声传达出来，还是“情形于声”所指出的“情”要主动地显现于声当中，最终都是说要“使情成声”，进而化作音，再配上乐，从而成为音乐，但这种“乐”实际仍是诗、乐、舞合一的。

从历史上看，礼与音乐合体的传统，并没有坚持多久。孔子所倡导的原始儒家的“礼乐相济”的理想，随着乐的衰微与礼的孱弱，在后代得到了转化。

这种转化就在于，从礼与作为音乐的乐的统一，转到了礼与作为愉悦的乐的合一，也就是礼与情的合一！礼乐相配的乐，终将被情所取代，这既有历史的原因——乐逐步被取代抑或泛化，也有思想上的依据——乐背后的深度心理乃为情：乐足以陶冶性情，而乐对于人而言的内在规定，就在于“性感于物而生情”之“情”。

在原始儒家之后，乐不仅与礼逐步分家，而且，在后代的发展当中更多脱离了宫廷体制，这究竟是为什么呢？

有的人认为，作为经的《乐》亡于秦始皇焚书坑儒的事件，“及秦焚典籍，《乐经》用亡”（《宋书·乐志》），这是相当普遍的看法。还有的人坚持，《乐》并非经，而只是附着《诗》后的乐谱而依于礼。邵懿辰在《礼经通论》中说：“乐之原在《诗》三百篇之中，乐之用在《礼》十七篇之中。”

如果《乐经》真是被焚于秦时，为什么六经当中唯独缺失了《乐经》呢？如果乐只是谱，那也说明乐的实施难以为继，其原因是两方面的，一方面是乐的演奏和诵咏没有流传下来，另一方面只是在文本的意义上与礼相匹配了。所以说，无论是从历史还是思想上看，“情”较之“乐”都成了更为根本、更为长久的儒家文化元素。正如礼乐相济一样，“礼”与“情”也是融会贯通的，但其中的“情”既是依据了生活践履之“礼”的“情”，亦即践行之“情”，又成了生活常情之“情”，亦即生存之“情”。

由此而来，礼乐相济的儒家传统，到后来被转化为情礼合一的孔门

图 9–6 董其昌 临倪瓒东岗草堂图轴 台北故宫博物院藏

宣称“读万卷书，行万里路”的董其昌，推重王阳明的心学，深受阳明后学影响，并试图将阳明的“良知”和朱熹的“虚灵”二说融合起来，却将禅宗的“空无”之境作为终境

儒学主流。

礼也是如此，礼与情竟如此相系，就像情与乐相关一样。“礼”之所以被深谙国学和西学的辜鸿铭翻译为 Art，那也是由于，中国人的礼

本身当中，早已浸渍与弥漫了“人情”在其中，所谓“天道远，人道迩；尽人情，和天理”（邵雍《伊川击壤集》）；而那无情的礼，只能走向道学家那种僵化的禁欲主义。

遗憾的是，自宋明理学以来，情始终被斥为“欲”而遭人唾弃，但《郭店楚墓竹简》却说出了儒家的本真之义：

（1）礼作于情，或兴之也。（《郭店楚墓竹简·性自命出》）

（2）礼因人之情而为之。（《郭店楚墓竹简·语丛一》）

（3）情生于性，礼生于情。（《郭店楚墓竹简·语丛二》）

无论是礼自然性地“生”于情，还是人文化地“作”于情，抑或“因”循情而随之，都强调，礼的内在根基就在于人的喜怒哀乐之“情”，而“兴”恰恰就说明了这种“情”的勃发和滋生的特质。

尽管先秦时代“情”与“欲”难分，但二者的关系还是得到了妥当的处理。情包含欲，欲乃情的底层，如竹简所说“欲生于性，虑生于欲”之类，即是证明，原始儒家对于情欲关系，还是有公正的态度与看法的。

然而，自从汉儒力主“性”善“情”恶之后，中国儒家就走向了“以性制欲”的大路，因抑“欲”而贬“情”成了主流。一直到明清之际王夫之那里，才重新寻求到了正确的情感结构，“性”在情之上，“欲”在情之下，这种三层动态结构，进而被归纳为“故情上受性，下授欲”（王夫之《诗广传》）。

总而言之，孔门儒学的礼与乐，都是发自“情”的。孔子的“仁”本身，就是浸渍情感性的，这是孔子独特的人性论使然，《郭店楚墓竹简·性自命出》所谓“情生于性，礼生于情”，就是明证。

“情感动于衷而形著于外，斯则礼乐仪文之所从出，而为其内容本质者。儒家极重礼乐仪文，盖谓其能从外而内，以诱发涵养乎情感者。必情感敦厚深醇，有抒发、有节蓄，喜怒哀乐不失中和，而后人生意味绵永乃自然稳定”[1]，真可谓“情深而文明”！

“情深而文明”这句话，本出自《礼记·乐记》：“情深而文明，气盛而化神，和顺积中而英华发外，唯乐不可以为伪。”《礼记》本意是说“情”发于极深的生命根源，当它勃发出来使生命充实就会“气盛而化神”，从而流溢出“乐”的节奏形式。

《史记·乐书》中也引用了“是故情深而文明”这句，唐代张守节在他的《史记正义》中注解道：“德为性本，故曰情深也。”它的基本内涵就指向了人文化的实践，所谓“乐为德华，故云文明”(唐·张守节《史记正义》)是也。

只有“情深”方可“文明”，“情”的实施，乃是儒家之美善得以形成的内在动因，由此才能进行“成人”的文明化的践行。原来，儒家的生活美学，就是——以“情”为本！

[1] 梁漱溟：《儒佛异同论》，《中国文化与中国哲学》，东方出版社 1986 年版，第 441 页。

第十讲

天命修道之美

天命之谓性，率性之谓道

——《中庸》

中国人的生活美学，自有其一套『情深而文明』的审美形而上学架构。本书的最末一讲，讲的正是——情性之美，通于天也！

• 情居性先归仁心

华夏古典的生活美学，涵摄了自然化之“性”、情感化之“情”和文化化之“文”三个基本维度，全面覆盖了生理的、情感的与文化的生活，在一种忧乐圆融的生活艺术传统当中，情乃是居于性与文之间的要素，一方面以情导性，另一方面以情化文。

我们说情性，而不说性情，说以情导性，而不说以性定情，那就涉及一个前提论证：究竟性在情先，还是情在性先？按照宋明理学，性对情的逻辑居先，但实乃情对性的现实居先。但是，我们认定这种思路恰恰是弄反了原始儒家的思维顺序，情一定是在性之先的，无论是从逻辑还是现实皆是如此。

如果按照一般的哲学逻辑，性似乎总是居于情先，但是从人类发展的实情而论，其实未必如此，而且恰恰相反。因为从人类发展着眼，喜怒哀乐之情，一定是进化而来的，也是人们直接能感知得到的，性则是一种思想上的后设规定而已。由此可见，从实际观之，情位于性之先。

从历史上看，性情的说法，似乎出现得比情性更早一些，《易·乾》中就有“利贞者，性情也”之说，孔颖达疏为“性者，天生之质，正而不邪；情者，性之欲也”，情显然出于性，根据这后世的注疏：情为性之欲，性乃天生之质。这意味着，情是“性之情”，但性却不是“情之性”，性比照情始终是逻辑居先的。

在此，我们却要扭转中国“性情论”的主宰地位，从而转化为“情性论”。这是由于，从形而上的性到经验之中的情，总该有个历史的来源，性是由情升华而来的而不是相反。如果认同“经验变先验”的历史顺序，那么就可以确定，从情生发性，再从性落归情，就是从经验变先验再从先验变经验的历史发展过程。

谈到以儒家为主的情性之论，还是要回归到孔夫子所创发之仁学。那究竟什么是仁呢？

所谓仁字，就是双人之仁也，这其中包含了儒家要义：除非至少有两个人存在，否则就不可能有人，人就不能成立。人从来就是在人与人的关系当中存在的，人在地球上的出场，也只能以群体的方式出现，而从未有一个物种乃至单体出现的。

《说文解字》解：“仁，亲也。从人，从二。”这不仅说两个人才构成仁，而且仁一定关乎亲情。所谓“仁者爱人”（《孟子·离娄下》），仁是以血缘亲情为始基的人类自然情感，既然二人方成仁，仁就是在人际关系当中可以传导的，乃至具有可普遍性的人类特质。

在郭店一号楚墓里发掘出的804枚竹简中，730枚竹简上都有竹质墨迹，“仁”字也在其中。由此人们发现，我们今天司空见惯的这个“仁”字，竟然还有另一种古典的写法：

𢖻

这种“仁”的写法，上身下心，身在上而心在下。这便意味着，除了两人之“仁”外，还有身心之“仁”的写法。更有趣的是，在古文字那里，这身竟然在心之上，这与自古希腊以来的西方哲学中强调心灵统领并压制身体的传统恰好背向而驰。

中国之仁，乃是身心融合为一的仁。这个仁里面，既包含情，也蕴含理，由此形成了中国人的一种独特的“情理结构”。理性的心灵也从未对身体形成霸权性的统领，身与心之间的关系也从未被断裂开来，而走向另一条情理相融、身心交互的东方智慧之路。

仁，还有一个特别的意思，却也往往被人们所忽视，那就是我们今天还用在果仁儿、核仁儿这样的通俗词语中。这些仁，从形态乃是水果抑或坚果的内核，它们由种子发育而来，有一个更通常的说法也叫“心儿”。正如仁可以长成果实一样，仁本身也隐喻了一种自然与发育相结合之过程，就像仁作为一种可能生长与可趋完美的人之基本品质一样。

在儒家的历史长河当中，不时有论者注意到了这一点，大多是由《易》解孔的时候出现。因为《周易》剥卦上九，就有“硕果不食”之说。清人李光地在《周易折中》当中，曾引述明人乔中和对此的一个解释：“‘硕果不食’，核也，仁也，生生之根也。自古无不朽之株，有相传之果，此剥之所以复也。”这显然符合“易”之变易的本义，仁被视为“生生之根”，且剥后才有复。所谓“剥极而复”，就是这个意思：剥卦阴盛阳衰，复卦阴极而阳复，由此才会物极必反、否极泰来。

无独有偶，清人方以智晚年定居青原山后，曾以“仁树”“核室”来命名其堂，也符剥卦之义：“天地托孤于冬，雪霜以忍之，剥落以空之，然后风雷以劈之，其果乃硕，其仁乃复。”（《象环寤记》）这段话的意味深远，说的是万木都不能不朽，皆有剥落而空那一天，这是自然盛极而衰的规律，但只要有树之仁在，其核仁遇春就会复生，这就是剥卦正就当众阴剥阳之际，唯上九一阳如硕果般孤悬于树的形态，形象地显露出仁的另一番意味：

䷖

质言之，仁乃天地之心。元人胡炳文说：“果中有仁，天地生生之心存焉。”（引自《周易折中》）清人沈起元则说：“果之仁，天地之仁也。”（《周易孔义集说》）其实所言说的都是同一个意思——作为生生之德的仁，乃天地生生之心也，所以后世儒生们非常善于观天地生意，谓观天地就是观仁也。

所以说，“万物之生意最可观，此元者善之长也，斯所谓仁也”（《二程集》）。那么，中国人究竟如何从观天地当中看出生生之意，在此生生之意之内又观照到了仁意的呢？下面且看宋儒们的生活践行之道。

• 天地生意观气象

中国儒家发展到宋明理学阶段，攀升到了另一座思想的高峰。我们发现，那些站在高峰之巅有着高级修养的儒生们，都有一种共通的生活审美习惯，那就是——观天地生意！

实际上，此种观天地生物之气象，就是在探寻一种天地同和之大乐。这个乐，并不是音乐之乐，而是人生之乐。

话说北宋理学家程明道、程伊川，这被称为“二程”的两位兄弟，程颢是哥哥，程颐是弟弟，他们曾共学于濂溪先生，也就是字茂叔的大儒周敦颐。据《二程遗书》所记：“周茂叔窗前草不除去。问之，云：‘与自家意思一般。’”说的是周敦颐窗前长满了杂草却不去清除，当被追问为何如此时，回答却是与自己家的意思一样，这就被赞为拥有好生之意，与天地生意竟也是一个意思。为何这自我生生的杂草，却能被比拟为儒生的好生之意呢？

究其根底，乃是由于仁心，发自仁心。内在的仁心发扬光大而推及万物，仁者与万物俱化，皆有生生之意。难怪，程明道还说过“观鸡雏可以观仁”（《宋元学案》），就连鸡雏这样的小生命都可以见仁矣。还有一种说法，意思也大致相同，同样是这句：“周茂叔窗前草不除去。问之：‘与自家意思一般。’”评曰：“子厚观驴鸣，亦谓如此。”这还把同时代的张载在旷野听驴鸣的故事，视为在做同样的观仁之事。

上面几段短短的记载，勾勒出周敦颐这位朴质自然的儒生的形象。书窗前杂草丛生，却从来不锄草，人们奇怪而问之，周敦颐还曾回言“见春草而知造物生意”。万事万物都有生生之意，而仁者本有好生之意，好生之意所好的就是那生生之意。只有如此这般，如此这样的人，才能达到那种生生不已的仁学天地。

就“与仁同体”这一要点，不仅弟子程明道当场便顿悟得到，而且在后来的明代儒者王心斋那里，也相当明了，“周茂叔窗前草不除，仁也。明道有觉，亦曰，‘自此不好猎矣’。此意不失，乃得满腔子是恻隐

图 10-1　武氏祠前石室后壁，孔子见老子图

孔子是否求见于老子，已争论了两千余年，历史实情难明。据《孔子家语》记载，孔子谓南宫敬叔曰："吾闻老聃博古知今，通礼乐之原，明道德之归，则吾师也，今将往矣。"

之心。故其言曰，'学者须先识仁，仁者浑然与物同体'"（《王心斋语》），意思是只要这种好生之意不失去的话，那满腔都会充溢孟子所首倡的恻隐之心了。

仁者浑然与物同体，活脱脱一派人与天地合体的儒学高境，人道与天道遂并流同一：不仅人心皆仁，而且天地俱仁。人心皆仁，则满腔都是仁心；天地俱仁，则"仁体充塞乎天地人物而无间矣"（《盱坛直诠》）。这种与仁同体，实乃物我合一，亦即"在我者亦即在物，合吾与物而同为一体"（《念庵文集》）。这仁本是生生的，否则，那就会麻木不仁，也就走向了仁的反面。

濂溪先生之后，先有理学大兴，后有心学崛起，但都不离此生生之意，从而走出了一门不同于原始儒家的新仁学。理学大宗朱熹，就直接从生意的角度推仁，认定"仁是天地之生气"（《朱子语类》），春之生气长于夏，逐于秋而成于冬，并与仁义礼智相对，但他却鲜言仁者与天地为一；而心学祖师陆九渊，则从孩童时代起，就省悟出"宇宙内事乃己分内事，己分内事乃宇宙内事"（《象山先生全集》）之事，缘由就在于，"人与天地万物，皆在无穷之中者也”(《象山先生全集》)。

“二程”中，当哥哥的程明道有感于为师的杂草不除，甚至从此不好猎矣，这又令人想起做弟弟的程伊川的故事。他年轻的时候，看到家人买小鱼喂猫，于是不忍之心顿生，遂选择了百余条能活的鱼，养于书斋之前的石盆池里，“大者如指，细者如箸”，终日观赏，“始舍之，洋洋然，鱼之得其所也；终观之，戚戚焉，吾之感于中也”(《二程集》)。

伊川在观鱼的鲜活过程中，究竟由此感到了什么？那便是他所说的——“乐其生而遂其性”。儒生观鱼，乃是回返到内心的诚意，并由条条小鱼推广到世界万物：“生汝诚吾心。汝得生已多，万类天地中，吾必将奈何？鱼乎！鱼乎！感吾心之戚戚者，岂止鱼而已乎？”(《二程集》)观鱼，这原本是道门庄学长项，汉唐诸代的儒生们鲜有论之，但到了宋明之际，却常被提及，南宋儒生张九成也对“明道由观鱼窥见造物生意”心有戚戚：“张横浦曰：明道书窗前有茂草覆砌。或劝之芟。曰：‘不可。欲常见造物生意。’又置盆池，畜小鱼数尾，时时观之。或问其故。曰：‘欲观万物自得意。’草之与鱼，人所共见，惟明道见草则知生意，见鱼则知自得意。此岂流俗之见可同日而语？”(《宋元学案·明道学案》)

观万物自得意，岂能为流俗所见？此乃观天地生物气象也！一方面，从万物角度讲，正如程明道所体悟到的“万物静观皆自得”；另一方面，从仁者角度论，也如程明道所体悟到的“欲常见造物生意”。其实，“万物静观皆自得”这句诗，还有后三句：“四时佳兴与人同。道通天地有形外，思入风云变幻中。”程明道与张横浦之意是大体相通的。

《中庸》有言“鸢飞戾天，鱼跃于渊”，充满了活泼泼的生意之美。后代的儒生们，反反复复在体味这段话的深意，阐发《中庸》发育万物之智慧。程颢认为，如若“会得时，活泼泼地；不会得时，只是弄精神”(《二程集》)。关键就在于，真正体会到鸢飞鱼跃的天地之化，否则只是徒然解词而已，而无法深入盎然生意之内部。

活泼泼地，故充满生气；鸢飞鱼跃，故怡然自得。由此，方能得到儒家所谓“反身而诚，乐莫大焉”之大乐。所以，泰州学派的创始者王心斋与极端儒生罗近溪就此分别赞曰，“天性之体，本自活泼，鸢飞鱼跃，便是此体”（《明儒学案》），“鸢飞鱼跃，无非天机。声笑歌舞，无非道妙。发育俊极，眼前即是”（《盱坛直诠》）。上至天，鸢戾于天，下至地，鱼跃于渊，天地满溢生机，活泼泼地流行，真是一派生生之景呀！

由此可见，宋明理学家们皆在观气象，而这气象又分为两种：一种是所谓圣人气象，另一种则是所谓天地气象，但这两种气象——周敦颐与一帘幽绿或程颢与条条小鱼——又是合而为一的。因为此种观气象，就在探寻宋明理学家所倡的性命之源，它不仅是人的生命之泉，也是天地所有生命之源！

这种高蹈于宇宙论的做法，同时又畅达性命论的说法，乃是宋明理学家重新阐发《易经》与《中庸》的思想成果，此可参见《易·说卦》所论“穷理尽性，以至于命”，这意思是说，穷究天下万物之理，洞彻人类的心性自体，就能通达于命；更可参见《中庸》所论“天地之道，可一言而尽也：其为物不贰，则其生物不测。天地之道，博也，厚也，高也，明也，悠也，久也”，这里的为物就是造万物，生物，则是养万物，天地造万物从一而非二始，因此天地生养万物不可测，从而成就了天地之道的广博、深厚、崇高、辉光、悠久与永恒。

· 喜怒哀乐未已发

儒家是以情为本的，这在孔夫子那里得以明见，而这一根本点往往被宋明理学所压抑，从而让后代形成了儒家如此薄情的观感。喜怒哀乐皆为情，起码从战国时代开始，情就已经成了中国思想的核心话题之一。

《论语》是孔子言行的近真写照，尽管看似驳杂零乱而无系统可言，但是，读毕全书，孔子活生生的生活形象，却栩栩然跃然纸上。“在那里，孔子是普通活人，有说有笑，有情有欲，也发脾气，也干蠢事，也有缺点错误，并不像后儒注疏中所塑造的那样道貌岸然，一丝不苟，十全十美，毫无瑕疵。……学生们也一样是活人，各有不同气质、个性、风貌、特长和缺点。”[1]

然而，被圣人化与传奇化的孔子，从汉代开始，就被打扮成一位不食人间烟火与没有人间情愫的教主或者神人，他的门徒也是如此，特别是门下七十二位贤人在《论语》里面被提到的，也是如此。但，此乃大大的曲解，也是大大的遗憾。孔子在《论语》中的本真特色，恰恰在于，其所勾画出来的孔子，乃是一位有血有肉、有情有义的仁者，甚至称孔圣人为“性情中人”，似乎也不为过。

性与情，往往被连用为性情或者情性。但奇怪的是，首度将两字合一的，却是道家学派的扛鼎之作《庄子》。走自然主义路线的道家，自然反对崇尚礼乐的儒家，并批驳说：“性情不离，安用礼乐？”（《庄子·马蹄》）

这种对于儒家的批判，却有些让孔子自己感到受了委屈。在孔门儒学那里，性也是自然的，它乃人的内在的善性，只有触物而动方能外化为情，所谓喜怒哀乐之气乃是“性”，及其见于外就生出喜怒哀乐之情。

情是人们的基本的悲喜好恶哀乐的真实呈现，情真才能崭露出性。整部《论语》所描绘的孔子形象之所以是可信的，乃是由于，孔子本人还真就是位有真情性的人。《郭店楚墓竹简·性自命出》也说：“信，情之方也。情出于性。”信乃致情之方，只有如此，情才能出自自然本性之性，因而礼才能由此发自于情。

如果再将孔子的礼乐传统加上，我们可以大致地说，起码在孔子本人那里，性—情—乐—礼形成了一脉相承的思想逻辑，孔子真不是寡情而是处处深情的。

---

[1] 李泽厚:《论语今读》，生活·读书·新知三联书店 2008 年版，第 12—13 页。

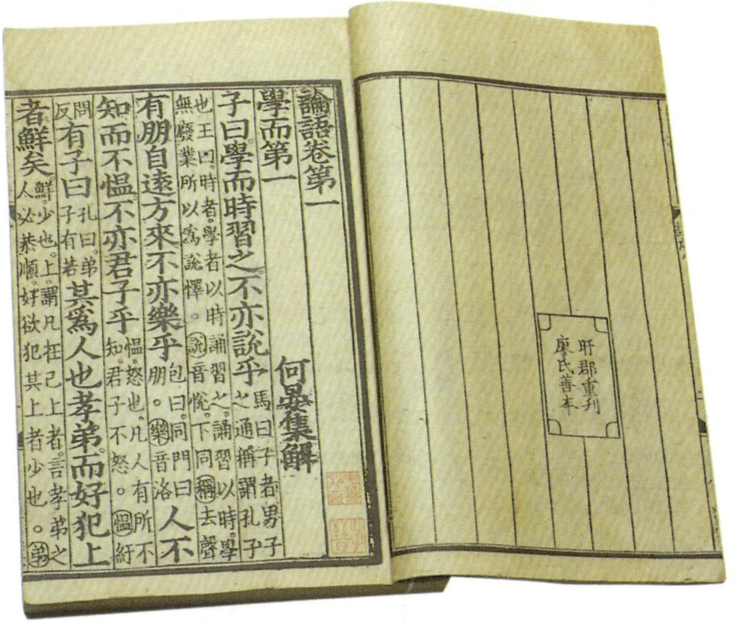

图 10-2 《论语集解》 宋廖氏世彩堂本　台北故宫博物院藏

此书是何晏等集汉魏名家《论语》古注编撰而成，由于这些古注皆已亡佚，因此《论语集解》已成为今存之《论语》最古注本

那么，毕其一生，孔子如何深情地来践行仁道呢？如何真正还原孔子的真形象呢？这就要喜、怒、哀、乐话孔子。《中庸》有云：“喜怒哀乐之未发，谓之中；发而皆中节，谓之和。”这种对于情感未发与已发的寻求，其实指向的是喜怒哀乐中节而止的中和之态。

孔子之喜从何来？首先就是学习。

《论语》开篇就是关于学习的《学而》，大家耳熟能详。首句就是“学而时习之，不亦说乎”，次句便是“有朋自远方来，不亦乐乎”。在这里，所学的本身乃是演习礼乐、复习诗书等包孕审美内蕴的典籍，最终的目的，还是在如何塑成完美的人。

在孔子那里，无论是时常温习还是会见友朋，通过所学与所交的，都要达到一种带有审美性的高级悦乐。诚如现代儒家马一浮所阐明：

"悦、乐都是自心的受用。时习是功夫，朋来是效验。悦是自受用，乐是他受用，自他一体，善与人同。故悦意深微而乐意深广，此即兼有《礼》《乐》二教义也。"[1]

学习是自得其悦，交友是与他人乐，这才是孔子所喜之的。学习只是生活的第一步，学又与教相对，作为教育家的孔子最常从教学里面获得喜悦。每当看到学生有所进阶之时，而非自己谋求功名有所成就之时，孔子才表露出喜悦之情，这是值得注意的。

子贡问孔子，"贫而无谄，富而无骄"，如何呢？孔子答曰，贫而乐道，富而好礼岂不更好。子贡再问，这就是《诗经》所说"如切如磋，如琢如磨"吗？孔子欣喜学生能有此长进，就此可以与子贡论诗了。还有一次，孔子提到"绘事而后素"，意为先有白底而后有画。子夏接着问：这不就是说，礼乃后起的吗？孔子非常欣慰，并认为学生对自己也有启发：仁先于礼并重于礼，仁心乃是礼的底子，所谓教学相长是也。

孔子之怒从何来？那就是违礼僭乐。

孔子向往郁郁周道，自认所生的春秋时代是礼崩乐坏的时代。每当周礼不行的时候，孔子总是深感愤慨。有一次竟达到了是可忍孰不可忍的极怒状态——因为他看到了这样的违背礼乐之事：鲁大夫季氏竟敢用天子的礼乐等级行八佾乐舞于庭上，这事在《论语·八佾》一开头就被提及，可见孔子的愤怒程度之深！

当然，更多的时候，孔子面对不合礼仪之事而心生怒意，他内心的准则乃为是否符合仁之道。我们沿用至今的许多成语，都是来自这些孔子所亲历的故事。当宰予白日睡觉而疏于学道，孔子怒其不争而责曰："朽木不可雕也！"当看到用俑来殡葬，孔子甚至怒骂道："始作俑者，其无后乎？"（《孟子·梁惠王上》）当子路未答叶公之问孔子的时候，孔子也大为不满，并责备子路说，你为什么不告诉他，孔子是"发

---

[1] 马一浮：《马一浮集》第1卷，浙江古籍出版社1996年版，第29页。

图 10-3 宋徽宗 十八学士图（局部） 台北故宫博物院藏

此图描绘了房玄龄、于志宁、孔颖达等十八位唐代著名学士游园、赋诗、奏乐、宴饮、戏马、观鹤的生动场景，充满了“儒生”所求之活泼的生活趣味

愤忘食，乐以忘忧，不知老之将至”的人！就连“礼坏乐崩”这个词，也来自宰予问孔子三年之丧是否太长了，在这段对话的最后，孔子还怒斥这位弟子不仁！

孔子之哀从何来？那主要是人的死亡。

孔子始终关注于人，当家里马厩发生火灾，他退朝而归，所问的第一句话就是：伤人乎？人的死亡，就成了孔子大悲大哀之根源。据《论语·述而》所记，“子于是日哭，则不歌”，尽管我们无从猜得孔子为何而哭，却知道，他因为悲哀而停止了礼乐之歌，但这还不是大哀。在《论语》里面所记最多的，就是当一位又一位心爱的弟子先他而离世的时候，孔子一次又一次发出白发人送黑发人那种悲痛欲绝的哀声。

这种悲哀的最高潮，出现在最中意的弟子颜回早逝之时，孔子甚至对天疾呼："噫，天丧予！天丧予！"其爱也深，其哀也深，仁者爱人是也！孔子面对所崇敬之天发出如此的呼号，可见其哀！哀莫大于心死，孔子甚至感喟，颜回之死乃是天亡我也，因为除了颜回，没有哪个弟子能得其全面，真乃后继无人也！当孔子本人感到自己人之将死之时，还会感叹"久矣吾不复梦见周公矣"，这又是缘何呢？因为，人生将终，仁道不行，这恐怕是孔子所能感到的最深层的大悲哀吧！

孔子之乐从何来？那就是天地境界，这关乎儒家生活美学所求高境。

在孔门儒学那里，无论是喜、是怒，还是哀，都无法高于此等的乐事！然而，随着孔子之后儒学的发展，孔子所论喜怒哀乐还只是"已发"，《中庸》则关注了"喜怒哀乐之未发"，这个未发与已发，究竟有何深意？

《中庸》首章，说得再清楚不过，关于这喜怒哀乐未发已发："喜怒哀乐之未发，谓之中；发而皆中节，谓之和。中也者，天下之大本也；和也者，天下之达道也。致中和，天地立焉，万物育焉。"这意味着，儒家要求，如果去深入了解人性，那就要在喜怒哀乐未发以前的"中"之状态，才能体悟得到，这被后代儒生阐释为一种具有超越性的深层人类意识。他们把喜怒哀乐之未发与已发区分开来，未发的喜怒哀乐乃"性"，已发的喜怒哀乐为"情"，当然这种"情"也要发而节中，从而形成恰到好处之"和"的状态。唐代孔颖达曾疏："'喜怒哀乐之未发谓之中'者，言喜怒哀乐缘事而生，未发之时，淡然虚静，心无所虑而当于理，故'谓之中'。'发而皆中节谓之和'者，不能寂静而有喜怒哀乐之情，虽复动发，皆中节限，犹如盐梅相得，性行和谐，故云'谓之和'。"（郑玄注、孔颖达疏《礼记正义》卷二十五《中庸第三十一》）

按照这种未发与已发的区分，性与情也就被断裂开来。更重要的是，未发之性，才被视为中，当作"天下之大本"，而已发之情不过是"天下之达道"，前者为体，后者好似为用。而只有致中和，才能立天地、育万物，整个宇宙人生的秩序才得以最终确立。

这种思想在儒家的儒门之汉学与宋学那里，得到了不同侧重的拓展，真正出问题的是在宋明理学家那里。两汉时期，气化观念仍位居主导，各种情也浑然未裂，未发与已发没有彻底决裂。所以说，汉学更偏重于致中和之“致”的能力与功用，气化的发用就可顺理成章地塑造礼乐制度，由此，礼乐与情就形成了表里互动的积极关联。

然而，宋学却更加注重“致中和”之中与和的分殊，性关乎中，情关于和，而且二者被置于一种体用结构当中，更何况，张载语录里出现了“心统性情”的说法，后来被朱熹大加阐发。朱熹所理解的性与情都为德化之性和伦理之情，其基本范围显然被加以狭隘地理解了。而更重要的是，性与情，前者为理，后者为用，而且皆为心之理与心之用，“性，其理，情，其用。心者，兼性情而言；兼性情而言者，包括乎性情也”（《朱子语类》）。

北宋大儒张载解读说：“‘心，统性情。’统，犹兼也。”（《朱子语类》）心，在宋代儒学那里成了一种德性占先和为主的意识活动的总体，这其实就偏离了儒家的原典智慧，或者说此乃一种儒学歧出的道路。

实际上，未发与已发，没有那么绝对的分界与割裂，情与性是始终复杂交融在一起的，这恰恰是因为人之性情本身就是个复合体。王阳明对此加以融通，但是又弥合得太过了：“性即未发之情，情即已发之性。”与此同时，“仁即未发之爱，爱即已发之仁”（《王阳明全集》）。

遗憾的是，大多宋明理学家们仍立足于这种二分架构，其主流之一就是要观喜怒哀乐未发前之气象，也就是人的各种情尚未明晰形成之前的那种浑然状态，也就是所谓的“中”的心境，比如朱熹在《孟子集注》中引用其师李延平的话：“夜气清，则平旦未与物接之时，湛然虚明气象，自可见矣。”（《四书章句集注·孟子集注·告子章句上》）这种理学诉求就是，由已发回溯或者逆觉到未发，进而才能体证天下之大本，但如今看来，此种将人性提升到天命、修道层级的做法，尽管也通达了天人之际，但较之孔孟时代的儒家原典智慧仍有差别，因为中国人的核心思想就是关乎此世的“一个世界”，而非去寻求那种超越先世的另一个世界！

实际上，在儒家看来，情在人性结构中扮演的角色是一始一终的，既是发端又是终端。所谓始，就是“道始于情”，这是人性结构的根基所在。此处之情，不仅是人类普遍源发的情状，而且也是人类根基共有的情感。所谓终，则为“孔颜乐处”，这是人性结构的境界追求，这是人与宇宙和谐共振并包蕴了共通情感的审美形而上学。此种形而上学从现世经验中得以生成，在历史过程里继续塑造，进而生发出终极的先验架构，这才是儒家介于道与器之间并融会贯通的意义。

所以我们才说，儒家情感哲学的执两用中[1]就在于：从现实出发是“道始于情”，在生存境界为“孔颜乐处”，所谓执两（一始一终）而用中（度的把握），才是当今儒家创造性转化出来的当代智慧之一。

儒家的情理结构就来自孔子的仁学，但仁究竟是怎么来的？在孔子那里起码有两个源头：一个是将外在的礼归于内在的仁。周公制礼作乐，规范了外在的礼乐，而孔子则释礼归仁，《中庸》所谓“仁者人也”就是这个意思。但孔子更希望“人者仁也”，也就是每个人要依仁而行。另一个则是仁的巫史传统之源头，巫被理性化为礼，而礼乐当中仍包蕴巫的感性要素。巫传统不仅可以被视为天人合一的始基，也可以被看作人与仁相通的基座。所以，从巫到礼再到仁，更不用说乐本身，皆含深情。

孔子之仁是一种合礼之情，也是一种理化之情，在孔子儒学那里，情理始终是合一的。情理结构的生理根基并不是源自单纯生理的食色情欲，而是一种自然而然生发的、向善而生成的深层情感，但这种情感又是被社会化的，是通过人文教化与濡染而成的。孔子说：“仁远乎哉？我欲仁，斯仁至矣。”（《论语·述而》）意即每个人从己出发，所要达仁，仁就会来。它不是禅宗式的神秘体验，而是一种道德上的精神体验。

孔子重在先有求仁、达仁之心、之志，进而付诸践行，所谓仁道不远，行之即是。这样一来，所欲、所求与所行达至合一，仁自然而然就会来。而仁之所以能来的前提便是性相近也，人人皆有感通而近似的仁之心，而此心就是有情的，亦是可以感同身受的。

---

[1] 执两用中，字面的意思为：掌握过与不及两面情况，而取其中道。语本《中庸》：“执其两端，用其中于民。”意谓处理事情不偏不倚，谨守中庸之道而不趋极端。

因此，孔子认为，“克己复礼”、复归于仁，仁就来临，仁与人才合体为一。孔子的成己之学，心理动力就在于欲仁，而欲本身也是一种道德的情感动力。仁并不是从先验结构中来的，西方哲学所追寻的理念、天国与物自体是高蹈于虚处的，而仁则是实实在在就在生活践履当中实现的。

比较而言，中西思想差异的根本在于，西方哲学走的是理性中心的道路，而中国哲学恰恰由于“情理合一”而另辟一条智慧之途。这是孔子儒学的大智慧，作为中国美学主导之儒家生活美学恰奠基于此。

· 曾点气象天理存

再讲讲儒家们生兹念兹的曾点气象，这是儒家生活美学的一个极为生动的侧面。

朱熹尽管一心向往存天理而灭人欲，但在为另一位老前辈濂溪先生勾勒人品素描的时候，却叹其“风月无边，庭草交翠”（《六先生画像·濂溪先生》）。朱老夫子在赞美儒学同道的时候，竟如此诗意盎然。程颢看到他的老师周敦颐归来的状态，也说周敦颐“吟风弄月而归”！这背景乃是《论语》所记曾点之志：“暮春者，春服既成，冠者五六人，童子六七人，浴乎沂，风乎舞雩，咏而归。”（《论语·先进》）大多数的宋明理学家们仍以儒目儒心来言说此事，来赞美儒学同道与同人的。

然而，如何能体悟到“曾点之志”，还得取决于接受者的境界所达到的程度。陆九渊在《与侄孙睿书》中就体悟说：“二程见茂叔后，吟风弄月而归，有‘吾与点也’之意，后来明道此意却存，伊川已失此意。”（《象山先生全集》）

两个兄弟，两个弟子，程颢与程颐，他们的感受竟是不同的，境界也是有差别的。这是由于，每个人的道德之境是有层次的，所以他们所能感受到的境界亦是有落差的。程颢恰恰感受到了曾点与孔子相通之处。然而，程颐却没有达到这个境界，还有另外相反的一种情况，那就是对于曾点之志过度阐释。

再来看朱熹是如何来看曾点的。在这位理学大师的眼里，曾点竟有了一派的曾点气象！这显然是属于阐释过度的情况。从理学家那里开始，曾点就被赋予了某种气象，而此前，则没有人将曾点如此地推上神坛。说儒生有了气象，似乎就说他近于圣人了。所以呢，观圣贤气象乃为宋明理学家所喜言之。

所谓圣人气象，一般特指圣人，因这气象是由圣人人格生发出来的。在宋明理学那里，先有功夫而后方有乐处，由此自然形成了圣人的气度与格局、态势与风度。所谓“孔子与点，盖与圣人之志同，便是尧舜气象也”（《四书章句集注·论语集注》）。

朱熹就这样，以“谁知乾坤造化心”之胸怀，直接将曾点圣化了：“曾点之学，盖有以见夫人欲尽处，天理流行，随处充满，无少欠阙。故其动静之际，从容如此，而其言志，则又不过即其所居之位，乐其日用之常，初无舍己为人之意。而其胸次悠然，直与天地万物上下同流，各得其所之妙，隐然自见于言外。”（《四书章句集注·论语集注》）这种说法让人惊讶。毫无疑问，这就将曾点气象推向了理学的至上高峰，毋庸置疑，这巅峰也就是理学家生命理想的穷究之处。所以说，朱熹所求的仁之全体正是此境，须识得此处才会有本来生意。

在天理流行、随处充满的场景里面，曾点之身与心，都充满了美、大、圣、神的辉光！曾点内在的道德辉光被放射了出来，而与天地相往来，这不就是朱熹赞美周敦颐的“风月无边”吗？周敦颐所吟之风与所弄之月，都因这般天地境界而无边无际了。正如明代儒生陈献章所描述的那样，“无内外，无终始，无一处不到，无一息不运。会此则天地我立，万化我出，而宇宙在我矣”（《陈献章全集》）。

北宋儒生邵雍所谓“不出户庭，直际天地”（《伊川击壤集》），所以，这才叫“风月无边”。然而，无边并不是无极，而是在无边与有边之间，形成了有无相生的关联。这也就是江右学派儒生罗洪所说的“无内在可指，无动静可分”之极境，也就是“所谓无在而无不在”（《明儒学案》）。

致力于弘扬心学的南宋儒生杨简，他说得更为明显，“天地有象、有形、有际畔，乃在某无际畔之中”（《慈湖先生遗书》），此言说到了点上。

这些崇理而非崇礼的理学家们，将孔子及曾点的形象推到了神圣的地位之上。以朱熹为代表，他们把曾点之志过度道德化了，而程颐则没有把握到风月而归的审美化意味，只有在程颢那里，美与善之间才是水乳交融、绝无隔阂的。

这种活泼泼的意味，在后代儒生那里，透过理学对孟学的阐发，特别到了明朝就被体会为舞雩趣味。正如陈献章所说的那样：“舞雩三三两两，正在勿忘勿助之间。曾点些儿活计，被孟子一口打并出来，便都是鸢飞鱼跃。”（《陈献章全集》）

但历史的实情，究竟是怎样的呢？在法国汉学家葛兰言的考证里，既没有歌先王之歌的内容，也没有如龙般出水的形式，舞雩咏归的唯一目的即祈雨（而非布道），仪式的主要部分乃过河（而非沐浴）：“春天的季节（尽管时间有所变化，但无论如何也在春服做完之时）为了祈雨而在河岸进行祭礼。祭礼由两组表演者参加，进行舞蹈和歌唱，然后以牺牲和飨宴而告终。仪式的主要部分是渡河。”[1]

尽管我们无法真正还原历史的活动现场，事实上，也没有人能做到，但无论根据祓除还是雩祭的记载，曾点志在于进行关乎礼的崇高化的活动，基本上还是可以肯定的。

《论语》在此段的记载有两种说法。通常的说法是“咏而归”，不过我认为更适合的则是“咏而馈”。从归到馈，理由何在？一方面，据唐代陆德明所作《经典释文》解：“而归，郑本作馈，馈酒食也。”馈应为进食之意；另一方面，国学大师王国维也考证《论语·阳货篇》曰：“归孔子豚，郑本作‘馈’，鲁读‘馈’为‘归’，今从古。”[2] 大概是因为鲁国方

[1] ［法］格拉耐（葛兰言）：《中国古代的祭礼与歌谣》，张铭远译，上海文艺出版社 1988 年版，第 150 页。

[2] 王国维：《书〈论语·郑氏注〉残卷后》，《观堂集林》第 1 册卷 4，中华书局 1959 年版，第 172 页。

言的原因，使得后人将馈当成归了。

我们而今体会，孔子在《先进》篇所说的“咏而归”倒更像是“咏而馈”，不是唱着歌归返，而是返回后喝酒吃肉。这可是个大差异，咏而归重在描摹心境，咏而馈重在实用满足。

由此而论，如果当归讲，那么，曾点所描述的，就是一场愉悦经验由始至终的完成过程，所谓乘兴而来、尽兴而归也。如果当馈来说，那么，曾点活动的着眼点恐怕就落在祭礼之上。

在舞雩咏归之后，随着历史的流逝，祭的内涵虽未被积淀下来，但是礼的外壳却存留了下来。现在看来，这可能更符合古本《论语》的原意。用更简单的话来说吧，曾皙由于明古礼而被孔子所赞赏，而其他三位则因无志于礼而不被认可，这才是“吾与点也”的真意！

所以说，孔子赞美曾点是习礼之人而非游乐之徒。孔子对曾点这种内心深处的认同，其核心就在于祭礼之礼，而非单纯的审美，中国人的审美从来不是为审美而审美那样的纯粹。质言之，在孔子看来，曾点所向往的乃是崇礼之美，美附庸于礼而并不独立于礼，这是一种危乎高哉的人格魅力，儒家自孔子起，始终在走一条切实的生活美学之路。

・孔颜乐处复何求

谈儒家之美，一定要谈作为终结追求的孔颜乐处，穷究其所乐何事。孔子就是这样来描述颜回之乐的：“子曰：‘贤哉，回也！一箪食，一瓢饮，在陋巷，人不堪其忧，回也不改其乐。贤哉，回也！’”（《论语・雍也》）另一则则是：“子曰：‘饭疏食饮水，曲肱而枕之，乐亦在其中矣。不义而富且贵，于我如浮云。’”（《论语・述而》）这就是孔子所认定的人生的幸福。

这种幸福的选择，是孔门儒生的个体选择，并不是民众的共同选择。中国人的幸福观念，似乎可以追溯到福的观念，所谓“五福：一曰寿，二曰富，三曰康宁，四曰攸好德，五曰考终命”（《尚书・洪范》）。这是儒家《尚书》里面的记载，那是《诗》云时代[1]的共同取向，但到了子曰时代，却有了不同的个体化的抉择。

一箪食，一瓢饮，说的是饮食之少；饭疏食饮水，说的是饮食之贫；在陋巷，说的是住居之困；曲肱而枕之，说的是住居之穷。其实，说的都是一件事：物质生活质量是低下的，都是处于富且贵的反面。尽管如此，颜回也不改其乐，仍乐在其中。

有趣的是，在孔子赞美颜回为贤者时，还说了其人不堪其忧。这就展露出中国古典思想的忧乐圆融的架构，也就是通天下之忧乐的儒家架构："仁者在己，何忧之有？凡不在己，逐物在外，皆忧也。'乐天知命故不忧'，此之谓也。若颜子箪瓢，在他人则忧，而颜子独乐者，仁而已。"（《河南程氏外书》）

儒家思想的生发，是出于生活的忧患意识，不过儒家是发于忧患而要求加以救济，所忧患的是天下国家，关注的生发点仍是人的生活价值。在终极所求上，儒家经由乐所求的大乐与天地同和，皆指向了乐志乐神的极境，这也接近于现代儒家冯友兰所论的"天地境界"。

按照冯友兰的阐释，有了天地境界的人，对于宇宙人生就已有了完全的了解，因为知天乃事天的前提，而且，这种了解才是对宇宙人生的最终觉解。因此，天地境界使得人生获得最大的意义，使得人生获取了最高的价值，这也是乐道者所能获得的最佳的酬答。

然而，仅仅将孔颜乐处视为天人之乐，还是不够的。这是由于，天人之乐是作为孔颜乐处的顶层设计而存在的，但它并不能走向那种一尘不染的超感性生活。在这个意义上，朱熹对于孔颜乐处之道理的阐发，实在是高蹈于太玄，从而失去了现实的根基："这道理在天地间，须是真穷到底，至纤至悉，十分透彻，无有不尽；则与万物为一，无所窒碍，胸中泰然，岂有不乐！"（《朱子语类》）

---

[1] 所谓"子曰""《诗》云"，在《论语》的"子曰"流行之前，人们乐于对《诗》反复吟诵，并引用之，后人为区别二者，分别以"《诗》云""子曰"来指代它们。

与朱熹的理解相反，在根基的层面上，那种以七情之正为标准的世俗之乐，恰恰构成了孔颜乐处的基础部分，但并不会走向那种为欲所驱的非理性生活，而诸如提出“童心说”的李贽那样的狂儒，恰恰是为了反驳天理人欲说而提出的。

心学宗师王阳明在答门人欲求孔颜真趣时说得好：“乐是心之本体，虽不同于七情之乐，而亦不外于七情之乐。”（《传习录》）更有甚者，直接将这种乐处当作了即体即用的快活：“所谓乐者，窃意只是个快活也。岂快乐之外复有所谓乐哉？生意活泼、了无滞碍，即是圣贤之所谓乐，却是圣贤之所谓仁。”（《明儒学案》）

孔颜乐处，既不是超感性的生命，也不是非理性的生活，它将理性与感性融汇起来，它不离生活又趋向生命，它既以德为基又以美为顶。这种孔颜乐处，显示出儒家的知与行乃构成了一门独特的生活美学，曾点之乐也是如此。在孔门儒家那里，孔颜乐处与曾点之乐往往被视为一体，所谓“鼓瑟鸣琴，一回一点。气蕴春风之和，心游太古之面”（《陈献章全集》）。早在 1904 年，王国维发表所撰《孔子之美育主义》一文里，有句可谓一语中的之语：“转而观我孔子之学说，其审美学上之理论，虽不可得而知，然其教人也，则始于美育，终于美育！”[1]

这就像《论语》开篇即言悦与乐，以感性化为始，直到孔颜乐处为穷究之处，又以感性化为终。孔子的整个生活大美学，可以说，皆为从审美开始，以审美终结，而且都与成人的理想相关。

从审美开始，其实乃是“兴于诗”；以审美终结，实际就是“成于乐”；中间担当起来两端的，则为“立于礼”。所以说，是孔子而非他人才为后人排出如此的逻辑顺序：兴于诗—立于礼—成于乐！

成于乐，透出孔子一生对于古礼乐的追求。《史记·孔子世家》记载了孔子学鼓琴于师襄的故事。孔子在学鼓琴时，境界层层提升，亦即从习其曲、习其数、习其志直达得其为人的高境。与此同时，孔子更乐

[1] 王国维：《孔子之美育主义》，《教育世界》1904 年第 1 期，总第 69 期。

于倾听古乐，在齐地听《韶》乐时，竟“三月不知肉味”，赞《韶》“尽善尽美”，并叹之曰“不图为乐之至于斯也”。

在孔子的知行合一那里，人生就是这样一个深情践仁的生命过程，《论语·为政》将这种生命历程记载了下来：“吾十有五而志于学，三十而立，四十而不惑，五十而知天命，六十而耳顺，七十而从心所欲不逾矩。”（《论语·为政》）孔子的确是从学礼乐开始的，随着年岁增长，生命逐层丰满与完善，直至达到了从心所欲不逾矩的自由状态。

在《论语集释》里面，论述到这一生命的历程的时候，曾引明儒顾

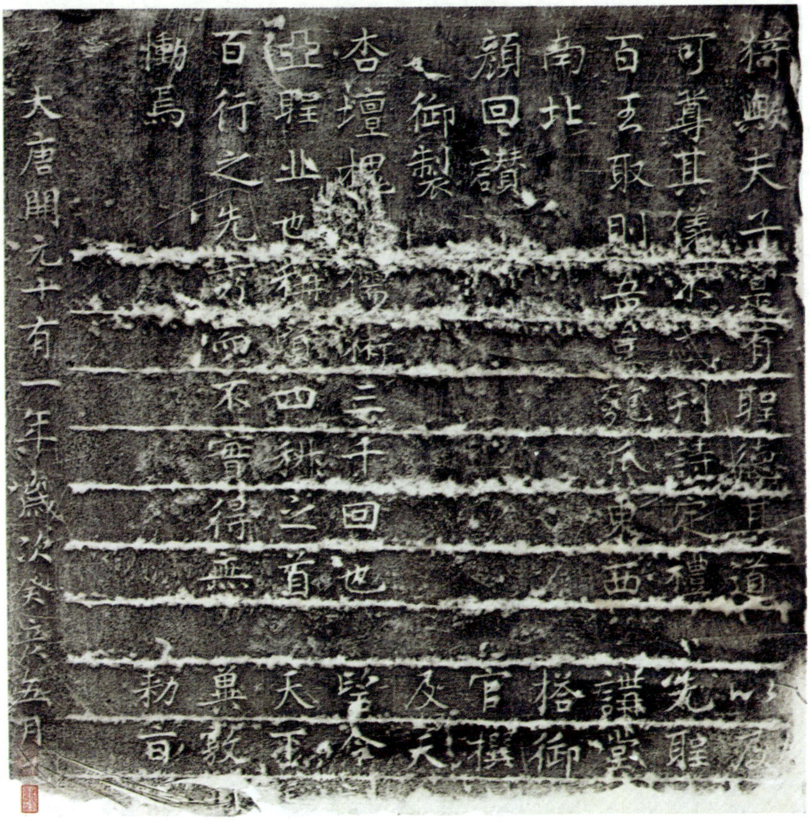

图 10–4　旧拓孔子颜子赞残石　台北故宫博物院藏

碑上刻文为唐睿宗撰孔子赞、唐玄宗撰颜子赞。颜回乃孔子最心仪的弟子，他们所求的“孔颜乐处”，即是一种高级审美境界，这是儒家生活美学的终极追求

宪成的《四书讲义》说："这章书是夫子一生年谱，亦是千古作圣妙诀。"（《论语集释》）该阐释认定，孔子自十五志于学至四十而不惑，是"修境"。五十知天命，是"悟境"。六十耳顺至七十从心，才是"证境"。

唯有到了证境的最高处，才能顺心而为，才能自然合法，动念不离乎道，这岂不是一种建于德境之上的审美至境乎！这种从心所欲不逾矩的生命境界，就是儒家之美的极致！圣人之境，凡人是难以企及的，但是在审美高境那里，或许才有了人人皆可成圣人的通途！

实际上，孔颜之乐并非神秘主义之境。那么，孔颜乐处到底如何归属呢？我认为，作为人类高峰体验的孔颜乐处，定位为一种通巫史、准宗教、高道德和泛审美的神秘圆融之境！

孔颜乐处，作为一种乐，本身具有广义的审美性质，所以我称之为泛审美化的。孔颜乐处，同时作为一种德，具有美善合一的高级属性。但是这审美化的德，本身就已不是那种低级的他律之德，而是升入高级的自律之境。所谓乐其实也是一种对道德自由的描述，从心所欲不逾矩的道德高境，超越了西方自律与他律双方，而遁入高道德与深审美的冥一境界——高在道德性而深在审美化。

孔颜之乐的体验却并不是宗教体验，也不是哲思体验，且比较接近于神秘体验及审美体验。这些体验也与人生的幸福相关。处于生活世界当中得以升华的孔颜乐处，似乎比宗教体验更具有普遍性，当然也不同于宗教体验，说它是一种准宗教体验则更为合适。

我认为，孔颜乐处既不同于这种理性的神秘，更不能归于感性的神秘，当然也不是理智的直觉抑或更趋于神秘主义的智的直觉，而是一种既符合道德理性又具有审美情愫的——情理神秘！这种现实的神秘性与神秘的现实化，也符合颜渊笃实与静默合一的性情。将孔颜乐处，归之于情理神秘，也就是说，这里面既有智，也有德，还有美，没有神但有圣，由此形成神秘合一。

质言之，孔颜之乐，作为一种情理神秘，既是感性与理性的统一（乐道与悦乐为一），也是先天与后天的统一（未发与已发实乃不分），终是现实的“一个世界”的神秘。

实际上，中国生活美学是个三角架构，分别由儒家、道家和禅宗生活美学共同构成，它们共同撑起了中国古典生活美学的基本架构。用更形象的说法，从先秦时代儒家与道家生活美学便形成了两种基本原色，后兴的禅宗生活美学则形成另一个原色，从而共构成中国美学的三原色。

中国传统本身就具有一种悦乐精神，这种精神在儒家、道家、禅宗的智慧里面分别得以彰显。在本土传统的视野里，“天乐”“至乐”与“极乐”作为最高的审美体验之一，就存在于儒、道、禅三种不同的悦乐方式之中：“一般说来，儒家的悦乐导源于好学、行仁和人群的和谐；道家的悦乐在于逍遥自在、无拘无碍、心灵与大自然的和谐，乃至于由忘我而找到真我；禅宗的悦乐则寄托在明心见性，求得本来面目而达到入世、出世的和谐。”[1]

整体而言，儒、道、禅三家皆求悦乐，这种悦乐皆归属于生活并始终未超离于生活。如此说来，儒行之美、道化之美与禅悟之美，各自有不同的乐，但总体上都归属于华夏的生活美学传统。儒家、道家和禅家之三家，愈到后来就愈加融合起来，形成了三家融合抑或三教并流之势。关于这三元合流的基本倾向，可以精妙地归纳为“据于儒、依于道、逃于禅”（《清闷阁全集》卷九《良常张先生像赞》），生活美学也由此熔为一炉。

在笔者与李泽厚先生的对话当中，他的确说到了中国人生观之要处：

> 佛知空而执空，道知空而戏空，儒知空却执有，一无所靠而奋力自强。深知人生的荒凉、虚幻、谬误却珍惜此生，投入世界，让情感本体使虚无消失，所以虽心空万物却执着顽强，洒脱空灵却进退有度。修身齐家，正心诚意，努力取得超越时间的心灵境界。这

[1] 吴经熊：《内心悦乐之源泉》，台湾东大图书公司 1989 年版，第 1 页。

是否就是“孔颜乐处”？[1]

没错，这就是“孔颜乐处”！中国人的审美人生观即牵挂于此，那就让我们继续以审美的精神，去做现实的事业吧。

总而言之，儒、道、禅三家尽管各执一端却同体互补，它们在天地境界的寻求上却都是审美化的，这也是它们最高的生活求索，这才是三家生活美学所求的最佳境界——“据于儒”“依于道”“逃于禅”！

[1] 李泽厚、刘悦笛：《伦理学杂谈——李泽厚、刘悦笛 2018 年对谈录》，《湖南师范大学社会科学学报》2018 年第 5 期。

后 记

生活美学：走向全球与回归本土

自2001年伊始，我在美学界提出“生活美学”这个崭新观念之后，近二十年来，国人兴趣日渐浓郁，不断有人在网络上、讲座中问我：为何这几年来生活美学火了？我的回答总是：并不只是这个新概念火了，而生活美学之践行真的火了！

生活美学实乃中国人的生活智慧之精华，新世纪展开后更具有了全球价值，当一种理论被民间所如此接受时，才是倡导者的真正欣慰。我在美国纽约做富布赖特访问学者期间，结识了当今著名哲学家亚历山大·内哈马斯（Alexander Nehamas），他曾撰写了一本反击西方主流哲学传统的名著《生活的艺术》[1]。在彼此的思想交流中，这位美国普林斯顿大学荣休老教授就曾惊叹道：“不仅欧美有生活艺术智慧，以中国为代表的亚洲更具有生活美学传统！”

2013年我赴雅典参加第23届世界哲学大会并参加特约圆桌会议。这个有三千多人参与的哲学界“奥林匹克大会”的主题便是“哲学作为审问明辨与生活之道”（Philosophy as Inquiry and Way of Life）。审思是理性的，只有理性主义者才会说，没有经过反思的生活是不值得过的；但生活却是感性的，人们在生活中所追寻的幸福方式恰恰是生活之道。于是，生活美学就由此成为一种具有全球价值的观念和践行。

[1] Alexander Nehamas，*The Art of Living: Socratic Reflections from Plato to Foucault*，Berkeley，CA: University of California Press，1998.

在全球共建的平台上，2014 年我在英国剑桥学者出版社（Cambridge Scholars Publishing）筹划主编了《生活美学：东方与西方》，就是以国际化的语言向西方告示：生活美学并不只是 21 世纪以来全球的美学新潮与主潮，而更是东方特别是中国美学的原生形态。[1] 这本书被列入斯坦福哲学百科全书（Stanford Encyclopedia of Philosophy）的“日常生活美学”（Aesthetics of the Everyday）与“环境美学”（Environmental Aesthetics）两个最新词条当中。

这两个词条，恰恰是美学类新增的两个词条，因为生活美学是最前沿的国际美学新生点。生活美学也正是东西方美学家们当下的共同事业，由此趋成一种全球生活美学才成为可能。在“日常生活美学”这个词条中，指出中国的生活美学的独特贡献：“中国长期以来奉行的生活美学的传统，被认为是一种提高生活体验质量、促进人民幸福安康的方法，而不是一种抽象的理论，正在进行跨文化对话的中国学者再次关注这一问题。”[2]

既然中国美学本然就是生活美学，我们建构生活美学就需返本开新：返本土的“本”，开自新的“新”！

在这本英文著作及此前的论述当中，我把中国的生活美学叫作 Aesthetics of Living，也就是取 Living 这个进行时之活生生的“生活”之意。然而，欧美学界仍有人误解，觉得“中国生活美学”就是西方那种“日常美学”（Everday Aesthetics），但生活美学尽管强调与日常生活之连续性，但同时亦强调审美超越日常生活之维度。

欧洲的“日常美学”在 2005 年以来得以迅速崛起。当代美国美学家托马斯·雷迪（Thomas Leddy）就是其中的代表性人物，这位

[1] Liu Yuedi and Curtis L. Cater eds., *The Aesthetics of Everyday Life: East and West*, Newcastle Upon Tyne: Cambridge Scholars Publishing, 2014.

[2] Yuriko Saito, “Aesthetics of the Everyday”, https://plato.stanford.edu/entries/aesthetics-of-everyday/（《斯坦福哲学百科全书——日常生活美学》）.

圣何塞州立大学哲学系主任也曾撰多文评说我的“生活美学”，[1] 并追问我所独用的 Living 是否就是一种 Life？在中国也多有误解，这必须要加以澄清。那么，生活与实践、与生命到底如何做出区分呢？就以简单的例子为证，用酒的美学来说：你不能说，酒的“实践美学”，否则，大家以为这只是酿酒之术而已；也不能说酒的生命美学，因为生命观念极易高蹈于虚处，而你只能说酒的“生活美学”，它不高也不低，道与器巧妙契合。

这就是中国人审美地生活在这“一个世界”之大智慧。由此，以生活美学来观照中国传统无疑便具有了一种巧妙的适用性，本书就在做这份工作，阐明中国人生活美学的方方面面。本书在撰写的过程当中，还使用了笔者与赵强先生合著的《无边风月》未刊初稿的不少资料，特此致谢。这本小书出版不易，经历了七载的修订删减过程，如有机缘再出扩充版，望能还其原貌吧。

“接着我的实践美学，去做你的生活美学！”——这是十五年前到李泽厚先生家里拜访后，临出门前李先生送给我的最后一句话。其实，这是一个美学上语重心长的忠告，它始终留在我的心底。这句话更关乎当代“中国美学学派”的建构可能，如今也是到了思考学派建构的时代了。随着百年发展的历史积淀，中国人应该有自己的美学学派了，而且要以“有人的美学”来建构这个本土学派。

如今想来，从“实践美学”到“生活美学”，仍具有一种内在继承性，李泽厚当年可谓一语中的。从实践美学到生活美学皆为“有人的美学”，前者聚焦在“实践”的根源，后者则侧重在“生活”的本源，然而，走生命或者生态之路却倒向“无人的美学”了。无论是实践还是生活的能动者都是人，宏观的人类与微观的个人皆为人。“实践的人”的宏大叙事，书写的乃是大写的人，从而有别于“生活的人”之小写

---

[1] Thomas Leddy，“Further thoughts on Liu Yuedi”，aestheticstoday.blogspot.nl（《今日美学博客》）.

的言说。从实践到生活的美学历史转化，就是向具体的、活着的、小写的人的落实与生成。

实际上，在人类始基的活动中，就有着审美要素存在，可以说这就是“道始于情”；从终极的意义上，“天地境界”是人们追求之鹄的，天地境界即“美的境界”，儒家求索的“孔颜乐处”正乃此种高境。这意味着，人生的基础原即为感性的，而所追求的境界亦为感性的，这就是讲求情理平衡的我所谓“情本哲学”之根本要义。

因此说，无论是从发缘还是就理想而论，美学对于中国哲学而论乃是一始一终的。所以，美学才成为中国人的“第一哲学”，由历史而引发的人生感触和生活把握又使审美形上再出新境。生活美学，不仅是源于本土的，而且是反哺全球的，它既具有本土性又拥有全球性。

这便是生活美学的伟大理论与现实意义之所在，它已经在中国方兴未艾，势必形成一场新的文化潮流，幸运的是，我们已身处其中！

刘悦笛

2017 年 5 月 27 日夜初稿于闲傍山房

2019 年 8 月 29 日夜改定稿于里约热内卢海滨